BIBLE OF CLASSIC HAIR STYLE DESIGN

经典发型设计圣经

温狄 编著

人 民 邮 电 出 版 社
北 京

图书在版编目（CIP）数据

经典发型设计圣经 / 温狄编著. -- 北京 : 人民邮电出版社, 2013.6
ISBN 978-7-115-31788-9

Ⅰ. ①经… Ⅱ. ①温… Ⅲ. ①发型－设计 Ⅳ. ①TS974.21

中国版本图书馆CIP数据核字(2013)第086991号

内 容 提 要

本书是一本覆盖面极广的综合性影楼发型设计实用教程。书中包含了韩式、日系、法式、编发、复古、唯美白纱、当日新娘、百变短发、百变刘海、娇媚礼服、红毯、旗袍、古风13个系列，共有200款造型分解实例，风格多样、图文并茂、结构清晰、步骤详细。本书不但能使读者轻松掌握每种发型的设计方法及要领，更能起到举一反三的作用。

本书适合影楼化妆造型师、新娘跟妆师阅读，同时可作为造型培训机构的专业教材使用。

◆ 编　　著　温　狄
责任编辑　赵　迟
责任印制　方　航

◆ 人民邮电出版社出版发行　北京市崇文区夕照寺街 14 号
邮编 100061　电子邮件 315@ptpress.com.cn
网址 http://www.ptpress.com.cn
北京画中画印刷有限公司印刷

◆ 开本：787×1092 1/16
印张：28
字数：1130 千字　2013 年 6 月第 1 版
印数：1- 3 000 册　2013 年 6 月北京第 1 次印刷

定价：128.00 元

读者服务热线：(010)67172692　印装质量热线：(010)67129223
反盗版热线：(010)67171154
广告经营许可证：京崇工商广字第 0021 号

前言

化妆造型是门综合的形象设计艺术，它不仅要求化妆造型师具备专业技术实力、独到审美品位、较高艺术修养，还要求他们具有创造力和预见性，能把握住时代的潮流。

2011 年，具有实用性和可读性的专业发型类工具书《影楼经典发型设计实战》出版，2012 年，《影楼经典发型设计实战（第 2 卷）》上市后又引起了一定的反响。之后我总结写作的经验，吸取读者的阅读反馈，编写了覆盖面更广、综合性更强的本书——《经典发型设计圣经》。本书在前两本书的基础上追加了更多的系列主题造型，同时吸取了十余款前两本书中的精华作品。本书在追求内容详尽、图文并茂的同时，造型设计更加丰富多元，并配有详尽的系列解析文字，是对前两本书的综合升级。

“天才出于勤奋”，首先你要真心热爱这个行业，然后勤学苦练，找到自己的天赋所在，假以时日，必定有所成就，所谓“勤能补拙是良训，一分辛劳一分才”。

本书对初学者、新娘跟妆师和影楼造型师有较大的参考价值，同时也是一本化妆造型爱好者理想的参考书。希望读者通过阅读本书，加强实际操练和动手能力，在化妆造型设计这一艺术道路上更进一步。希望越来越多的热爱化妆造型的朋友加入我们，做传播美的使者，使我们辛勤耕耘的行业更加繁荣。

在此感谢所有参与拍摄的模特的精彩表现（排名不分前后）：陶陶、任泉、鲍丽娜、陈可、路子、徐琛、王淼、张圆、鑫捷、安娜、唐水、叶子、程秀秀、尤美、英子、郭程程、天心、雨婷、丹卡、董晓洁、管若寒、张仁、张若溪。

另外还要感谢在幕后默默帮助我的朋友们，谢谢你们一直以来对我的大力支持。

温狄

017
019
021
023
025
027
029
031
033
035
037
039
041
043
045
047
049
051
053
055
057
059
061

复古发型 180

323

325

娇媚礼服发型 326

329

331

333

335

337

339

341

343

345

347

349

351

353

355

357

359

411

413

415

417

419

421

423

425

427

古风发型　428

431

433

435

437

439

441

443

445

447

韩式发型

在亚洲，韩式发型是很风靡的新娘发型，韩式新娘发型的优雅大气始终吸引着那些待嫁的新娘们。其主要特点是集简约、时尚、优雅于一体，同时又不乏少女气息。发型可根据新娘的脸型和整体轮廓来确定，要简洁而不单调，雅致又大气，并具有一定的层次感和线条美。

共23款

干净、简洁的手打卷发髻造型，配以色彩鲜亮的绢花，衬托出新娘清新、柔美的优雅气质。

01 用玉米夹将所有头发进行卷曲处理。
02 将头发分为三个发区：刘海区、顶发区和后发区。
03 将后发区头发束低马尾扎起。
04 取一缕发片缠绕在皮筋处。
05 将马尾的头发分成两个均匀的等份。
06 将两缕发片做成手打卷，摆放在后发区上。
07 两边手打卷的大小要一致，不宜有碎发。
08 将顶发区头发束低马尾扎起。
09 取一缕发片缠绕在皮筋处。
10 将马尾的头发分成两个均匀的等份。
11 将两缕发片做成手打卷，摆放在后发区上。
12 两边手打卷的大小要一致，不宜有碎发。
13 佩戴绢花饰品进行点缀。
14 将刘海区头发放下，做拧包向后收起固定。
15 将发尾做手打卷，与后发区头发自然衔接。
16 背面效果。

此款造型采用对称式设计，彰显出新娘清新可人、端庄靓丽的优雅气质。

01 将头发用玉米夹进行卷曲处理。
02 在两侧取出均匀的两缕发片。
03 用卡子将两缕发片固定在一起。
04 继续在两侧取出两缕发片，用卡子固定。
05 操作手法同上。
06 注意两侧的发片要均匀一致，发片提拉的角度要协调。
07 将发尾头发进行三股编辫处理。
08 编至发尾，用卡子进行固定。
09 将发尾从下至上向内卷曲固定。
10 横向下卡子固定发尾。
11 在两缕发片交接处插上精美的绢花饰品进行点缀。
12 背面效果。

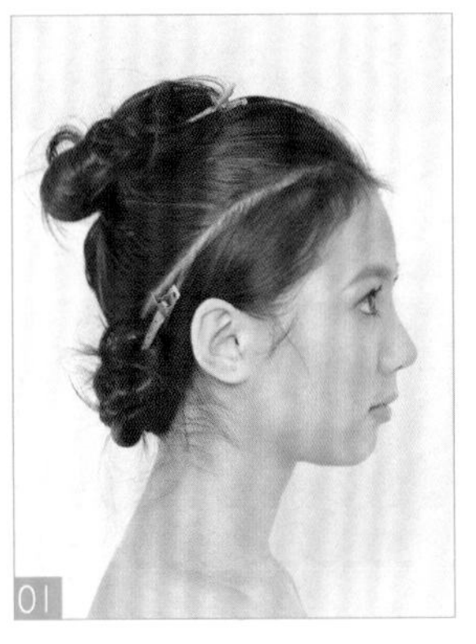

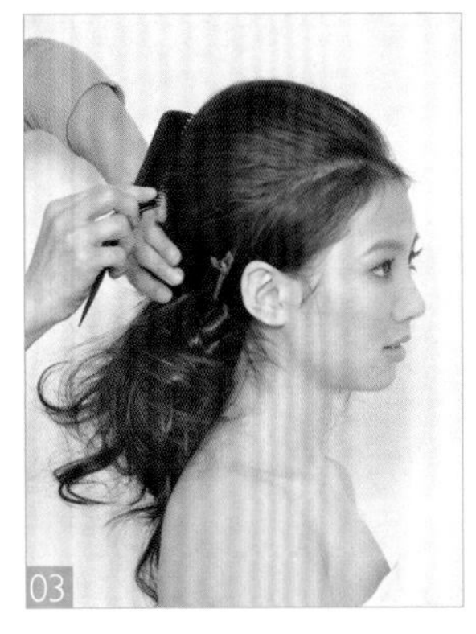

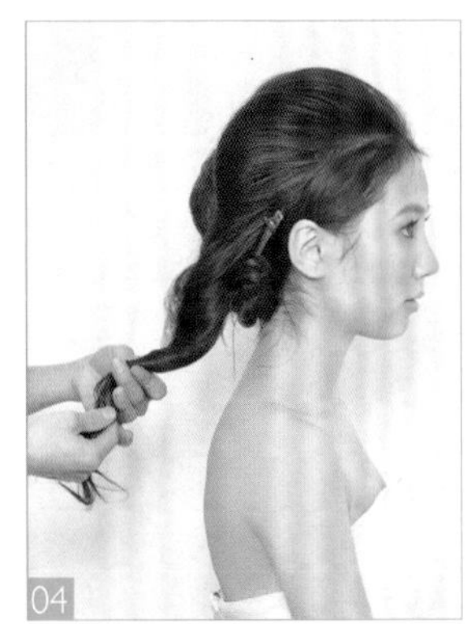

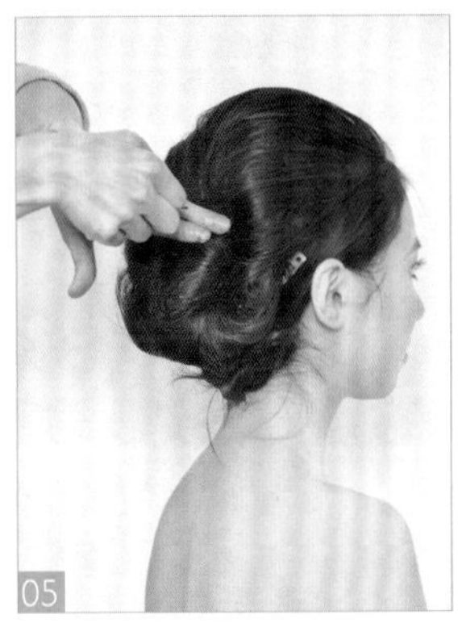

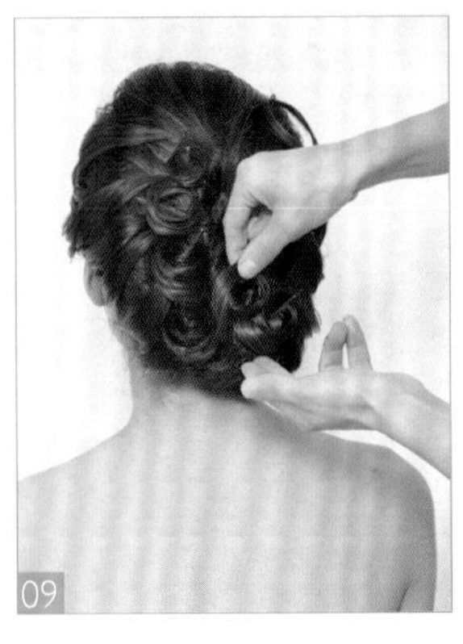

大气的包发搭配上精致有型的手打卷，再配以闪亮的钻饰皇冠，突显出了新娘端庄、优雅的高贵气质。

01 将头发分为两个发区。
02 将顶发区头发进行打毛处理。
03 将表面头发梳理光滑，做成发包。
04 发尾做拧绳处理。
05 将拧绳由下至上卷起固定。
06 将边缘发区的头发分出均匀等份，做手打卷叠加在发包之上。
07 两侧操作手法一致。
08 发尾抹上发蜡，让头发更加服帖，易于塑型。
09 将抹上发蜡的发尾均匀地做手打卷，摆放在发包之上。
10 喷发胶定型。
11 在手打卷中间佩戴上珍珠饰品，烘托层次感。
12 背面效果。

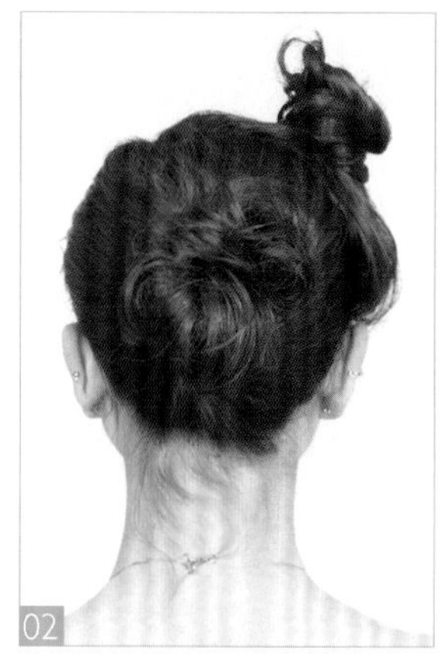

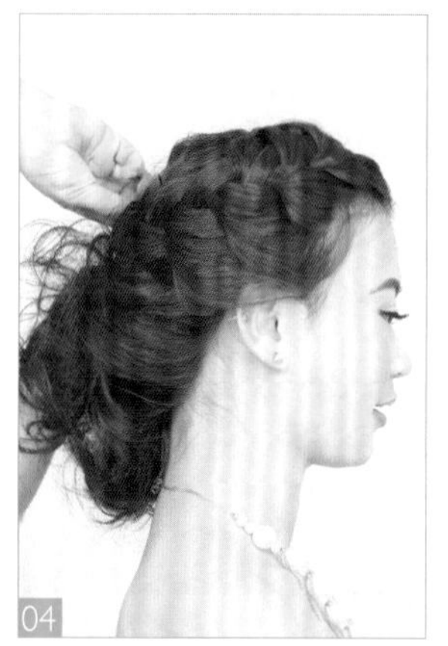

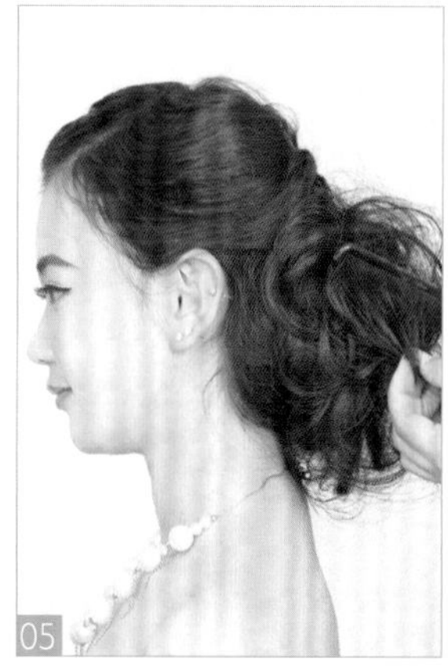

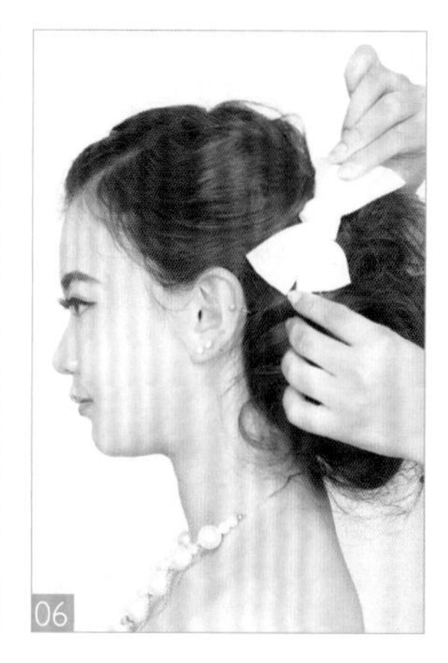

此发型利用烫发、三股单边续发编辫、打毛等手法操作完成。重点需掌握三股单边续发编辫的手法，在编辫时续发的发片要均匀一致，发辫提拉的角度要随着轮廓走向的改变而改变。偏侧的低发髻结合精致的编辫，整体造型突显出了模特清新淡雅、简约大气的韩式新娘特点。

01 用中号电卷棒将所有头发烫卷。
02 将头发分为后发区及刘海区。
03 将刘海区头发由前向后进行三股单边续发编辫。
04 编至后发区左侧，下卡子进行固定。
05 将左侧头发进行打毛处理，使偏侧发髻轮廓饱满圆润。
06 在左侧发髻上方佩戴蝴蝶结进行点缀。
07 用珍珠发卡沿着发辫的纹理点缀层次。

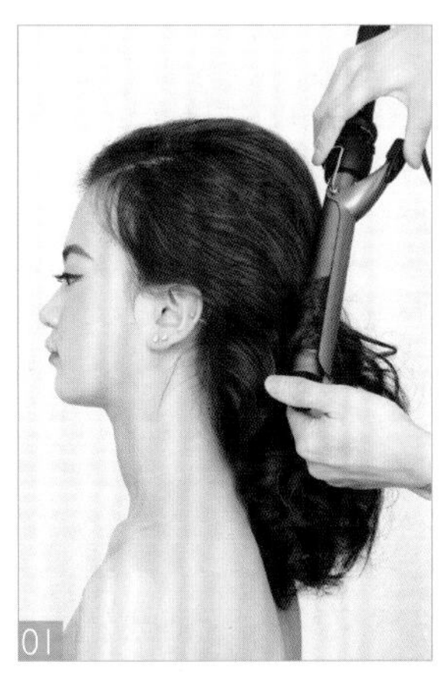
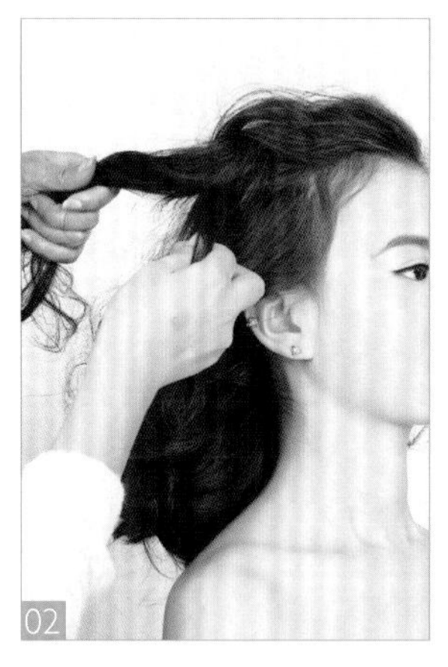
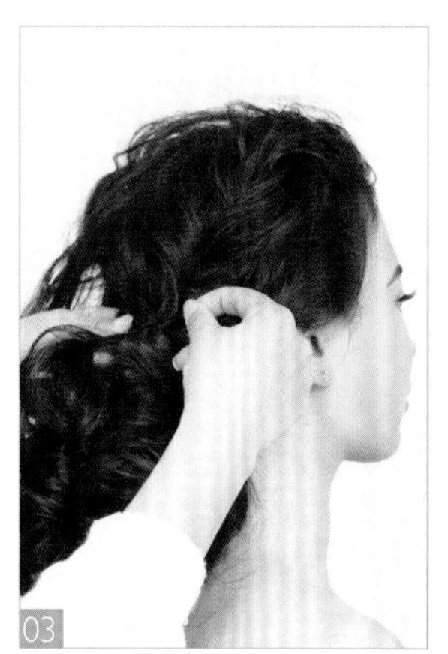

此发型通过烫发、两股拧绳、拧绳续发手法操作而成。含蓄自然的拧发是韩式发型的经典手法之一，简约时尚的偏侧发髻造型搭配上粉粉的珍珠发卡，整体造型突显出了模特清纯可人、娇美灵动的气质。

01 用中号电卷棒将所有头发烫卷。
02 在右侧前额处取一束发片，进行两股拧绳处理。
03 拧至后发区右侧耳后方，下卡子进行固定。
04 在顶发区处再取一束发片，继续以两股拧绳的方式拧至后发区中间处，下卡子固定。
05 在左侧取一束发片，向后拧包并固定。
06 将后发区左侧下方的头发向右续发拧绳，拧至右侧耳后方处，下卡子固定。
07 在右侧发髻上方佩戴别致的珍珠发卡进行点缀。

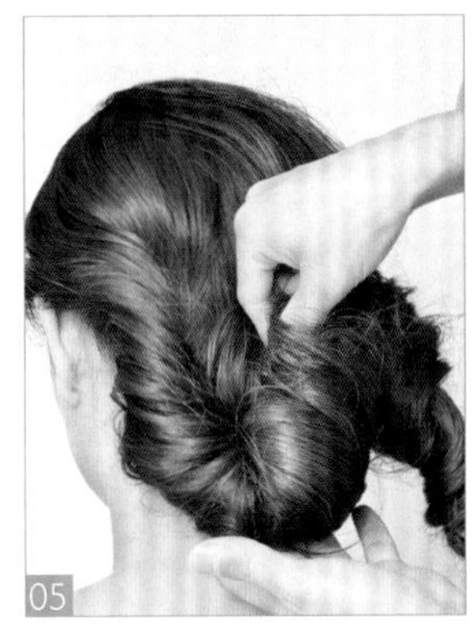

此款造型通过烫卷、拧绳、抓纱手法操作完成。重点需要掌握拧绳续发的技巧。发片提拉的松紧度要根据发型轮廓的饱满度而定，如果想让发型饱满，那么提拉力度就要松一些，反之则紧一些。整体造型烘托出新娘温婉、端庄、甜美、时尚的气质。

01 取一中号电卷棒将头发全部烫卷。
02 在右侧耳后方开始下暗卡，横向固定头发至后发区中部。
03 取右侧发区一缕头发，向后做拧绳并固定。
04 再取左侧发区耳后方一缕头发，向后做拧绳续发。
05 将拧绳续发完成的头发向上旋转提拉。
06 下暗卡固定在后发区。
07 再将右侧剩余头发进行拧绳处理。
08 将其衔接在左侧发包之上。
09 后发区头发要轮廓清晰，边缘要干净，不宜有碎发。
10 取一白纱，折叠后固定在左侧发区。
11 取一亮钻饰品，叠加固定在白纱之上。

此造型通过编发、打毛、拧绳手法操作完成。重点需掌握发辫发髻与后发区发包的完美衔接，使整体达到圆润饱满的效果。偏侧式不对称的编发造型搭配上精致的饰品点缀，整体造型突显出了新娘时尚优雅的气质。

01 将头发分为刘海区及后发区。
02 放下刘海区头发，将头发进行三股编辫处理。
03 将编好的三股辫做手打卷后，固定在耳外侧位置。
04 将后发区头发进行打毛处理，使其蓬松饱满。
05 将打毛的头发表面梳理干净，向右侧做拧绳处理。
06 将发尾做拧绳处理后，向上有弧度地提拉。
07 将发尾固定在刘海区发髻的交界处。
08 佩戴精美的布质花环进行点缀。

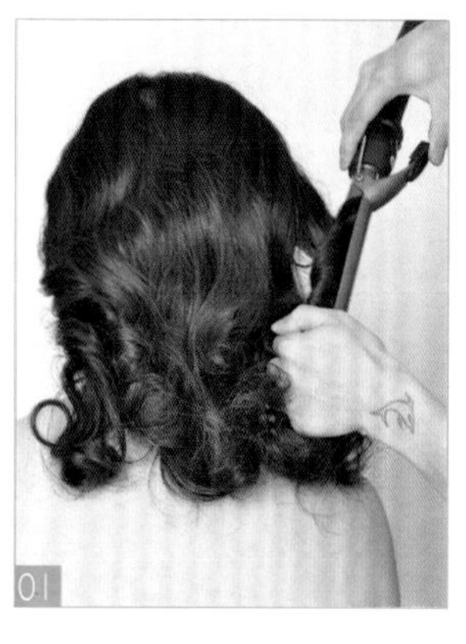
01

02

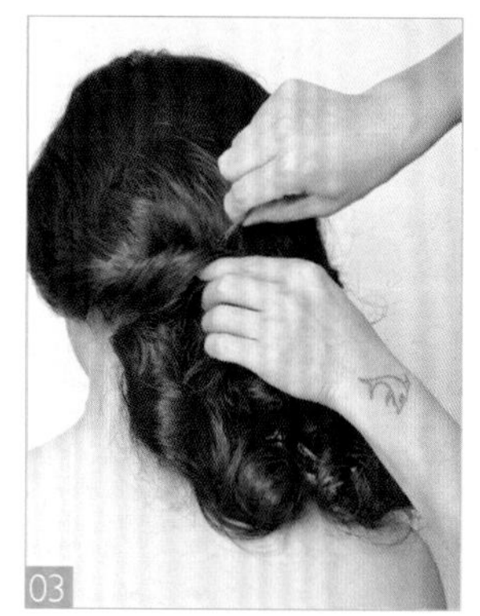
03

04

05

06

07

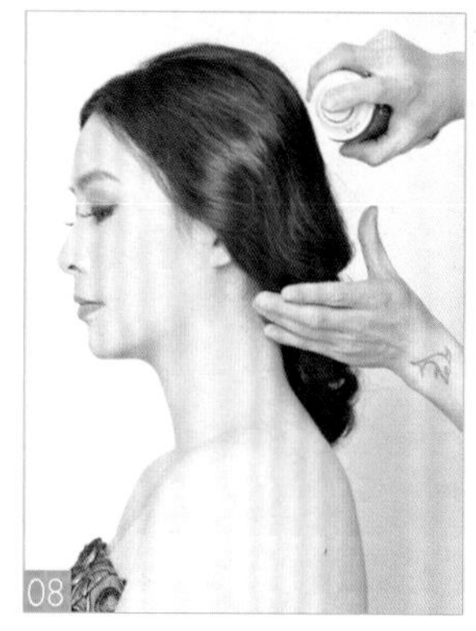
08

09

此款造型运用了烫卷、打毛、拧绳手法操作完成。重点要掌握烫发的技巧，以及烫发时发片的走向。纹理清晰的韩式盘发造型搭配上精美饰品的点缀，烘托出了模特优雅大方、端庄娴静的气质。

01 取中号电卷棒，将所有头发烫卷，将左右两侧头发进行外翻卷曲。
02 用尖尾梳将顶发区头发进行打毛处理，使其蓬松饱满，将打毛的头发向后梳理干净。
03 在左侧耳后方取一束发片，向后提拉固定。
04 在右侧耳后方取一束发片，向后提拉固定。
05 在左侧后发区下方取一束发片，由左向右提拉。
06 将其固定在右侧。
07 将发尾顺着发卷的纹理向上提拉，做成半圆形轮廓进行固定。
08 喷发胶定型，将边缘碎发处理干净。
09 在左侧前额处佩戴饰品进行点缀。

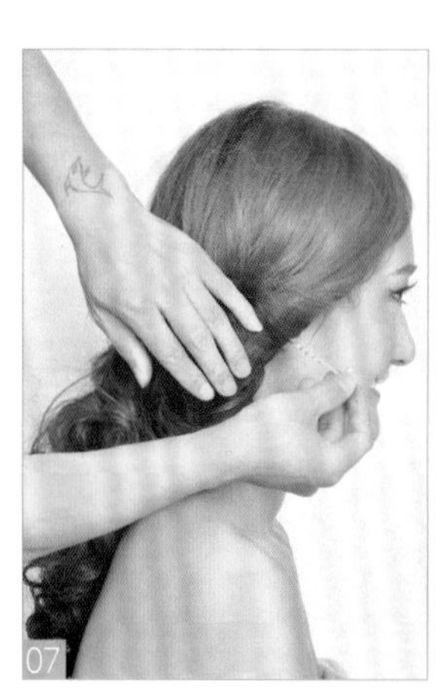

此造型通过烫发、拧绳手法操作完成。重点需把握好发卷卷曲的方向，操作时更要拿捏好左右两侧发型轮廓的对称度。极富层次感的韩式盘发搭配上精致的珍珠饰品点缀，整体造型突显出了模特端庄典雅的韩范儿新娘气息。

01 将头发用电卷棒全部烫卷。
02 在右侧发区头发根部进行打毛处理，用尖尾梳梳光表面头发。
03 取右侧一缕头发做拧绳，向后提拉并固定在后发区。
04 另一侧操作手法同上，再将左右两个拧绳衔接并进行固定。
05 将左右两侧剩余头发向中间提拉并包裹固定。
06 继续以同样的手法进行操作。
07 顺着发型轮廓弧度点缀上精致的珍珠发卡。

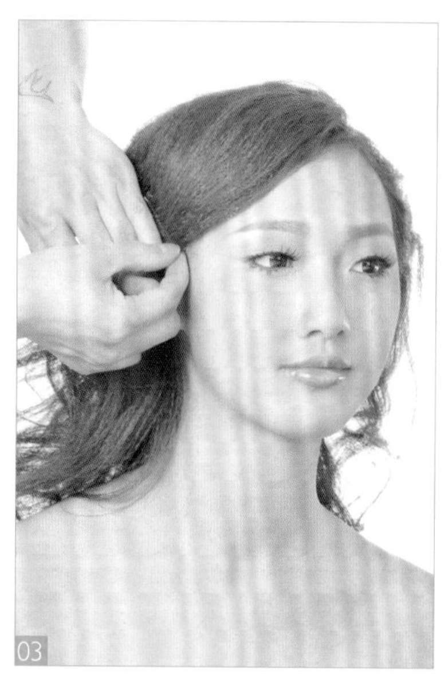

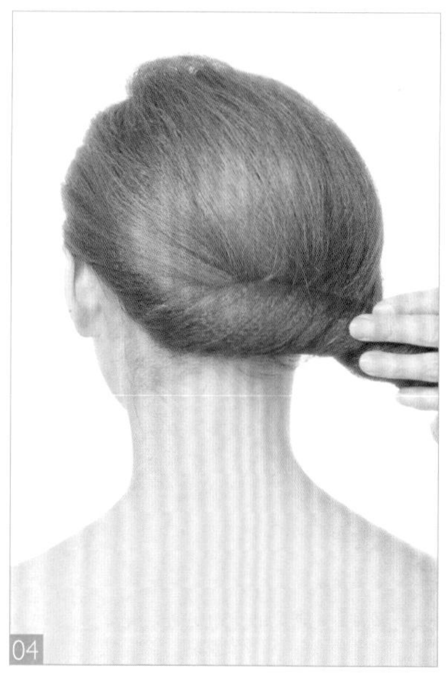

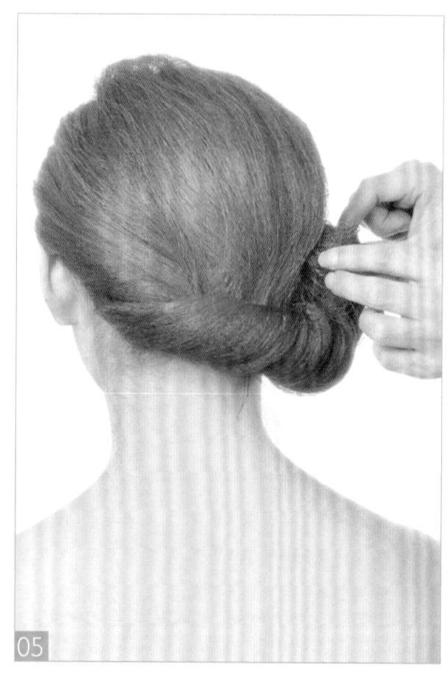

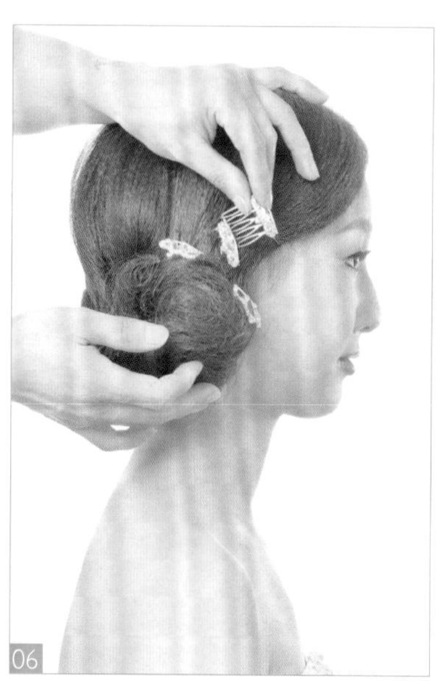

此造型通过烫发、手推波纹、拧绳手法操作完成。造型重点需掌握刘海手推波纹的摆放弧度，以及拧绳手法的松紧度。如果拧绳过松，会使发型整体轮廓显得不简洁、不精致。偏侧式的拧绳造型搭配上闪亮的钻饰皇冠，整体造型显得简约随意，同时又不乏韩式发型的精致怡静。

01 将头发用电卷棒以内扣外翻手法交错烫卷。

02 将刘海区头发做手推波纹，梳理出圆润的弧度。

03 下卡子将刘海在耳上方进行固定。

04 将剩余所有头发由左至右进行拧绳处理。

05 将其做成发髻，固定在右侧耳后方。

06 在发髻上方叠加，交错地佩戴上小皇冠进行点缀。

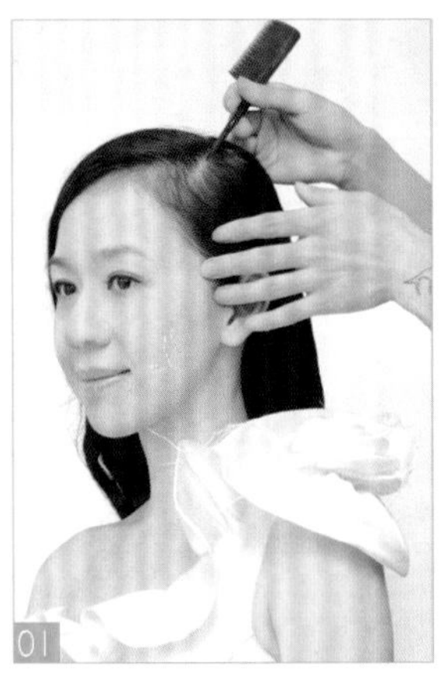

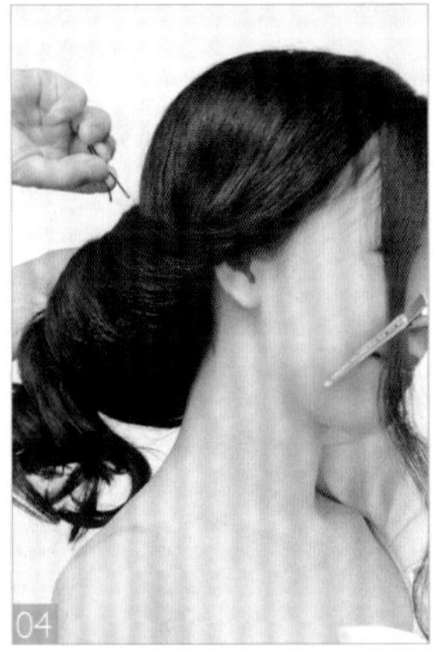

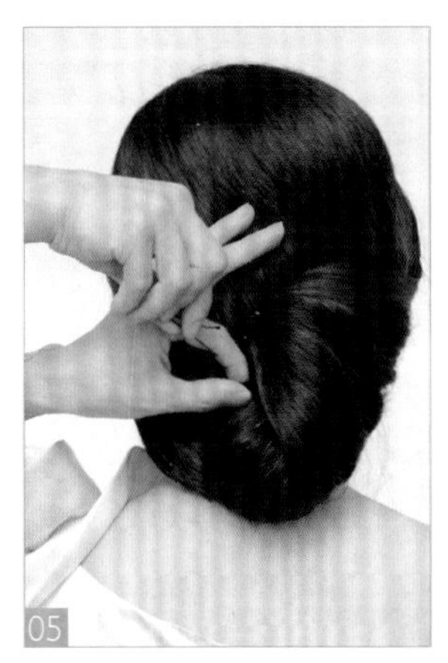

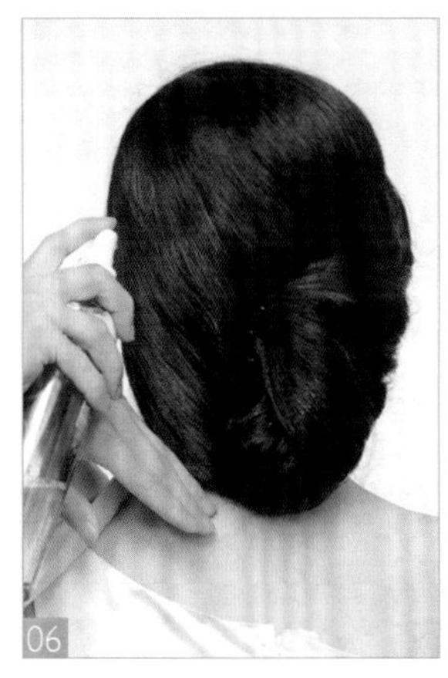

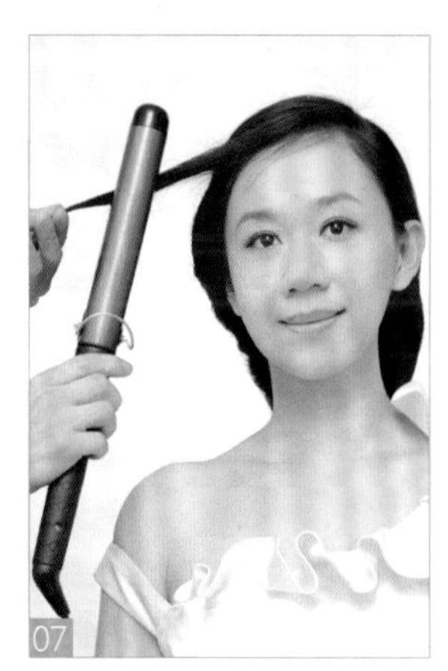

简洁干净的发包，配以闪亮的钻饰发卡，端正简约的韩式发型将新娘的浪漫妩媚进行到底。

01 用尖尾梳沿着眉尾延长线分出发缝。
02 在额头处留出一缕发丝。
03 将剩余头发全部收起，用大号电卷棒以外翻手法进行卷曲。
04 将头发顺着卷曲的纹理外翻，将其固定。
05 发尾做手打卷向内收起。
06 喷发胶定型，整理干净碎发。
07 用大号电卷棒将额头处的发丝进行内扣卷曲。

经典的韩式发型，错落有致的线条搭配上简洁大方的蝴蝶结饰品，突显出新娘优雅知性的气质。

01 以两眉中心为基准线，用尖尾梳分出分区线。
02 将两侧头发用大号电卷棒进行外翻卷曲。
03 将头发分为 6 个等份，发卷大小要均匀一致。
04 取左侧第一缕发卷，由左至右固定在一侧。
05 取右侧第一缕发卷，由右至左叠加交错固定在第一个发卷之上。
06 依次类推，以同样的手法处理剩余的头发。
07 发尾做手打卷向内收起，抹发蜡将碎发处理干净。
08 搭配上洁白靓丽的蝴蝶结饰品作为点缀。

此款造型简约大气，没有一丝多余繁琐的设计，衬托出新娘清新如兰的气质。

01 以两眉中心为基准线，用尖尾梳分出分区线。
02 将两侧头发用大号电卷棒进行外翻卷曲。
03 将头发分为 6 个等份，发卷大小要均匀一致。
04 取左侧第一缕发卷，由左至右固定在一侧。
05 取右侧第一缕发卷，由右至左叠加交错固定在第一个发卷之上。
06 依次类推，以同样的手法处理剩余的头发。
07 发尾做手打卷向内收起，抹发蜡将碎发处理干净。
08 将发尾向一侧提拉固定，注意发型的外围轮廓及弧度。
09 喷发胶定型，将边缘碎发处理干净。
10 用白色小绢花点缀发型。

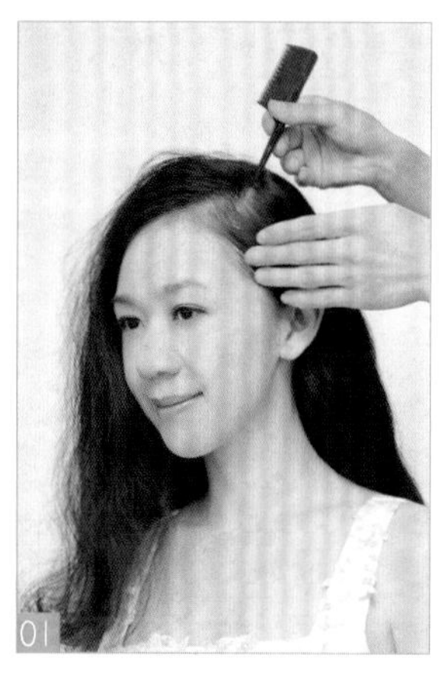

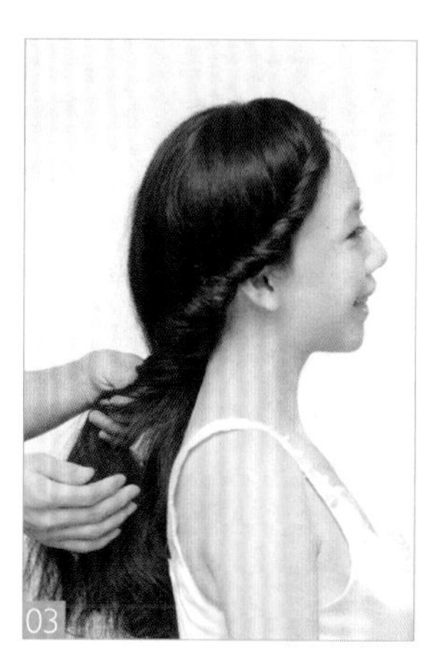

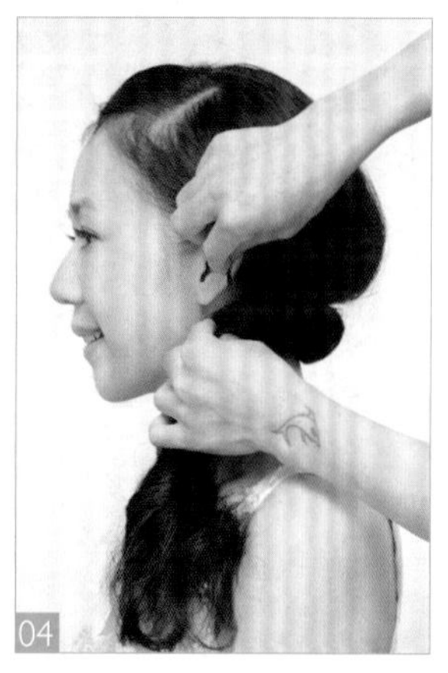

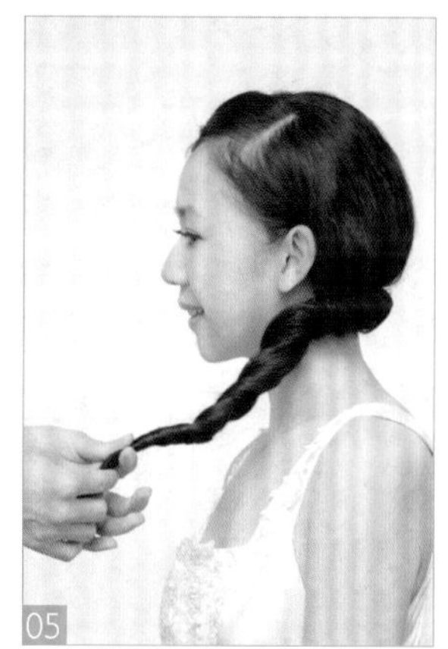

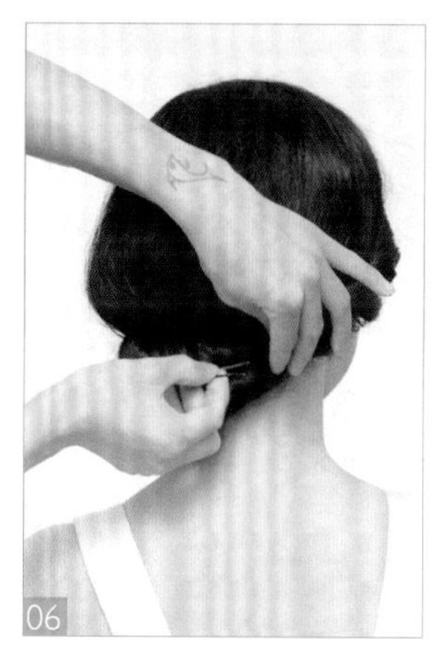

此款造型以经典的韩式拧绳手法操作。精美的小蝴蝶结点缀其中，使原本端庄稳重的新娘造型多了一份清纯靓丽。

01 将头发进行 2/8 分区。
02 从额头处取两缕发片，以外翻拧绳手法进行操作。
03 边缘轮廓要清晰、干净。
04 拧绳至耳后方，下暗卡固定。
05 剩余发尾做拧绳处理。
06 反方向缠绕后发区轮廓并固定。
07 喷发胶定型。搭配上精美的蝴蝶结饰品，烘托发型整体效果。

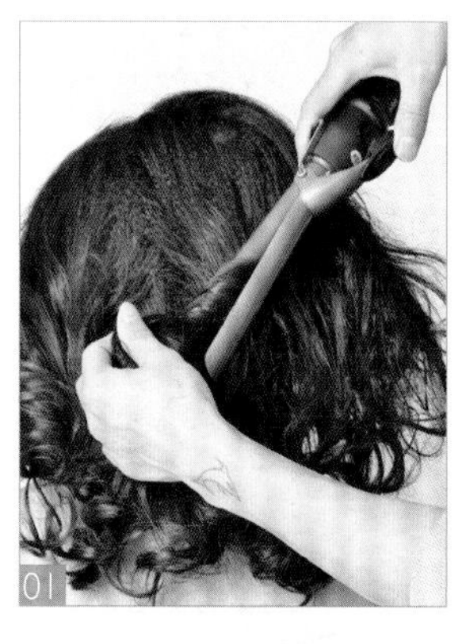

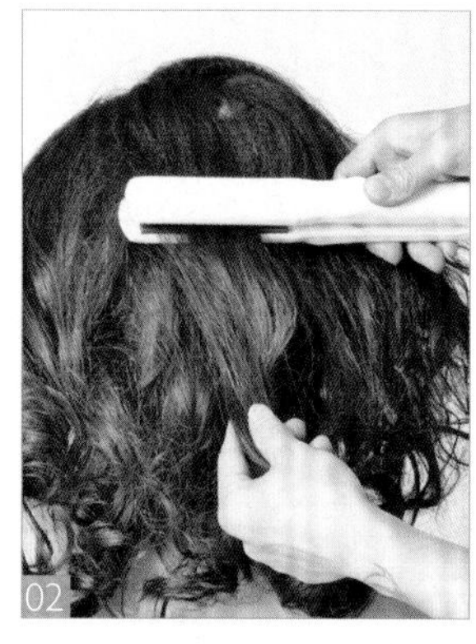

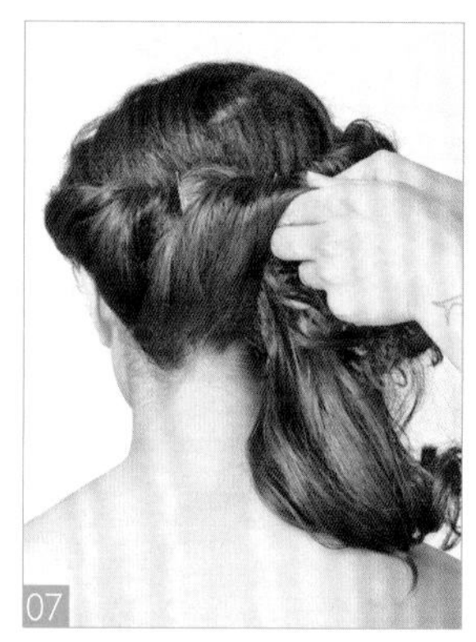

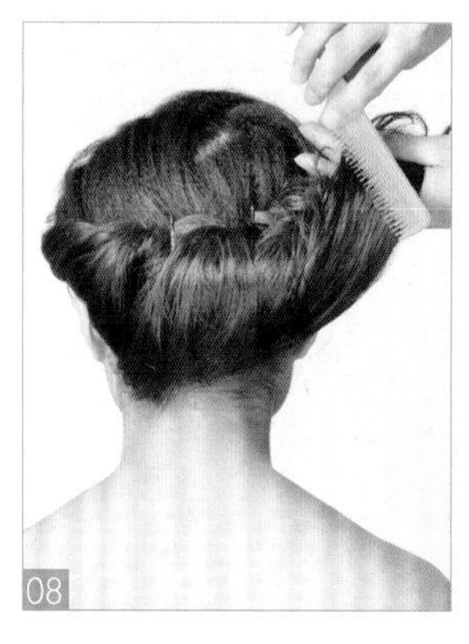

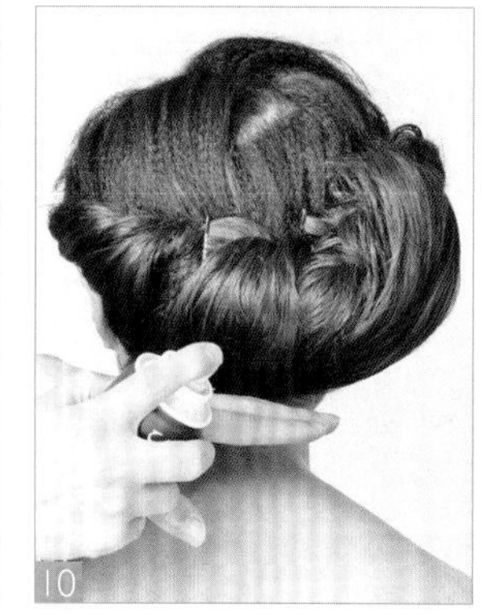

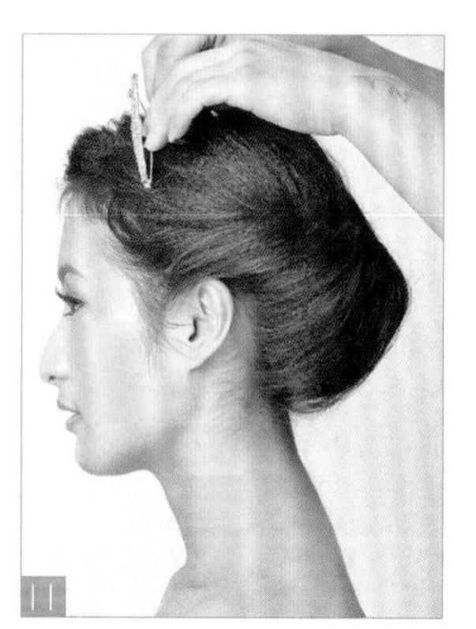

此发型以外翻烫卷、玉米烫、拧绳手法操作完成。操作过程中需掌握拧绳提拉的高度与松紧度。简约的韩式拧发造型时尚大方，搭配上精美闪亮的皇冠头饰，整体造型完美地突显出了模特优雅大方、简约时尚的气息。

01 将头发用中号电卷棒进行外翻卷曲。
02 用玉米夹将头发根部电卷，使其蓬松饱满，增加根部头发的发量。
03 从头发中部开始进行打毛处理。
04 将右侧耳上方的头发由外向内进行拧包处理。
05 下暗卡进行固定。
06 另一侧以同样的手法进行操作。
07 取后发区左侧发片，向上继续拧绳并固定。
08 将后发区剩余头发向上提拉，将表面头发梳理干净。
09 进行拧绳处理，将发尾收起并固定。
10 喷发胶定型，将边缘碎发处理干净。
11 佩戴闪亮的钻饰皇冠进行点缀。

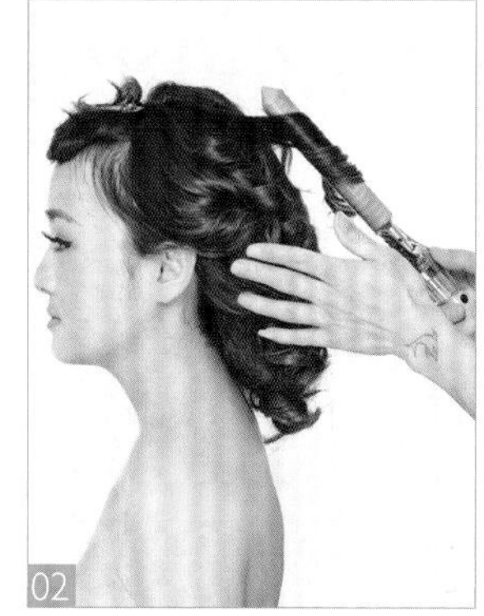

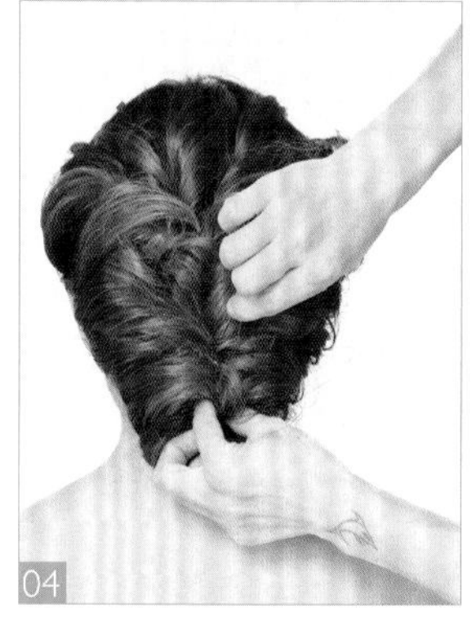

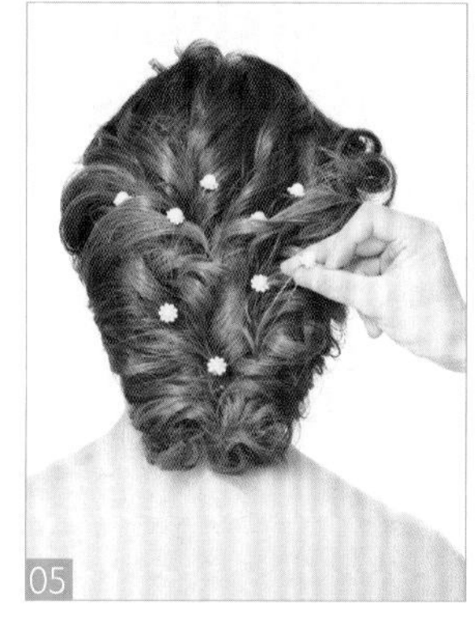

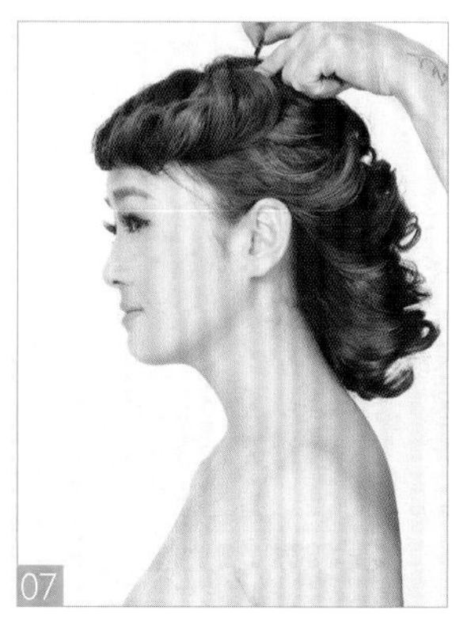

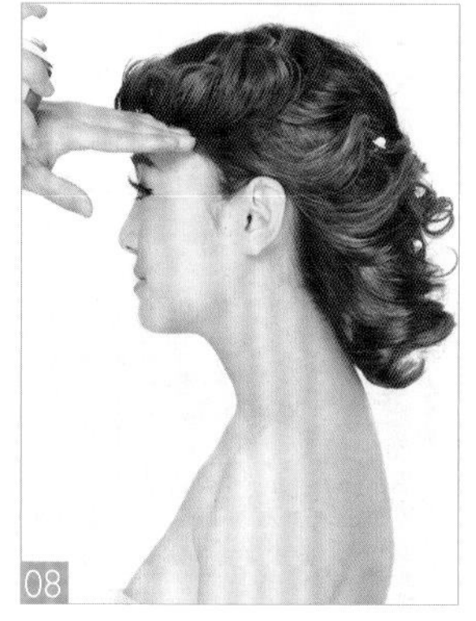

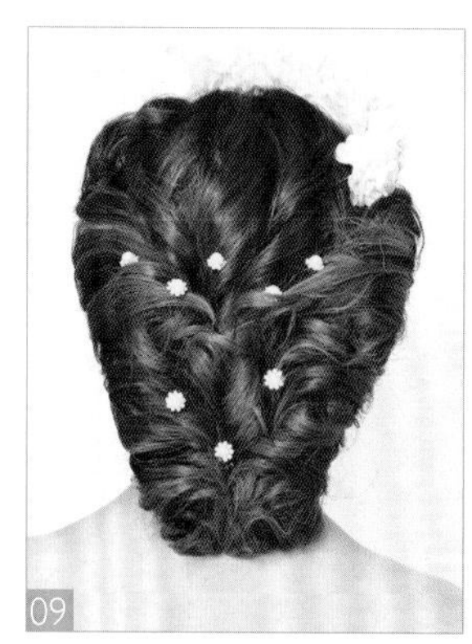

此款造型是现在最为流行的手抓发造型，看似简单随意，实则对发丝的层次、线条要求极严，同时也是打造韩式造型的主要手法之一。整体造型简约而不简单，烫卷与手抓发的衔接更好地衬托出了新娘浪漫、时尚的气息。

01 将头发分为刘海区及后发区。

02 将后发区头发进行卷曲处理。

03 用手抓开发卷。

04 将左右两侧头发向中间收起，下暗卡固定。

05 点缀上精美的珍珠饰品。

06 将刘海区头发进行外翻卷曲。

07 将刘海向后提拉固定在顶发区。

08 整理出刘海的层次及线条，喷发胶定型。

09 在刘海处佩戴绢花，造型完成。

此款造型运用拧包手法，搭配上艳丽的花瓣作为点缀，突显出了新娘娇艳、妩媚的风情。

01 用玉米夹将所有头发卷曲。
02 在右侧以耳尖为准，取一束发片。
03 向左内扣拧包并固定。
04 左侧头发以同样的手法操作。
05 继续重复此手法操作。
06 注意边缘轮廓及弧度，不宜有碎发。
07 重复以上操作至发尾。
08 发尾做拧绳处理。
09 发尾用皮筋捆绑固定。
10 将发尾藏匿在耳后方并固定。
11 背面效果。

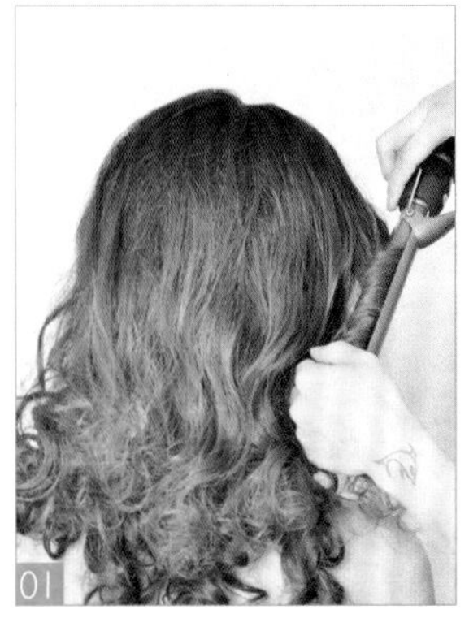
01

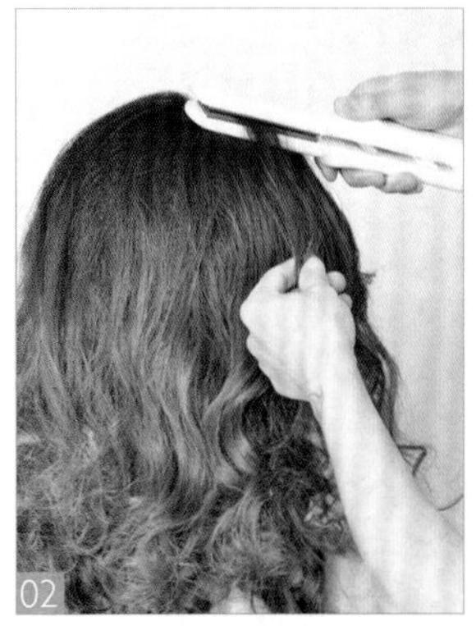
02

03

04

05

06

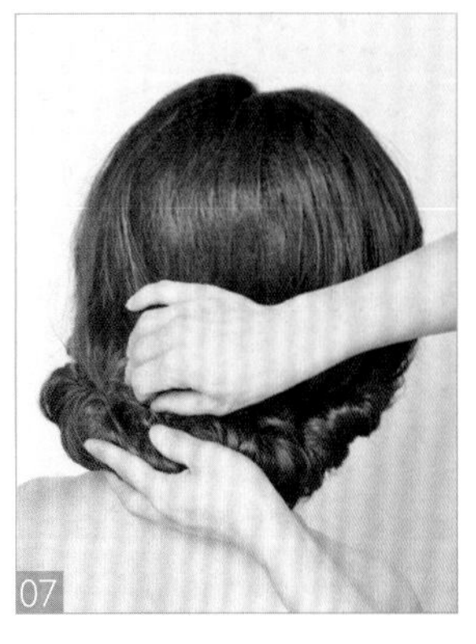
07

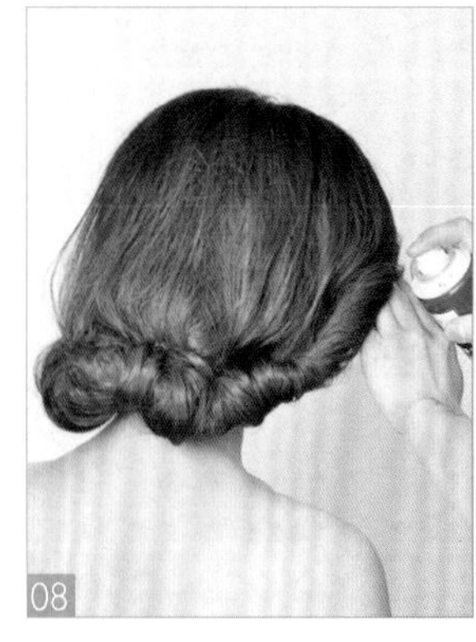
08

09

此款造型运用外翻烫发、打毛、拧绳续发手法操作完成。打造此发型时，需把握左右拧绳续发的光洁感及左右发包的轮廓感。典雅的外翻盘发再加上珍珠饰品的点缀，发型极富层次感，整体造型更是完美地呈现出了模特端庄大方、典雅圣洁的气质。

01　取一电卷棒将头发进行外翻烫卷。

02　用玉米夹将头发根部进行卷曲，使其蓬松饱满，增加发量。

03　取尖尾梳将顶发区头发根部进行打毛，使其蓬松饱满，并将打毛的头发表面向后梳理干净。

04　将左侧头发由左至右进行拧绳续发，至后发区中部。

05　再将右侧头发由右至左进行拧绳续发，至后发区中部。

06　下暗卡进行固定。

07　将左右两侧发卷向上翻转衔接并固定。

08　喷发胶定型，并将边缘碎发处理干净。

09　在发包的轮廓处佩戴珍珠发卡进行点缀。

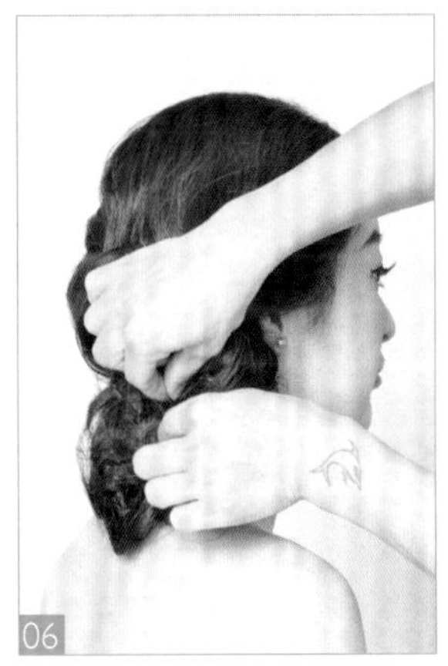

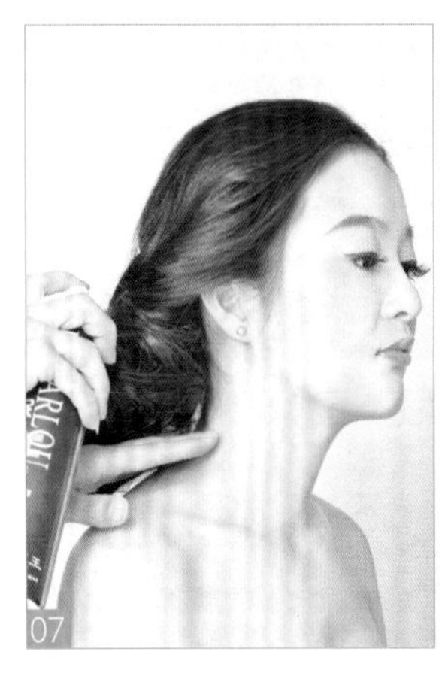

此款造型运用烫发、拧绳手法操作完成。重点需掌握拧包发片提拉的角度及走向，同时要做到发包边缘干净，轮廓饱满圆润。偏侧式的发卷造型通过白色饰品的衬托，将发包的层次突显得淋漓尽致，整体造型完美地衬托出了模特清新靓丽、优雅端庄的气质。

01 取一中号电卷棒将头发全部烫卷。
02 取左侧耳上方一束发片，由左至右提拉并做拧绳处理。
03 将拧绳下暗卡固定在后发区。
04 在后发区左侧下方继续取一束发片，向上提并拉拧绳固定。
05 将右侧头发进行拧绳处理后，与左侧尾端发髻衔接固定。
06 将发尾的发卷用卡子衔接固定，整理出轮廓。
07 喷发胶定型。
08 在偏侧的发髻处佩戴饰品进行点缀。

此发型利用烫发、拧包、手打卷手法操作而成。重点需掌握发卷之间的衔接固定，发卷与发卷之间要有错落有序的层次，同时要注意发型整体的光洁感。别致有型的发卷盘发通过精致小巧的皇冠点缀，极好地烘托出了模特端庄贤淑、优雅怡静的气质。

01 取一中号电卷棒将头发全部烫卷。
02 将头发分为刘海区、左右后发区。
03 将后发区左侧头发由左向右做拧包，固定在后发区中间位置。
04 再将后发区右侧头发由右向左做拧包并进行固定。
05 取发尾一束发片，向上提拉拧转固定。
06 以同样的手法处理剩余头发，将其做发卷盘绕固定。
07 将刘海区头发向右侧后方做拧绳处理。
08 将拧绳向后提拉，固定在后发区上方。
09 佩戴精致小巧的皇冠点缀造型。

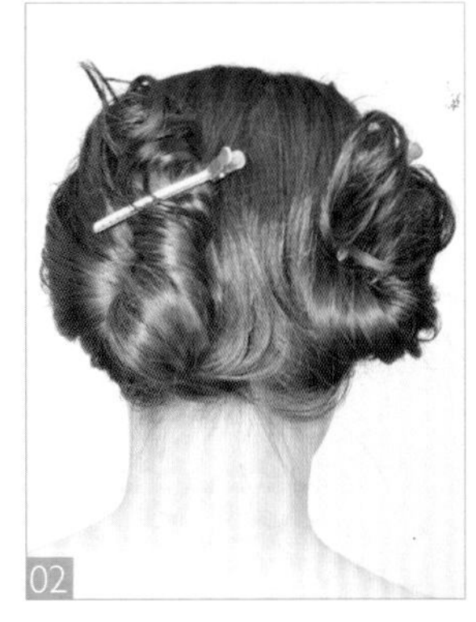

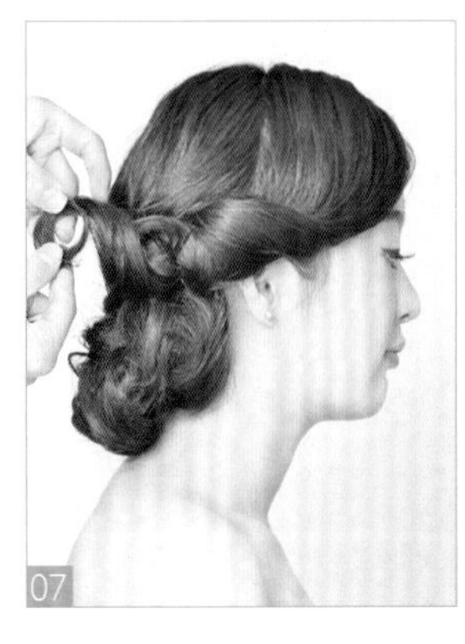

此款造型运用烫发、手打卷手法操作完成。造型重点需掌握后发区发髻与刘海区头发的无缝衔接，完美的卷筒造型与烫发的手法有直接的关系，发卷的卷曲度及发卷的走向都是完成此造型的关键。别致有型的拧包盘发是韩式造型常用的经典手法之一，搭配上闪亮的皇冠饰品，整体造型完美地突显出了模特优雅大方、端庄贤淑的气息。

01 取一中号电卷棒将头发全部烫卷。
02 将头发分为刘海区及左右后发区。
03 将后发区左右两侧头发顺着发卷的纹理做卷筒状。
04 下暗卡将左右卷筒衔接固定，使其合二为一。
05 将发尾卷筒由左至右向上提拉，固定在后发区右侧耳后方。
06 将刘海区头发顺着外翻发卷的纹理向后提拉。
07 将其固定在耳后方，发尾做手打卷收起。
08 下暗卡进行固定。
09 佩戴一款精美的钻饰皇冠点缀造型。

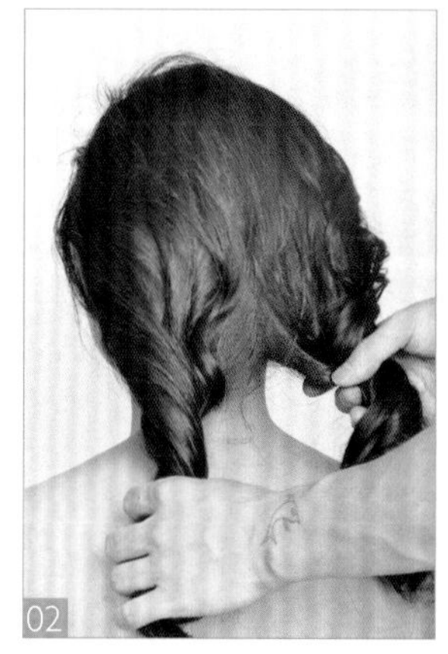

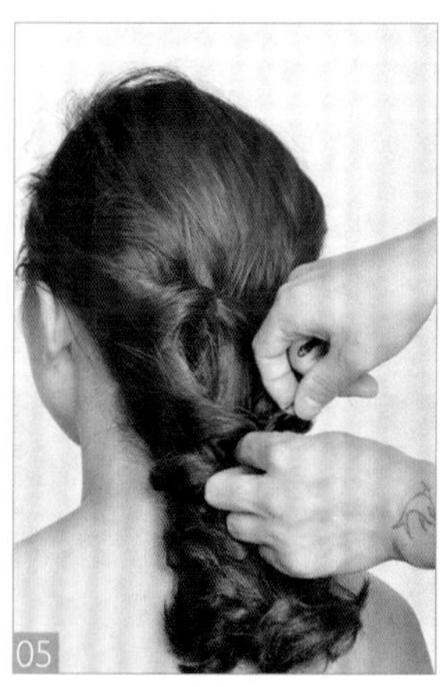

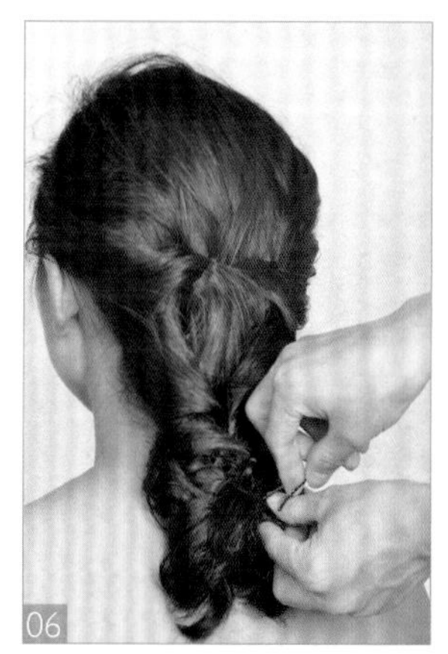

此发型利用外翻烫发及拧包手法操作完成。重点需掌握左右两侧外翻烫发的对称度，对称的外翻烫发与最终的盘发轮廓有直接的关系。同时在左右拧包时，发片边缘要干净，不宜有碎发。简洁大气的韩式盘发搭配上柔美的蕾丝饰品，整体造型完美地突显出了模特娴静优雅的韩式新娘气质。

01 用电卷棒将头发进行外翻烫卷。
02 将头发分为左右两个等份。
03 在右侧耳后方取一小束发片并拧转固定，另一侧以同样的手法操作完成。
04 再将左右两侧头发合二为一并衔接固定。
05 继续将左右两侧的发片向中间提拉，衔接固定。
06 直至衔接固定到发尾处。
07 在后发区佩戴蝴蝶结饰品点缀造型。
08 在前额处佩戴珍珠蕾丝饰品点缀造型。

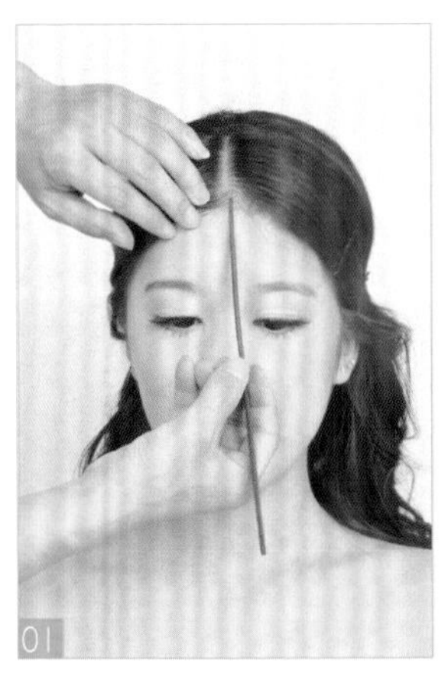

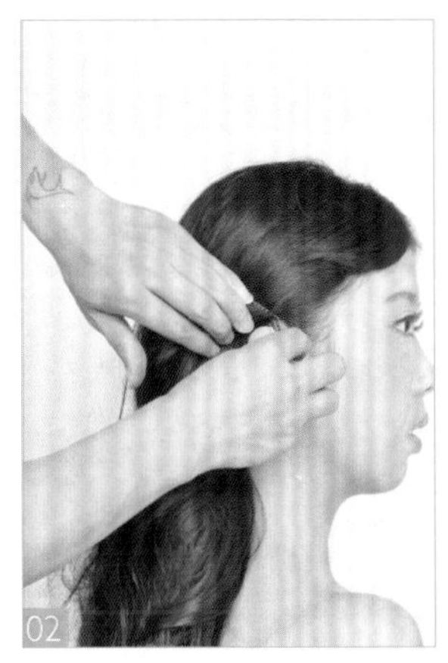

此造型通过拧包、拧绳手法操作完成。简单的拧绳盘发看似简单，但在操作过程中却需正确地掌握发型轮廓的走向及拧绳的松紧，这样才能打造出简约而不简单的完美发型。偏侧式的发髻搭配上绢花头饰的点缀，整体造型突显出了模特文静、雅致的气息。

01 将头发以两眉中心为基准线，分出分区线。
02 将右侧头发向后梳理，下卡子将其固定在耳上方。
03 另一侧以同样的手法操作。
04 将右侧头发由右至左拧包，固定在后发区处。
05 将左侧头发及右侧发尾头发进行拧绳处理。
06 将拧绳向上提拉，下暗卡进行固定。
07 将边缘头发下暗卡衔接固定。
08 在左侧耳上方佩戴饰品进行点缀。

日系发型

日系发型最大的特点是修颜减龄。想到日系发型，大家总会把它和洋娃娃联系在一起。萌感十足的日系发型，总能轻易打造出甜美的小脸，非常惹人怜爱。日系新娘盘头发型一直都是众新娘们最喜爱的发型，无论是花饰的日系花苞头，还是甜美刘海盘发或不对称式盘发，都是日系造型的关键。日系新娘发型以可爱唯美为主打元素，轻松打造可爱新娘。

共 24 款

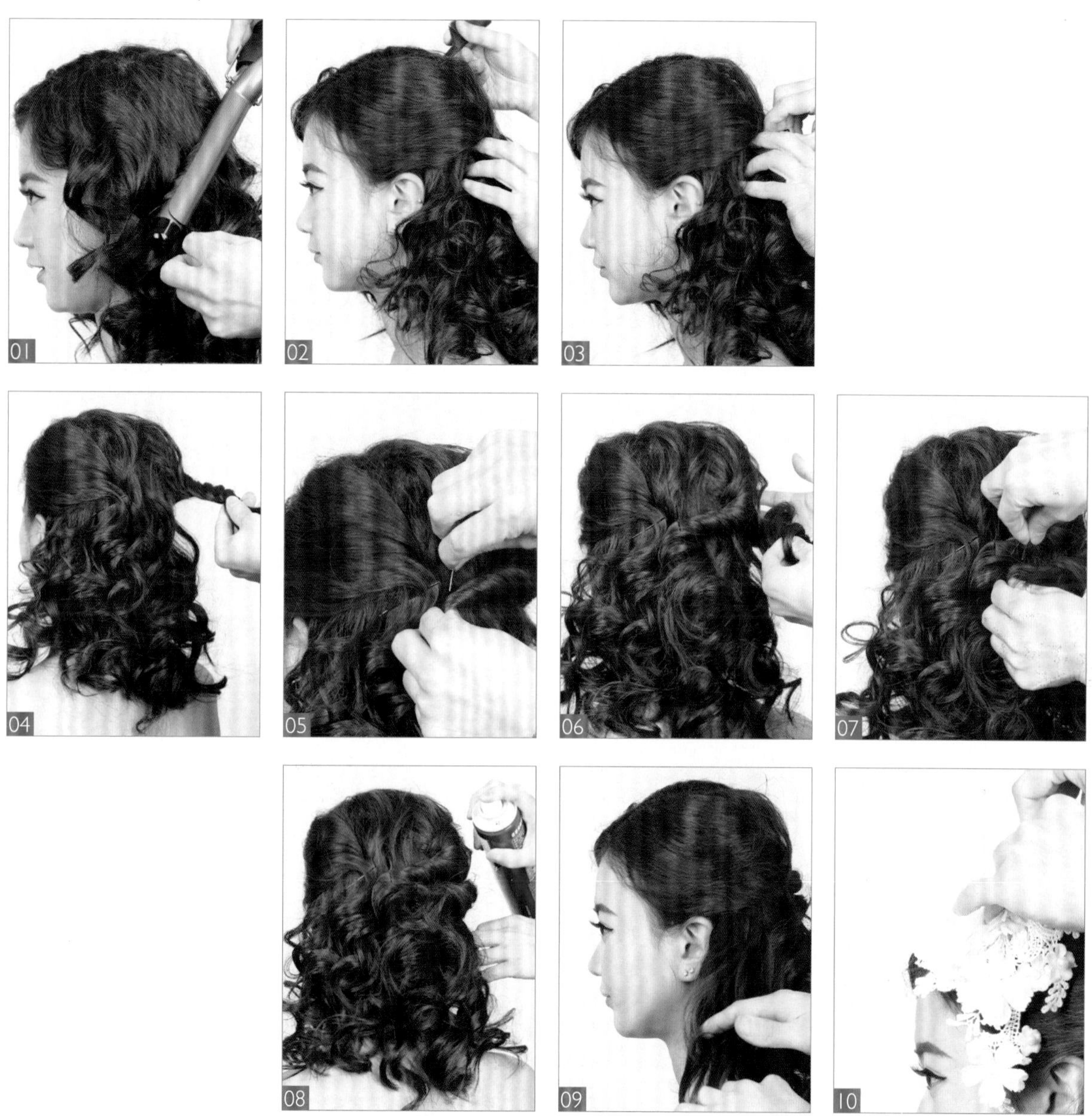

此发型以烫发、拧绳手法操作而成。重点需掌握烫发的技巧及拧绳的方法。披散式的卷发俏丽妩媚，搭配上不对称式的刘海，整体造型突显出了模特甜美、娇柔的日系特点。

01 将所有头发以外翻内扣手法交错进行烫卷。
02 将左侧发区耳上方头发进行根部打毛，将头发表面梳理干净。
03 将头发向后做拧包收起固定。
04 将右侧耳上方头发分出发片，做拧绳处理。
05 将拧绳头发向后提拉，固定在后发区处。
06 在右侧再取一束发片，顺着发卷纹理进行拧绳处理。
07 将拧绳的头发向后提拉，固定在后发区处。
08 喷发胶定型，同时将两侧的碎发处理干净。
09 用手指将发卷自然抓开，使发卷的卷花更加自然蓬松。
10 选择蕾丝绢花饰品进行点缀。

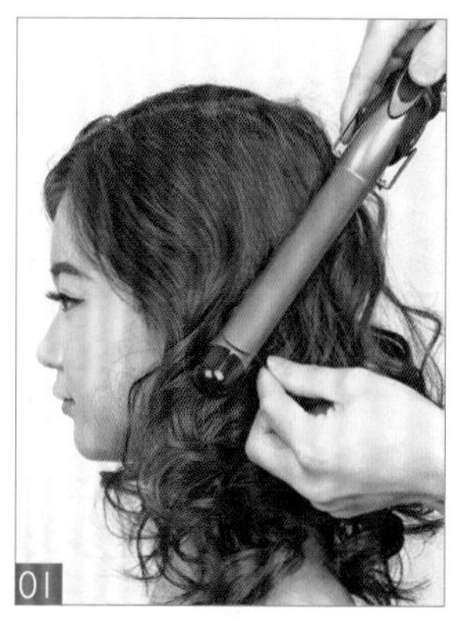

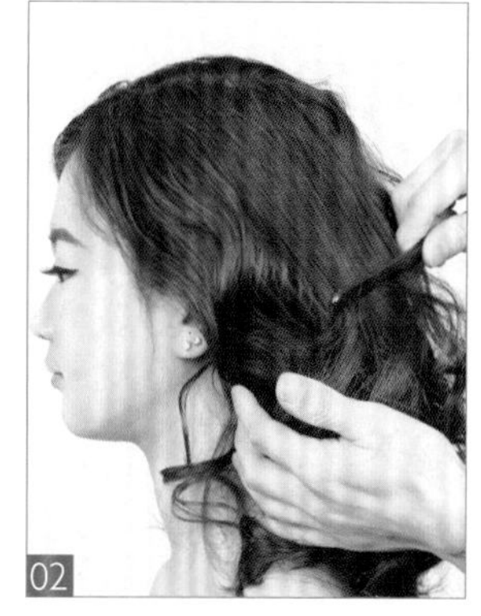

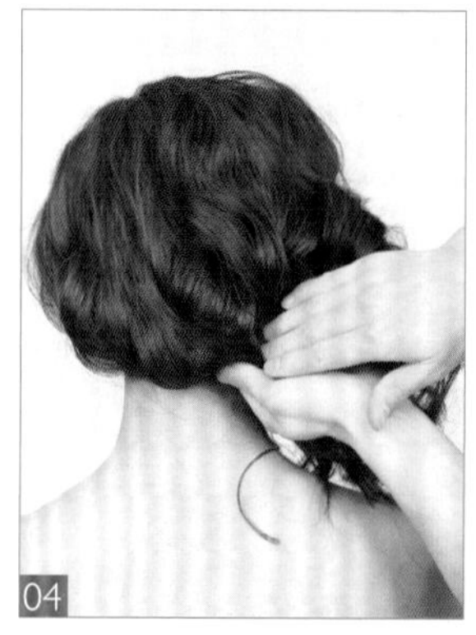

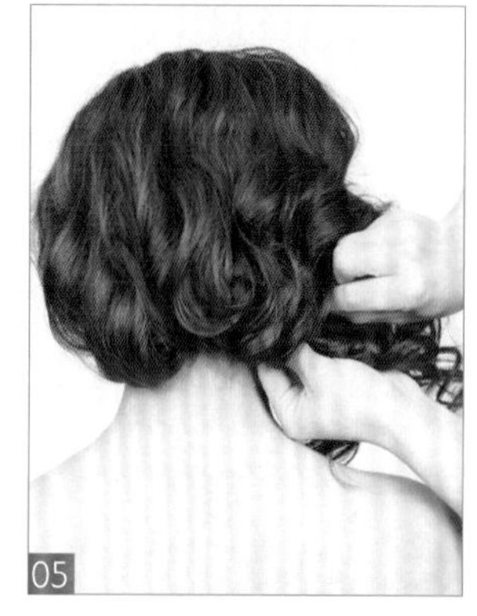

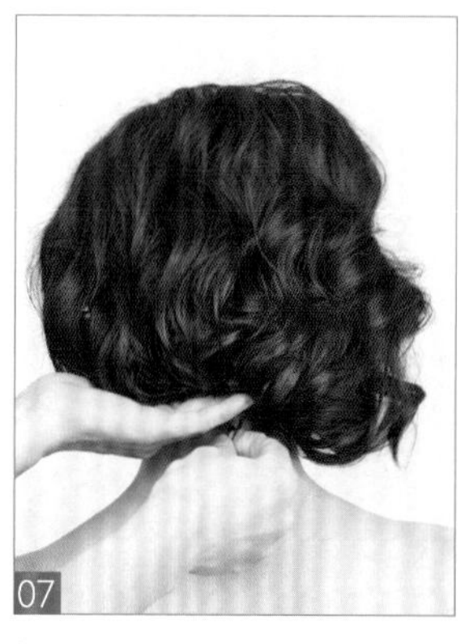

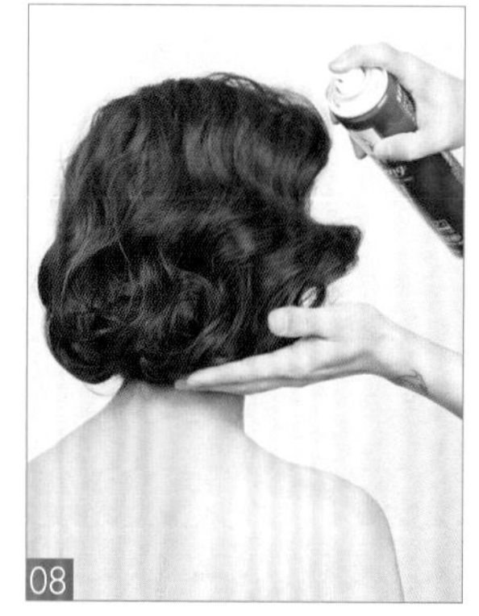

此造型通过烫发、拧包等手法操作而成。重点需掌握烫发的技巧。烫发时，要烫到头发的根部，使头发能蓬松饱满，同时要拿捏刘海的轮廓弧度。个性的卷发BOBO发型搭配上绢花花环的点缀，整体造型突显出了模特俏丽活泼、婉约浪漫的气质。

01 用电卷棒将所有头发进行外翻内扣交错卷曲。
02 用尖尾梳将发卷梳开，使发卷蓬松饱满。
03 将刘海区头发顺着发卷的纹理摆放出弧度，下暗卡固定。
04 将左侧头发由外向内、由左至右地向内拧转收起。
05 下暗卡将头发固定在后发际线处。
06 将右侧头发的发尾做拧绳收起。
07 向后侧提拉，将其固定在后发区发际线边缘的中间位置。
08 调整发型整体轮廓，喷发胶定型。
09 在左侧前额上方佩戴饰品进行点缀。

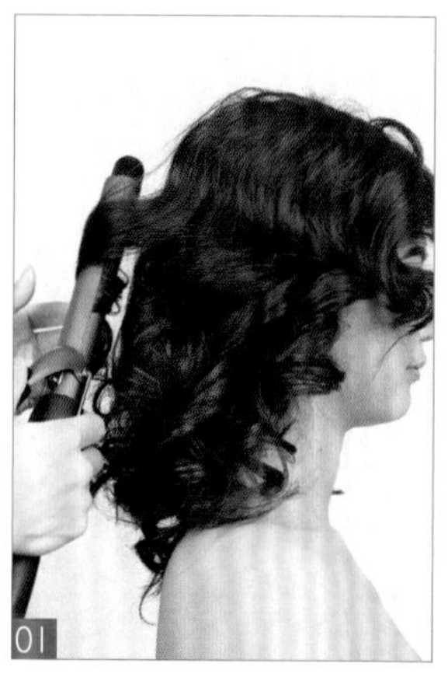

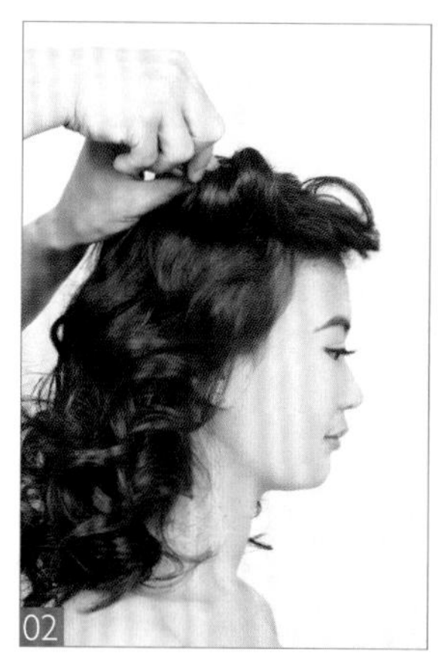

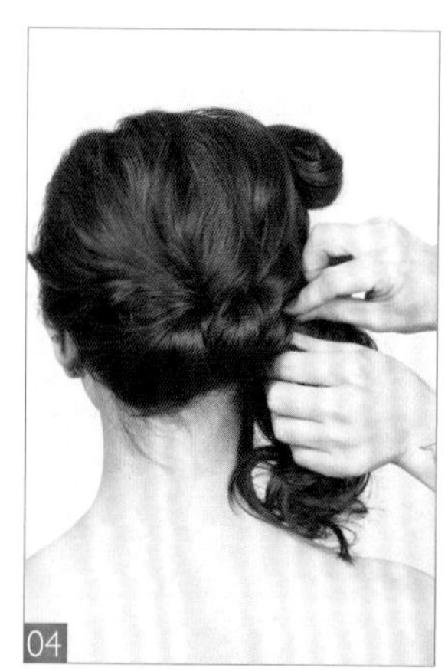

此造型运用烫发、拧绳续发、打毛等手法操作完成。此造型重点需掌握后发区拧绳续发的手法，续发时，发片要均匀一致。同时还要注意发卷刘海的操作，发卷摆放的位置不可居中固定，否则不但突显不出俏丽甜美的感觉，反而会使造型显得另类怪异。

01 将头发用中号电卷棒进行烫卷。
02 分出刘海区头发，沿着发卷的纹理向上翻转，做卷筒收起固定。
03 在左侧发区处，取两束发片，进行拧绳续发处理。
04 拧绳续发至后发区右侧下方，下暗卡固定。
05 取右侧发区头发，由外向内拧转，将其固定在耳上方。
06 将发尾头发进行打毛，使其蓬松饱满。
07 喷发胶定型，将边缘碎发处理干净。
08 在右侧发髻处佩戴饰品点缀造型。

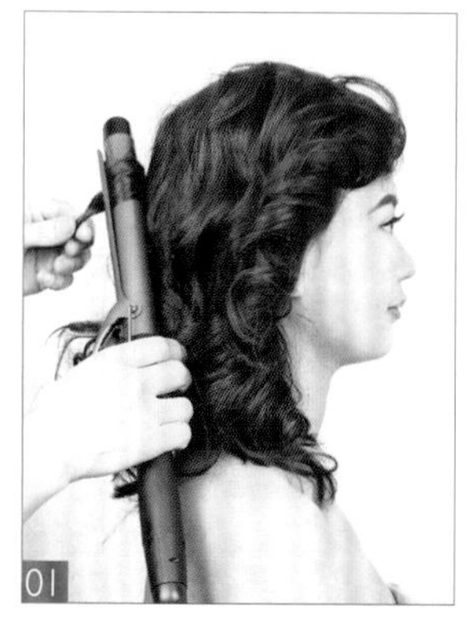

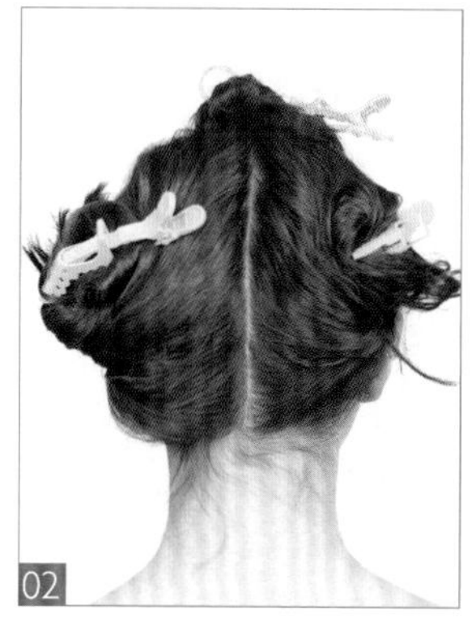

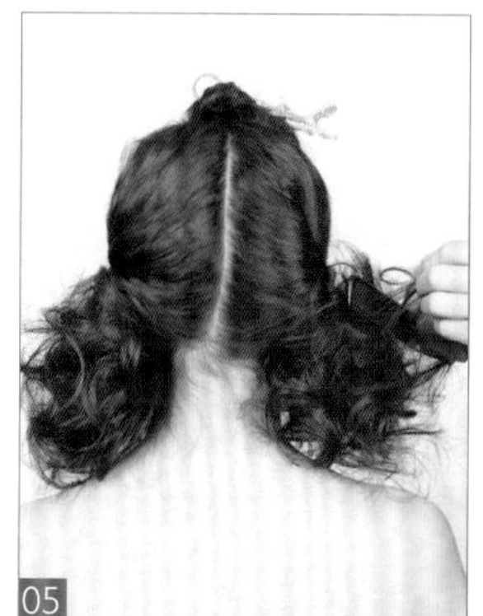

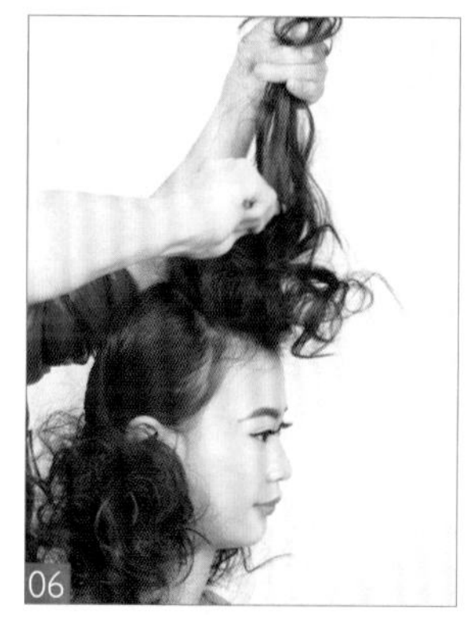

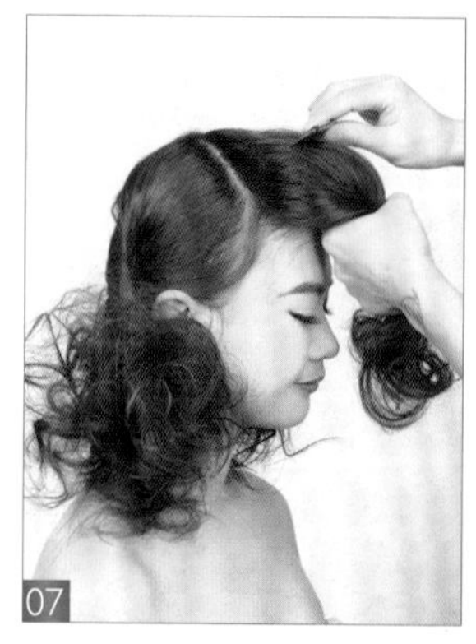

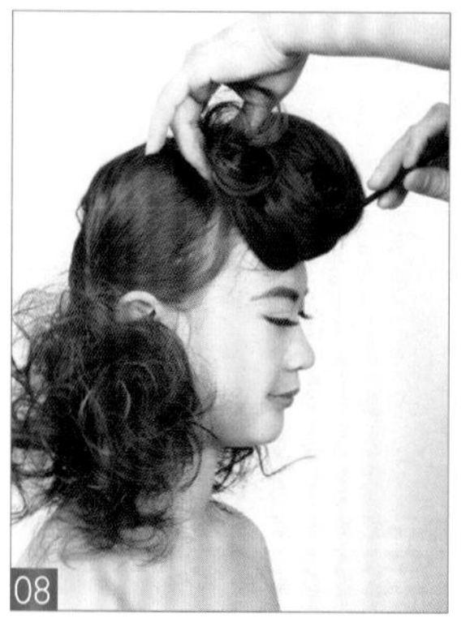

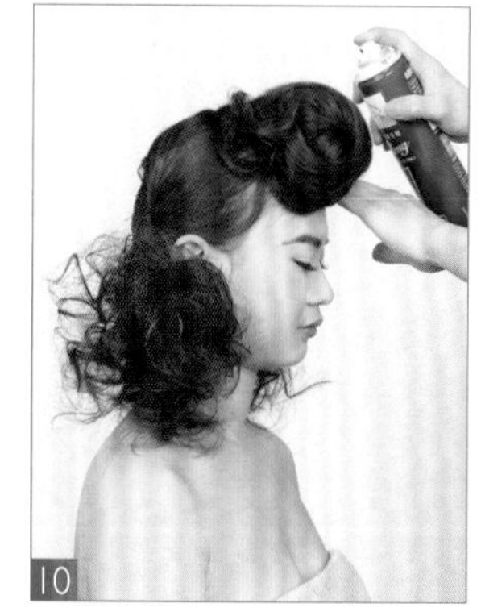

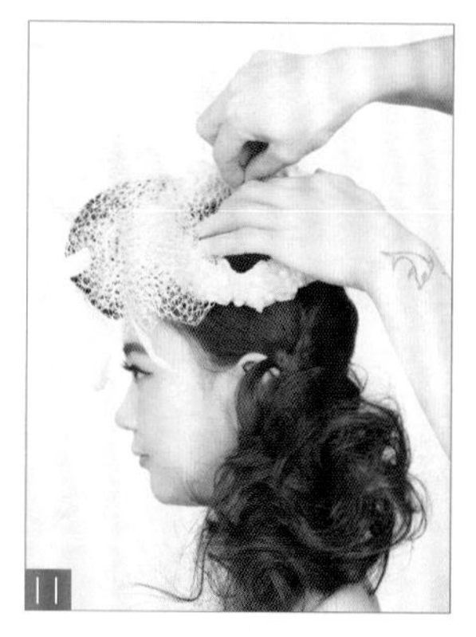

此发型通过烫发、束马尾、打毛手法操作而成。重点需掌握刘海的塑造，在打造此刘海时，打毛手法尤为关键。个性高耸的刘海搭配两侧俏丽活泼的发髻，整体造型极好地突显出了模特甜美俏丽、清纯可人的气息。

01　将所有头发用中号电卷棒烫卷。

02　将头发分为刘海区及左右侧发区。

03　将左侧头发束偏侧低马尾扎起。

04　用尖尾梳将发尾头发进行打毛处理，使其蓬松，并整理出饱满的轮廓。

05　右侧头发操作手法同上。

06　将刘海区头发进行打毛处理。

07　将打毛的头发向前将表面梳理干净。

08　将头发由右至左贴近额头转圈拧转。

09　下暗卡固定发尾。

10　喷发胶定型，并将边缘碎发处理干净。

11　佩戴精美饰品点缀造型。

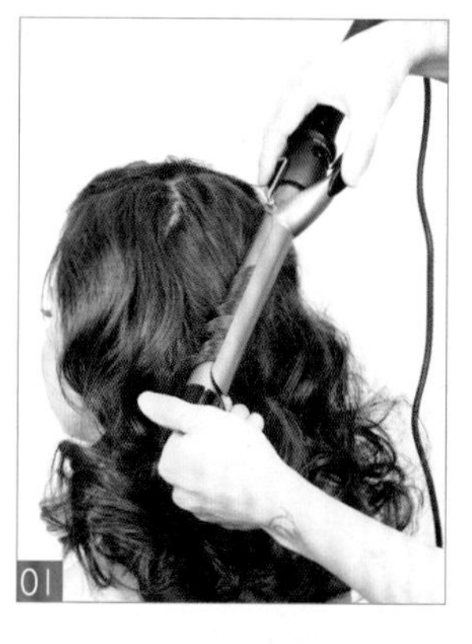
01

02

03

04

05

06

07

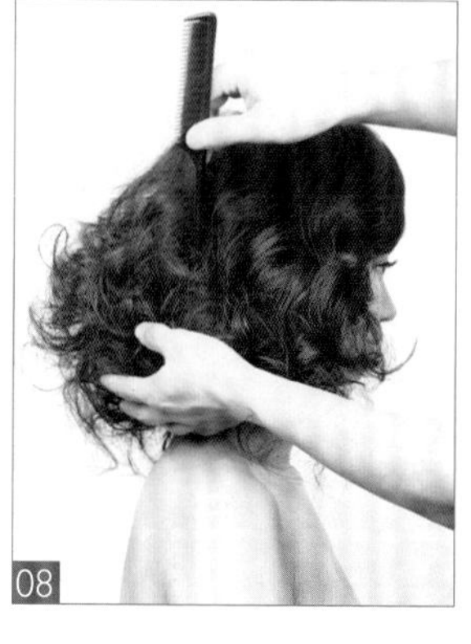
08

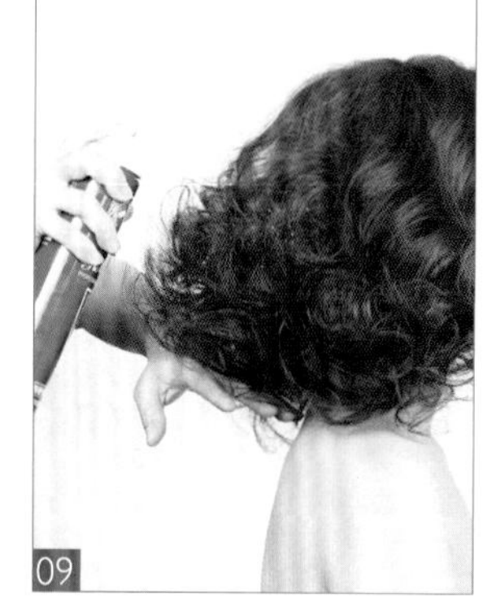
09

10

此发型利用烫发、打毛手法操作而成。重点需掌握烫发及打毛的手法，发卷在打毛时，要做到乱中有序，同时使蓬松的卷发具有透气性。浪漫的卷发造型搭配洁白的纱帽，整体造型突显出了模特清纯靓丽、小鸟依人的气息。

01 用中号电卷棒将所有头发进行烫卷。
02 取刘海区头发，将头发根部向前进行打毛。
03 将打毛的头发表面梳理干净，摆放出半圆弧度刘海，修饰额头。
04 下暗卡将其固定在耳上方。
05 将头发根部进行打毛，使其蓬松饱满。
06 将打毛的头发表面向后梳理干净。
07 将发尾的发卷进行打毛，使其蓬松饱满。
08 用尖尾梳的尖端调整发型的整体轮廓。
09 喷发胶定型。
10 在前额左侧佩戴纱帽进行点缀。

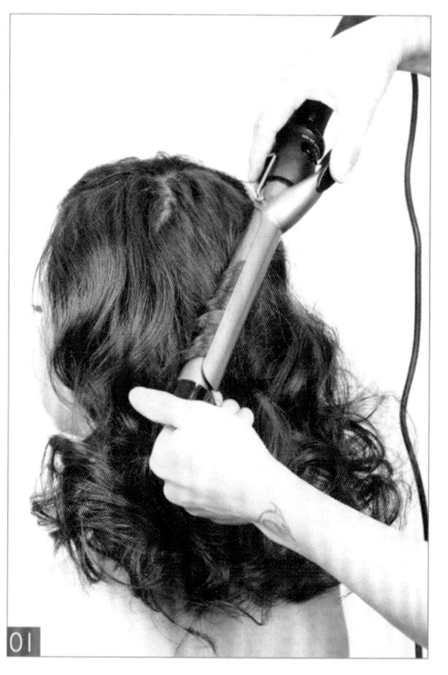

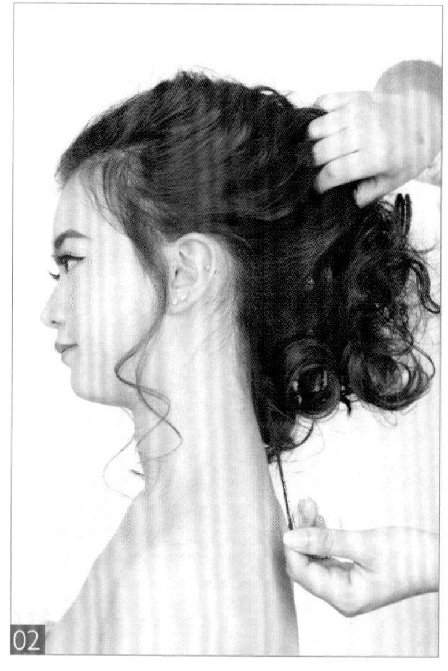

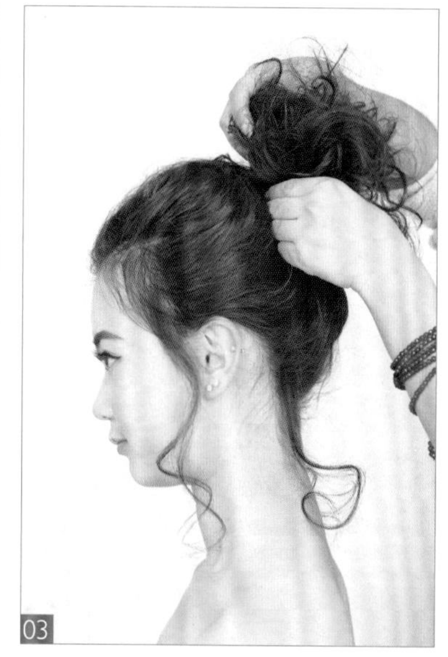

此发型利用烫发、打毛、束马尾手法操作而成。蓬松自然的发髻是此造型的主要特点，在束马尾时皮筋不宜扎得过紧，缠绕两圈至三圈即可。个性活泼的高发髻结合浪漫的发丝，整体造型突显出了模特清纯靓丽、可爱甜美的气质。

01　将头发用电卷棒进行烫卷。
02　在左右两侧各留出两缕发丝。
03　将所有头发束高马尾扎起，马尾要束得蓬松些。
04　将边缘头发进行提拉，使整体轮廓更加饱满。
05　将发尾头发用尖尾梳进行打毛。
06　佩戴精美饰品进行点缀。

01

02

03

04

05

06

07

08

09

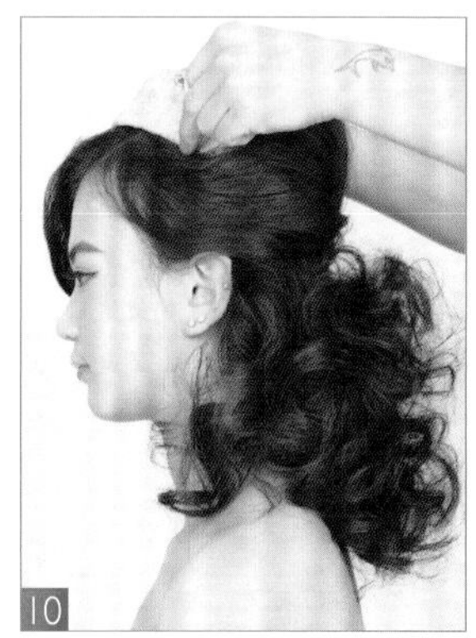
10

此发型利用烫发、打毛、拧绳手法操作而成。重点需掌握顶发区的轮廓，要做到饱满圆润。同时要根据模特脸型的特点来控制包发的高低。高耸典雅的包发结合蓬松自然的浪漫卷发，整体造型突显出了模特时尚、甜美的气质。

01 将所有头发用中号电卷棒进行烫卷。
02 分出刘海区头发备用。
03 将顶发区头发根部进行打毛，使其蓬松饱满。
04 将打毛的头发表面向后梳理干净，整理出蓬松饱满的轮廓。
05 在左侧耳上方取一束发片，向后做拧绳固定在后发区。
06 右侧以同样的手法操作。
07 用尖尾梳将剩余发卷进行打毛，使其蓬松饱满。
08 调整刘海区头发的弧度。
09 喷发胶定型。
10 佩戴蕾丝花边的发箍进行点缀。

此款造型运用烫卷、拧包、打毛手法操作完成。重点需掌握刘海与后发区发髻之间的衔接，以及发尾头发的纹理，要做到乱中有序。偏侧式的发髻造型搭配上精致的蝴蝶结饰品，整体造型突显出了模特俏丽、清新的气息。

01　取一中号电卷棒将头发全部烫卷。
02　将头发分为刘海区及后发区。
03　将后发区头发向上做拧包处理。
04　下暗卡将其固定在右侧耳上方位置。
05　将刘海区头发向后提拉做拧包处理。
06　下暗卡进行固定。
07　将发尾头发进行打毛处理，使发丝纹理清晰，轮廓饱满。
08　喷发胶定型，并将边缘碎发处理干净。
09　在发髻处佩戴别致的蝴蝶结饰品进行点缀。

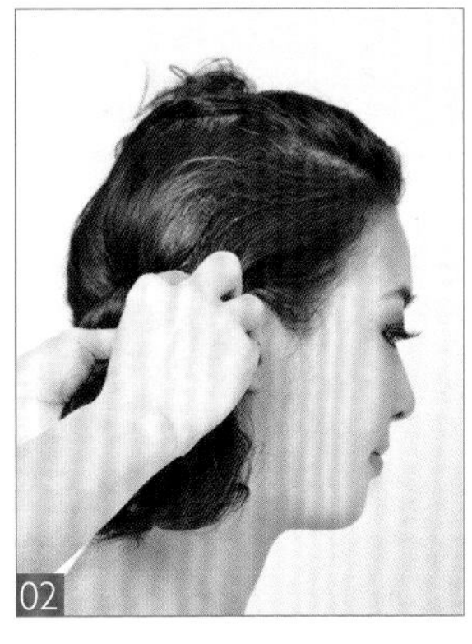

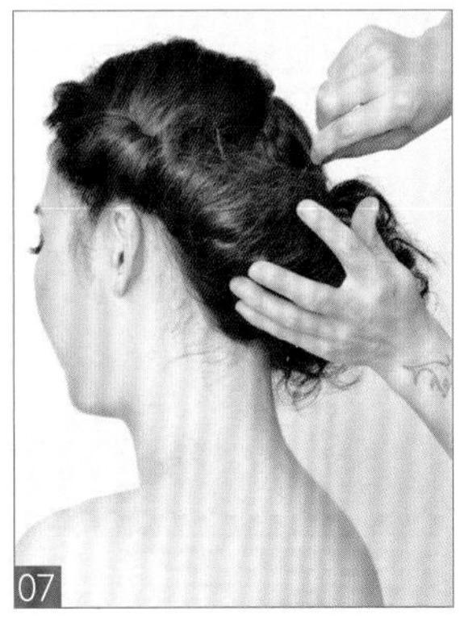

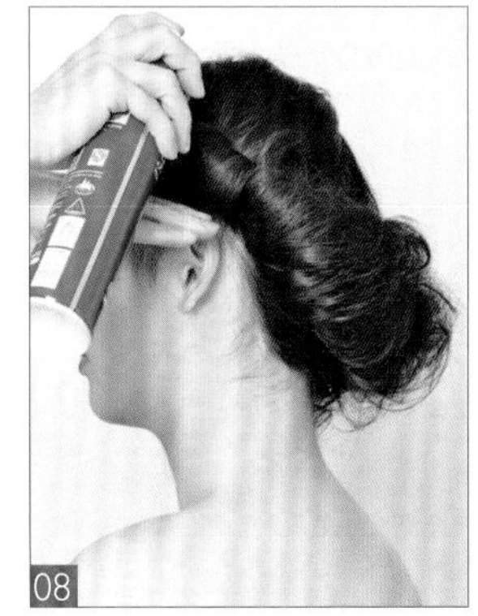

此款造型运用烫发、拧包、打毛手法操作完成。造型重点需掌握偏侧发髻固定位置，以及刘海区头发拧绳的松紧度。发髻过高会显得造型呆板傻气，过低会无法营造俏丽可人的特点，发髻控制在耳后方处最为适宜。偏侧式的发髻造型再加上仿真鲜花的点缀，整体造型烘托出模特活泼俏丽、清晰雅致的气息。

01 将头发分为刘海区及后发区。
02 将后发区头发向前进行拧包，下暗卡固定。
03 取尖尾梳将发尾进行打毛。
04 将打毛的发尾头发调整出轮廓，向上提拉固定。
05 将左侧刘海区头发由前向后做拧绳处理，将其固定在耳上方位置。
06 将剩余头发进行打毛处理。
07 将打毛的头发表面梳理干净，由下向上翻转拧绳并进行固定。
08 喷发胶定型，同时将边缘碎发处理干净。
09 在右侧发髻上方佩戴仿真鲜花进行点缀。

01

02

03

04

05

此造型利用单一烫发手法操作而成。重点需掌握左右两侧发卷的对称度及蓬松感。俏丽的发卷造型搭配上可爱的蝴蝶结饰品，整体造型突显出了模特甜美俏丽、清纯靓丽的气质。

01 将头发用中号电卷棒以外翻内扣交错的手法烫卷。
02 将头发分为左右两等份，将右侧头发沿着发卷的纹理做成卷筒状。
03 将左侧头发以同样的手法操作，做成卷筒状，并在前额处留出一缕发丝自然垂下。
04 将左右两侧发卷尾端用卡子进行固定。
05 在左侧前额上方佩戴白色蝴蝶结饰品进行点缀。

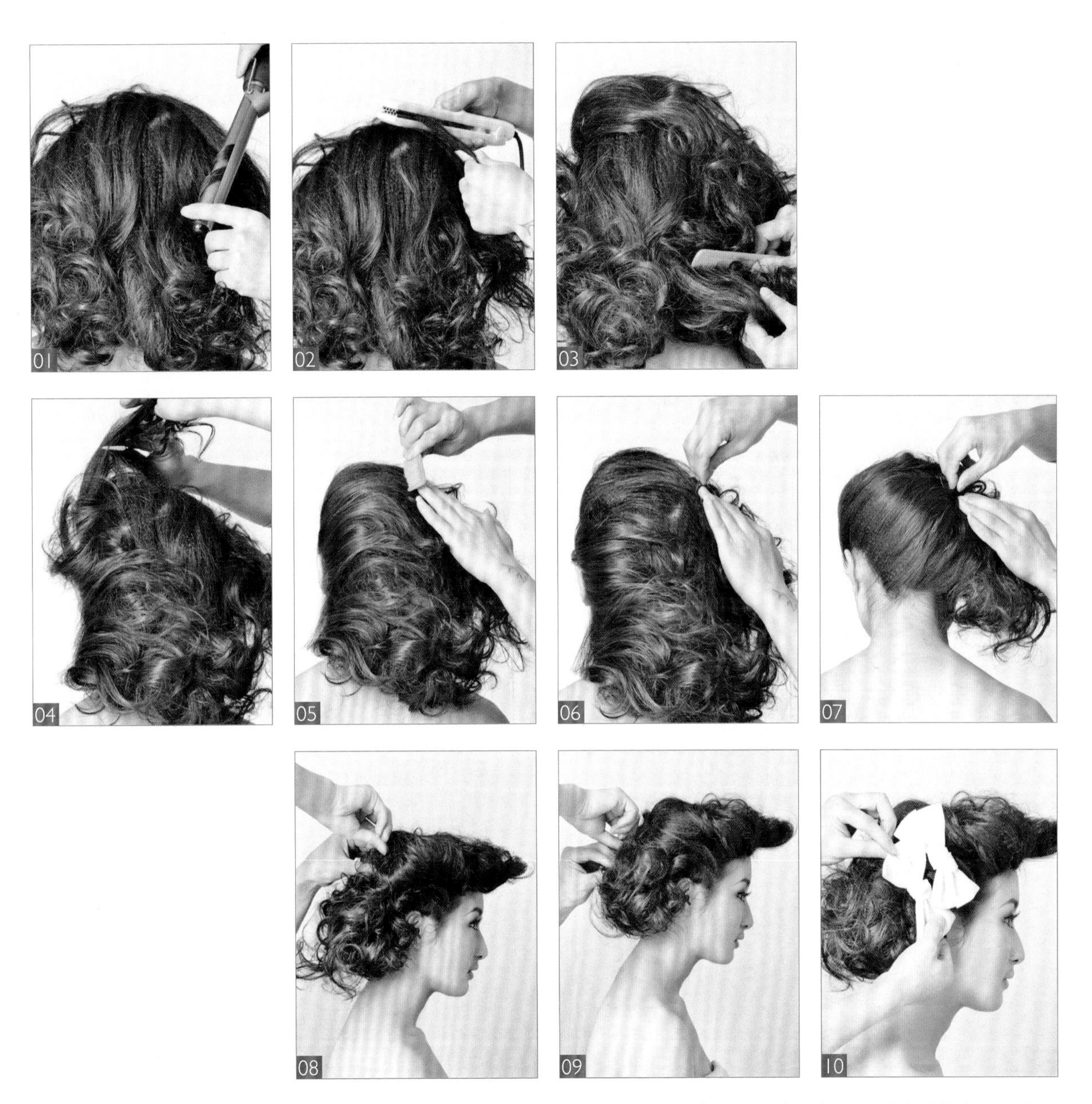

此发型利用烫发、玉米烫、拧包、打毛手法操作而成。重点需根据模特的脸型特点来控制刘海的高度。同时，打毛也是打造此发型的关键之处，打毛的方向要根据发型最终的轮廓走向而定。切不可反方向处理。外翻的刘海线条感清晰，偏侧式的发髻搭配上可爱的蝴蝶结饰品，整体造型突显出了模特活泼俏丽、清纯可人的风格。

01 用中号电卷棒将所有头发进行烫卷。
02 用玉米夹将头发根部进行卷曲，使其蓬松饱满。
03 将头发由外向内进行打毛处理。
04 将左侧发区头发由左至右提拉进行打毛。
05 将左侧头发向右侧梳理，表面头发要干净。
06 将发尾头发在右侧顶发区处进行固定。
07 将后发区头发由下向上、由左至右梳理，下暗卡进行固定，留出发尾头发。
08 将右侧及刘海区头发调整出轮廓后，将发尾向上提拉固定在顶发区处。
09 继续提拉发尾头发向上固定，在右侧耳后方留出卷发发髻。
10 在耳上方佩戴白色蝴蝶结饰品进行点缀。

此款造型运用烫发、打毛、拧包手法操作完成。重点需掌握顶发区发包的制作，发包表面要干净，整体轮廓要圆润饱满。烂漫的卷发造型以可爱的斑点丝带进行点缀，整体造型烘托出了模特甜美可人、妩媚浪漫的气息。

01 取一中号电卷棒将头发以外翻内扣手法交错烫卷。
02 用尖尾梳将顶发区头发根部进行打毛处理，使其蓬松饱满。
03 将顶发区打毛的头发表面向后梳理干净。
04 将其做拧包收起，下暗卡进行固定。
05 将刘海区头发用电卷棒进行外翻卷曲。
06 将刘海区头发顺着发卷的纹理向后提拉固定。
07 在顶发区佩戴丝带饰品进行点缀。

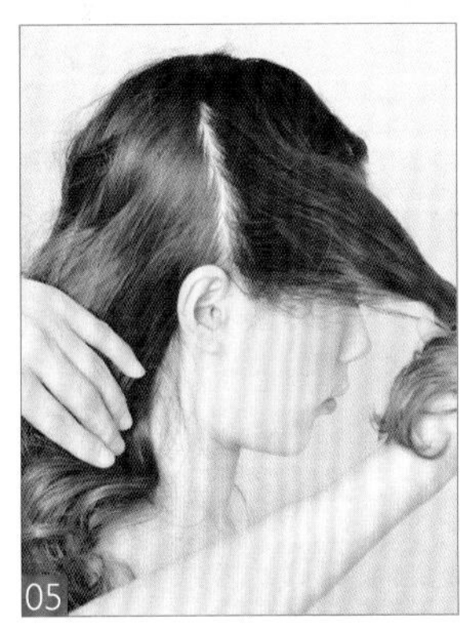

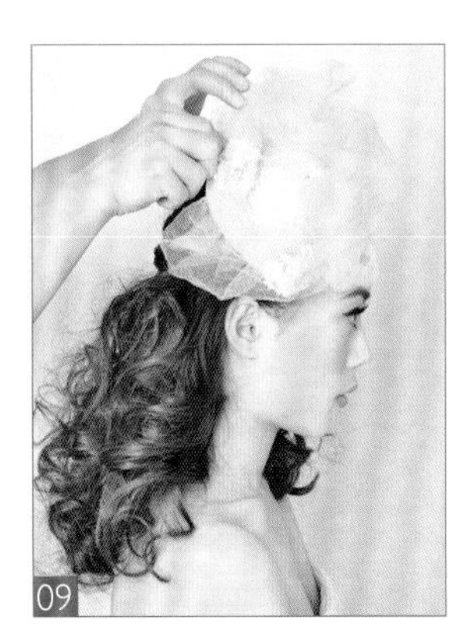

01 取一中号电卷棒将头发全部烫卷。
02 分出刘海区的头发。
03 将刘海区头发进行三股编辫至发尾。
04 将编好的三股辫盘绕在左侧发区处，下暗卡固定。
05 以耳尖外侧为基准线，分出发区。
06 将右侧发片做三股编辫至发尾，向后提拉。
07 将发辫的发尾固定在左侧发区后侧。
08 发型完成图侧面。
09 佩戴白色纱帽点缀造型。

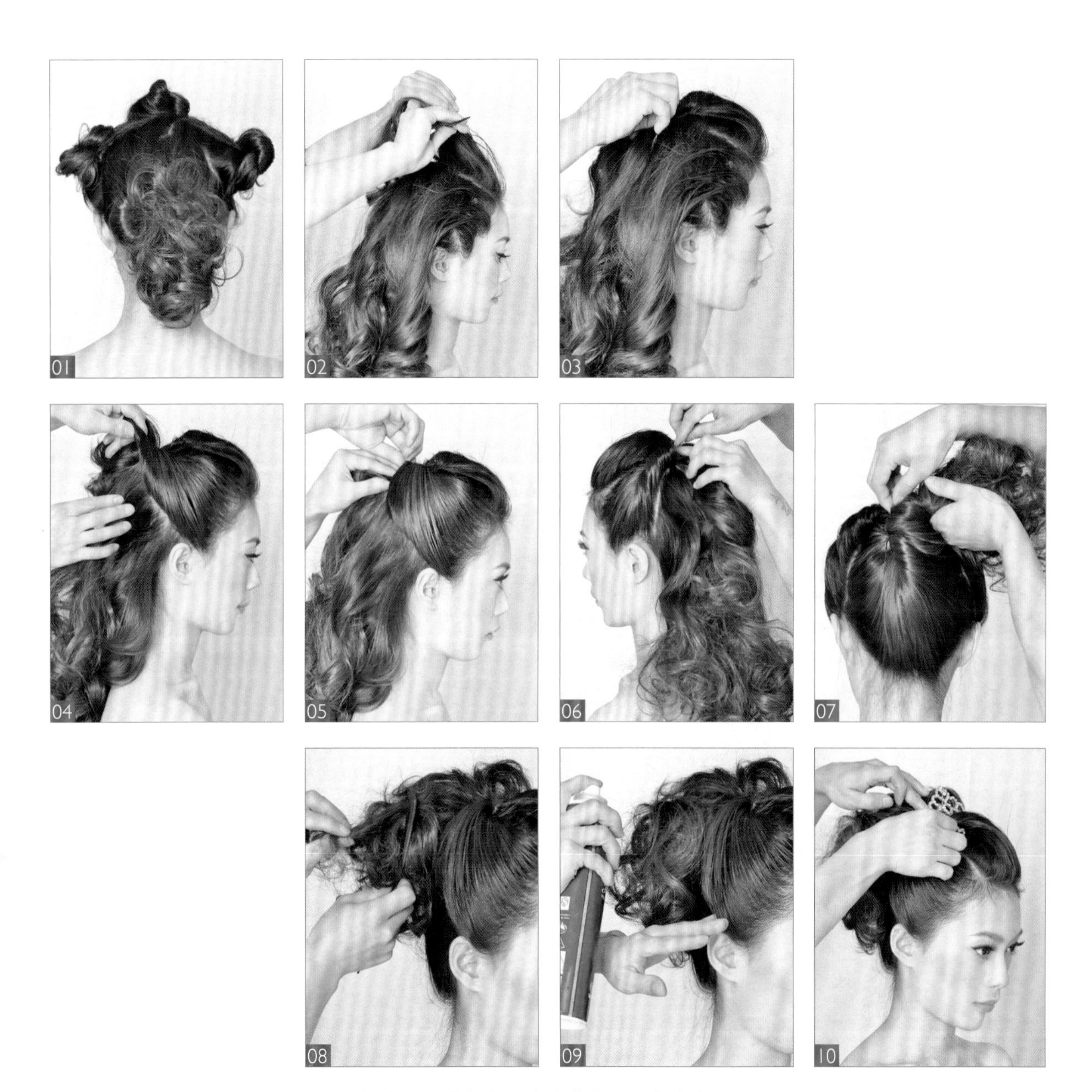

此款造型运用烫发、打毛、拧包手法操作完成。简单清爽的拧包盘发搭配上闪亮的皇冠饰品，整体造型突显出了模特怡静温婉、温柔浪漫的气息。

01 用电卷棒将所有头发卷曲后，将头发分为刘海区、左右侧发区及后发区。
02 放下刘海区头发进行打毛处理，使其蓬松饱满。
03 将刘海区头发做拧包收起固定。
04 将右侧头发做打毛处理后，向上提拉做拧绳收起。
05 下暗卡进行固定。
06 另一侧操作手法同上。
07 将后发区头发向上做拧包收起，下暗卡固定。
08 将发尾头发进行打毛处理。
09 调整出发型轮廓后，喷发胶定型。
10 佩戴精美的皇冠饰品点缀造型。

此款造型运用烫发、打毛、拧包手法操作完成。重点需掌握刘海区发包打毛的技巧，在打毛时，只处理头发根部的头发，使其蓬松饱满即可。浪漫的卷发搭配上白色纱帽的点缀，整体造型突显出了模特俏皮甜美、小鸟依人的气息。

01 取一中号电卷棒将头发全部烫卷。
02 取一尖尾梳将左侧耳上方头发打毛。
03 将打毛的头发表面梳理干净，向后做拧包收起。
04 下暗卡固定。
05 将刘海区头发打毛。
06 将打毛后的头发表面梳理干净，由外向内翻转做拧包收起。
07 下暗卡固定。
08 喷发胶定型。
09 取一白色纱帽佩戴在左侧前额上方进行点缀。

此款造型通过烫发、编发、打毛手法操作完成。重点需掌握后发区左右发髻摆放的位置，不可过于对称，一高一低的发髻对比能更加完美地体现出模特俏皮可爱的风格。同时，发尾头发缠绕做发髻时，要做到蓬松随意，不可处理得死板生硬，无生机感。

01 将头发分为刘海区、后发区。
02 将刘海区头发进行三股编辫。
03 将编好的发辫向上提拉盘绕，摆放到前额右侧。
04 下暗卡固定发辫。
05 用尖尾梳将后发区分为左右两个发区。
06 放下左侧发区头发，取一缕缠绕剩余头发做马尾扎起。
07 用尖尾梳将发尾头发进行打毛处理。
08 将发尾向上提拉，沿着发髻的周围缠绕固定。
09 另一侧操作手法同上，发髻要一高一低地进行固定摆放。
10 喷发胶定型。
11 佩戴俏丽的皇冠饰品点缀造型。

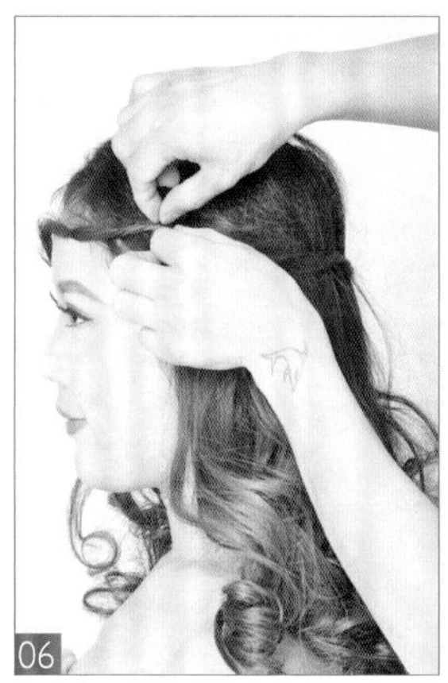

此款造型运用烫发、拧绳续发、打毛手法操作完成。在打造蓬松自然的卷发造型时，烫发时发片提拉的角度是关键。同时，为突显出发卷的蓬松感，不可用梳子打毛，而要学会用手指轻轻推拉进行打毛。手指打毛既可将发卷打造出蓬松饱满的感觉，同时还能完美地呈现出发卷的纹理与层次。唯美浪漫的披散式卷发搭配俏丽的蝴蝶结饰品，整体造型极好地突显出了模特清纯浪漫、俏丽活泼的气质。

01 取一中号电卷棒将头发全部烫卷。
02 用玉米夹将头发根部进行卷曲，使其蓬松饱满，增加发量。
03 在左侧前额处取一束发片，向后做拧绳续发。
04 继续以拧绳续发手法进行操作。
05 拧绳发辫的粗细要均匀，继续拧绳至右侧耳上方处。
06 将拧绳沿着前额由右至左缠绕提拉，固定在左侧。
07 用手指将发卷进行打毛，使发卷纹理更加自然蓬松。
08 在固定拧绳处佩戴蝴蝶结饰品点缀造型。

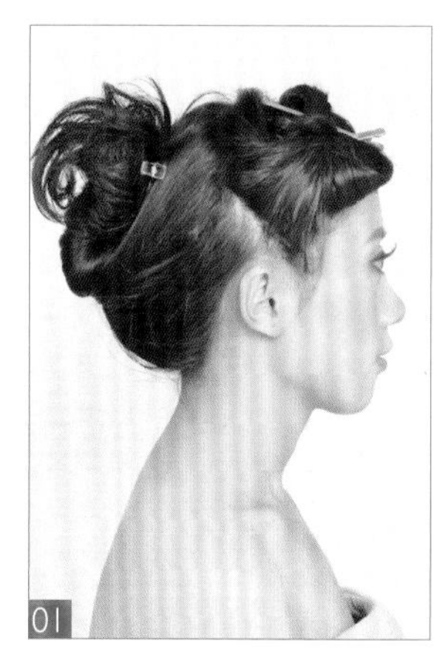

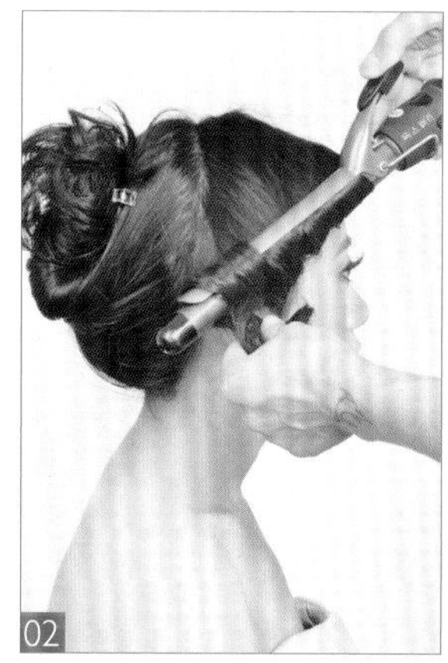

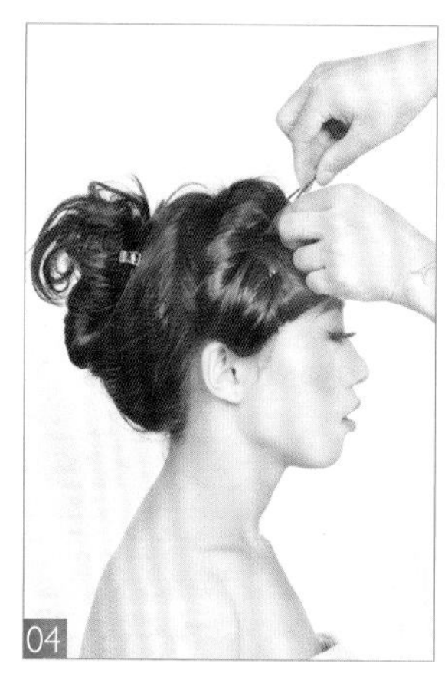

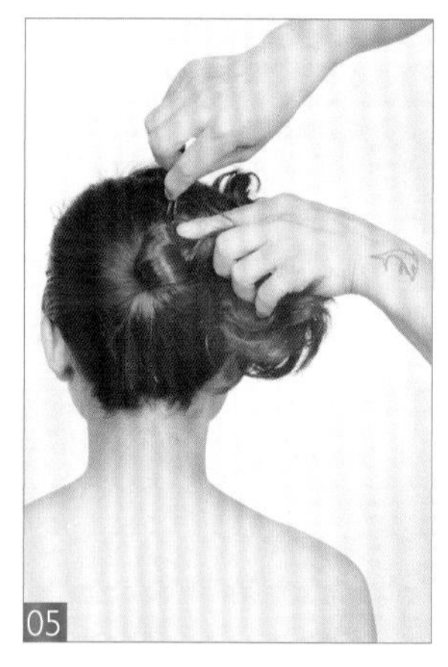

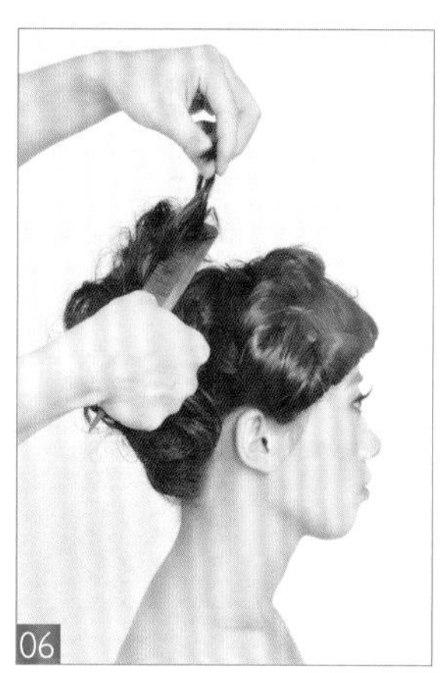

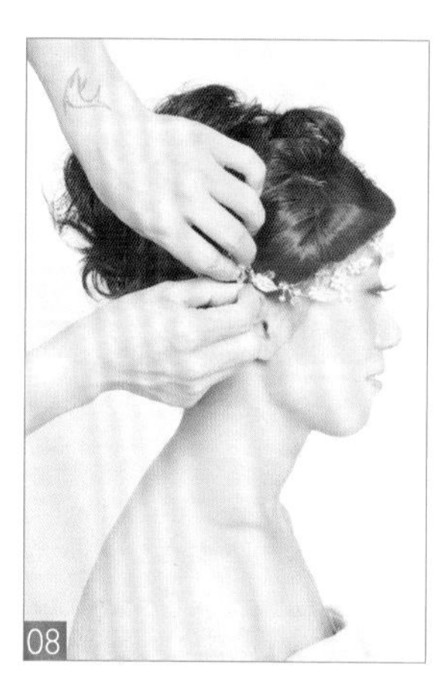

此造型通过外翻烫发、拧包、打毛手法操作完成。此造型重点需注意后发区发髻与刘海区头发的自然衔接，并使整体轮廓饱满圆润。蓬松饱满的卷发结合圆润的外翻刘海，整体造型完美地突显出了模特时尚甜美、秀丽典雅的气质。

01 将头发分为刘海区、后发区。
02 取一中号电卷棒，将刘海区头发进行外翻烫卷。
03 将烫好的刘海区卷发向上提拉调整出形状。
04 下暗卡固定发尾。
05 将后发区的头发进行烫卷，向上做拧包收起并下暗卡固定。
06 用尖尾梳将发尾进行打毛。
07 调整出轮廓，使后发区头发与刘海区头发自然衔接，喷发胶定型。
08 在前额处佩戴珠花饰品点缀造型。

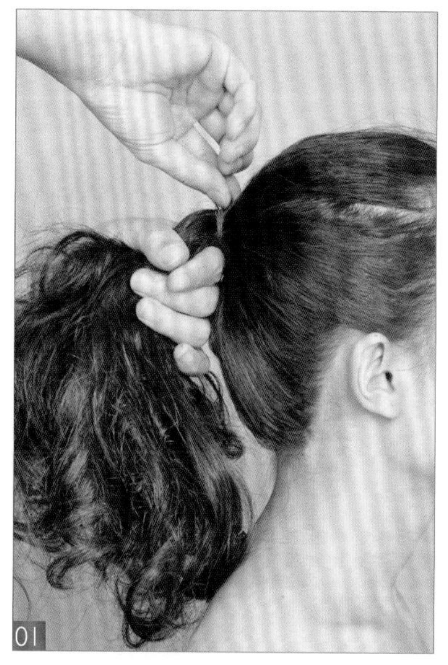

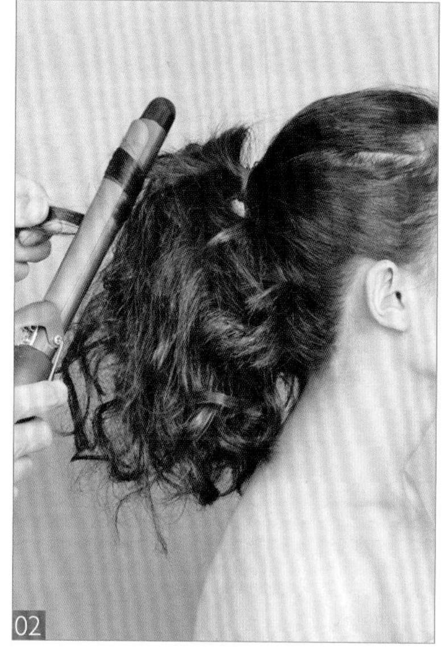

此发型利用烫发、束马尾、打毛手法操作而成。想打造出俏丽甜美风格的发型，在束马尾时，要合理巧妙地控制束马尾的高度及位置。偏侧高耸的发髻时尚俏丽，搭配上蕾丝与蝴蝶结饰品的点缀，整体造型将模特可爱、萝莉、甜美的气息突显得淋漓尽致。

01　将头发束马尾扎起。
02　取一电卷棒将发尾头发进行烫卷。
03　用尖尾梳将发尾头发进行打毛，使其蓬松饱满。
04　将打毛后的发尾向前提拉，下暗卡将其固定在顶发区处。
05　取白色蕾丝点缀在顶发区右侧。
06　再取一白色蝴蝶结饰品点缀在左侧发区的发髻处。

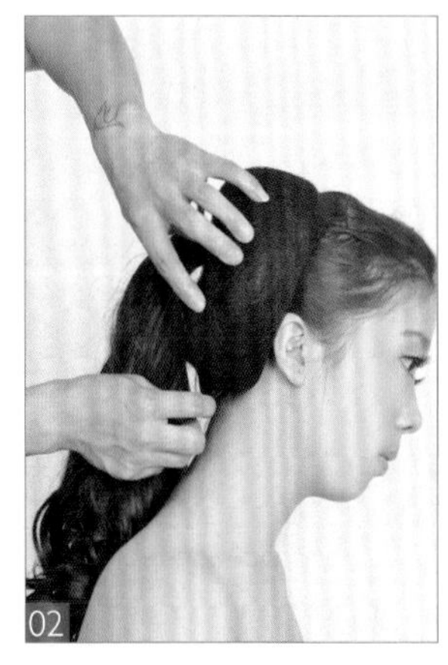

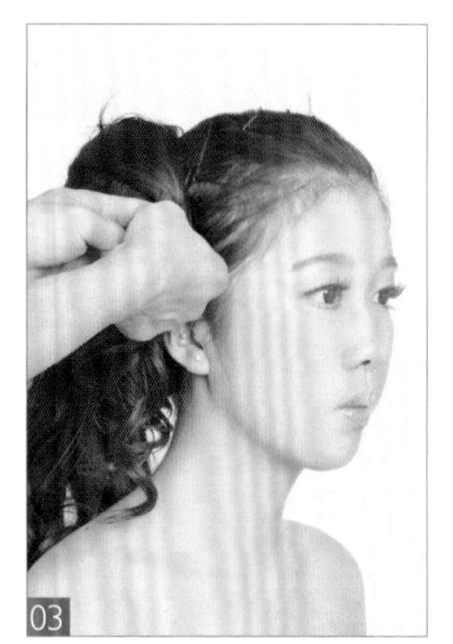

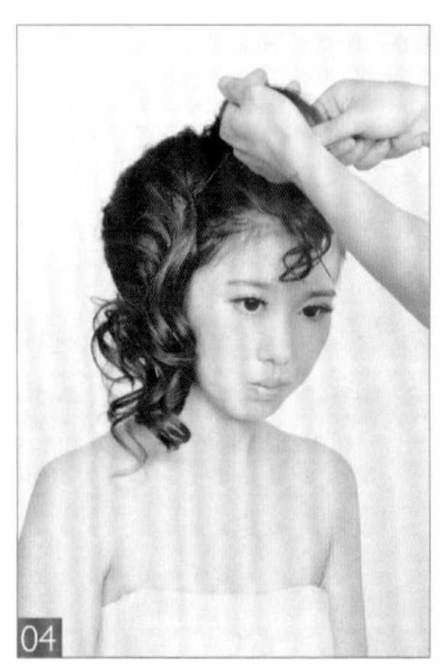

此造型通过束马尾、拧包、真假发结合手法操作完成。重点需掌握真假发的无缝衔接，偏侧式的卷发搭配上闪亮的钻饰皇冠，整体造型突显出了模特温柔浪漫、时尚俏丽的气质。

01 将头发束马尾扎起。
02 取一假发包，固定在马尾发髻的右侧。
03 取马尾一发片，包裹覆盖假发包，进行拧包固定。
04 继续取马尾上的发片，依次将假发包覆盖包裹，留出发尾。
05 将发尾固定在顶发区。
06 取一钻饰皇冠佩戴在左侧的发髻处。
07 再取一皇冠，叠加佩戴在第一个皇冠之上。

01

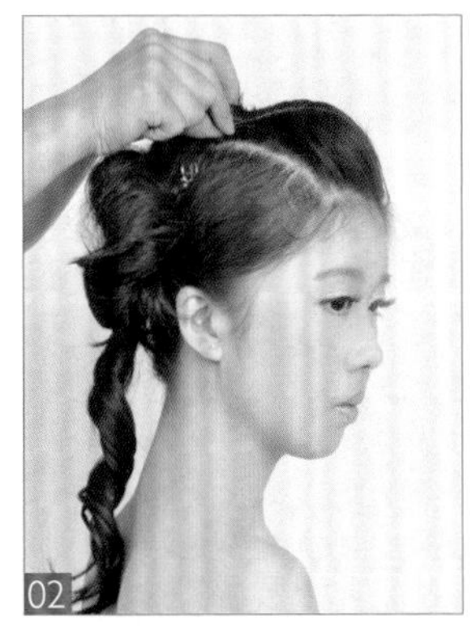
02

03

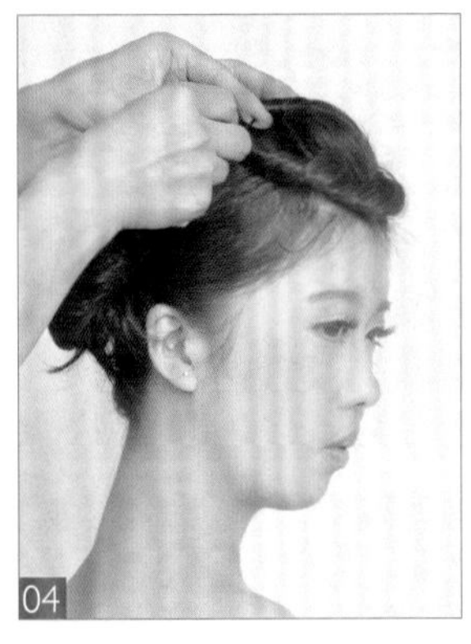
04

05

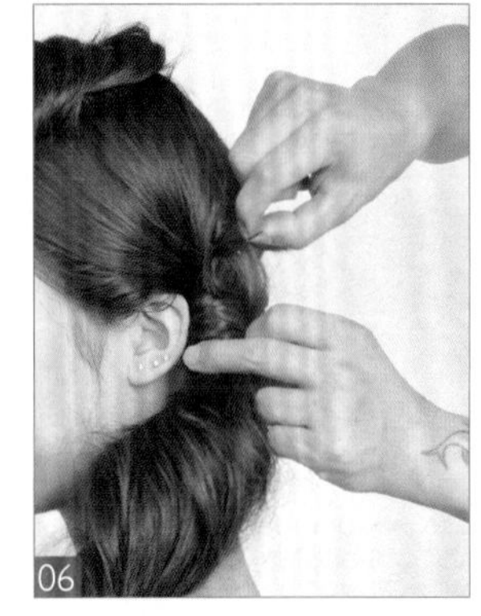
06

07

08

09

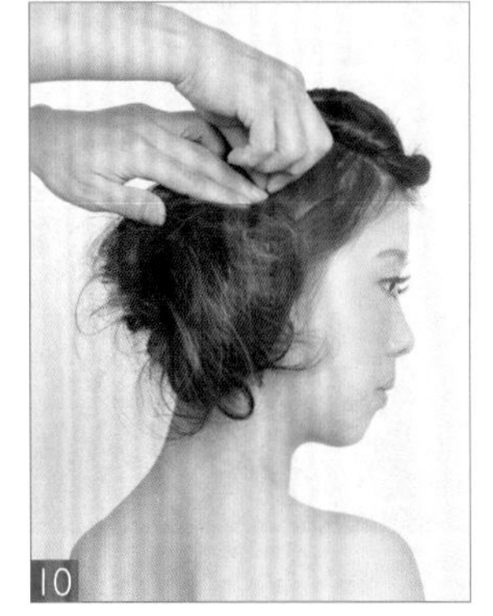
10

11

此造型通过烫发、束马尾、拧包、拧绳、打毛手法操作完成。重点需掌握左右拧绳发髻的蓬松感，以及左右发髻的对称度。对称式的发髻再加上小碎花的点缀，整体造型完美地突显出了模特俏丽、清新、甜美的气息。

01 用电卷棒将头发进行烫卷，并将头发分为刘海区、后发区（左侧后发区和右侧后发区）。
02 将刘海区的头发向后做拧包收起，下暗卡固定。
03 将刘海区剩余发尾头发做拧绳处理，将拧绳缠绕在刘海区发包周围。
04 下暗卡固定发尾。
05 将后发区左侧头发用发片缠绕，束低马尾扎起。
06 下卡子固定缠绕马尾的发片。
07 将马尾头发进行打毛处理，使其蓬松饱满。
08 将马尾打毛的头发表面梳理干净，做拧绳收起。
09 将发尾拧转提拉固定在马尾发髻处。
10 另一侧操作手法同上。
11 在左右两侧发髻处佩戴小碎花进行点缀。

此发型利用束马尾、烫发、打毛、拧包手法操作而成。重点需掌握束马尾的高度及发尾发髻的轮廓，要做到蓬松饱满、乱中有序。高耸饱满的盘发通过不对称式的饰品点缀，整体造型突显出了模特活泼俏丽、甜美清新的气质。

01 **将头发束马尾扎起。**

02 **用电卷棒将马尾头发进行烫卷。**

03 **用尖尾梳将马尾头发打毛，使其蓬松饱满。**

04 **将打毛好的头发向上收起，下暗卡固定。**

05 **将刘海区的头发向一侧做拧包收起，下暗卡固定。**

06 **取绢花饰品在刘海发髻处与左侧发髻处佩戴。**

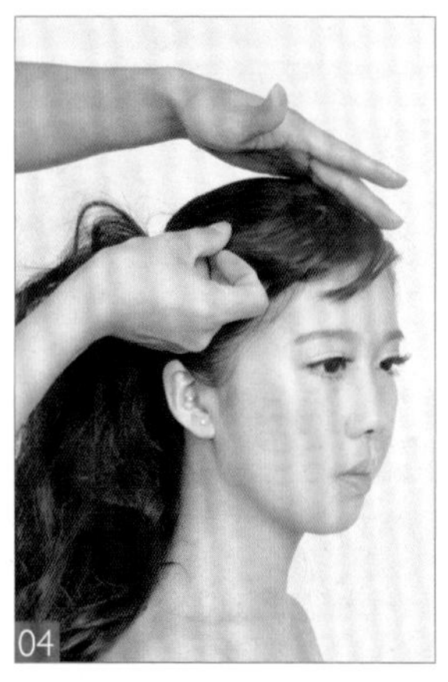
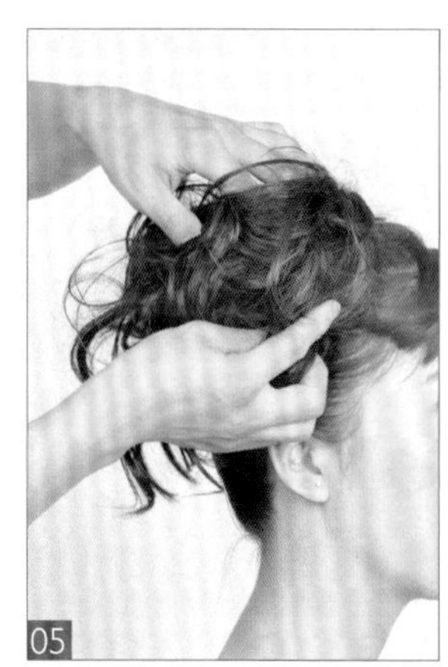

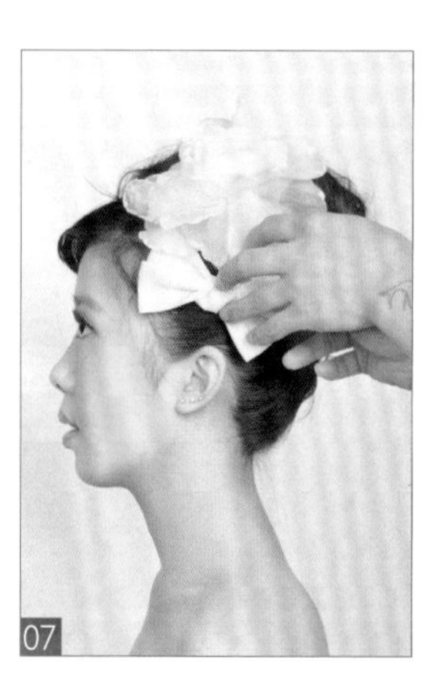

此造型通过束马尾、烫发、打毛手法操作完成。简洁随意的高发髻盘发，通过绢花与蝴蝶结饰品的点缀，整体造型突显出模特简约时尚、唯美浪漫的气质。

01 将头发束马尾扎起。
02 取电卷棒将马尾头发进行烫卷。
03 将发尾头发进行打毛处理，使其蓬松饱满，易于塑型。
04 将刘海区头发向一侧整理出层次。
05 将打毛的发尾向上自然收起。
06 下暗卡固定发尾，做成蓬松饱满的卷发发髻。
07 佩戴饰品进行点缀。

此款造型运用烫卷、玉米烫、打毛、拧绳手法操作完成。重点需掌握顶发区打毛的手法。打毛时，要打到头发的根部，并横向分出发片进行处理，同时发片的厚薄要均匀。随意浪漫的拧包造型搭配上绢花头饰的点缀，整体造型突显出了模特优雅婉约、浪漫飘逸的气质。

01 取一中号电卷棒将头发全部烫卷。
02 用玉米夹将头发根部卷曲，使其蓬松饱满。
03 将顶发区头发根部进行打毛。
04 将打毛的头发表面向后梳理干净，在脸颊两侧留出两缕发丝。
05 将所有头发向后梳理，发尾做拧绳收起。
06 将拧绳向后发区发际线中间位置收起，下暗卡固定。
07 喷发胶定型，同时调整发型整体的轮廓弧度。
08 在右侧前额上方佩戴精美饰品点缀造型。

法式发型

当下时尚界刮起一股法式浪漫优雅风。新娘妆流行自然、精致、淡雅的明星妆容，同时发型上更是颠覆单一的自然黑发色和韩式的发髻。以各类具有蓬松感的盘卷结合的造型手法成为时尚。发饰主要以简洁的珠串、钻饰、花材为主，或配以高质感的头纱，共同塑造高贵、优雅、复古的风格。法式盘发主要应突显女人的优雅、精致的感觉，手法上主要有拧包、发髻、卷筒、辫式，并与卷卷发设计相结合。

共 12 款

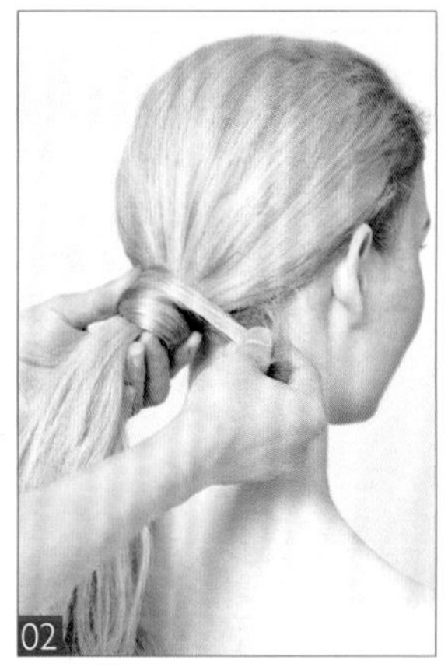

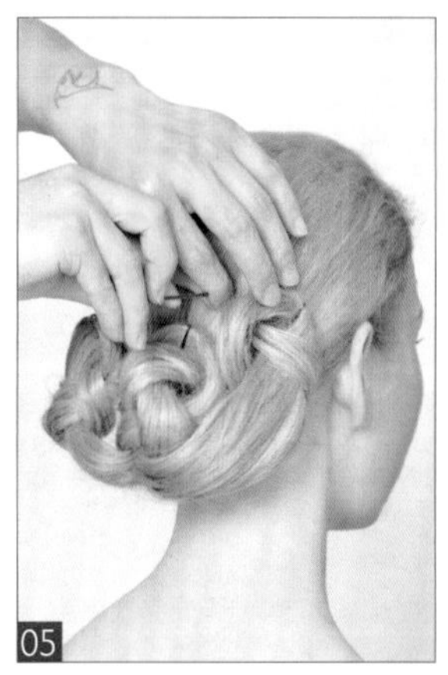

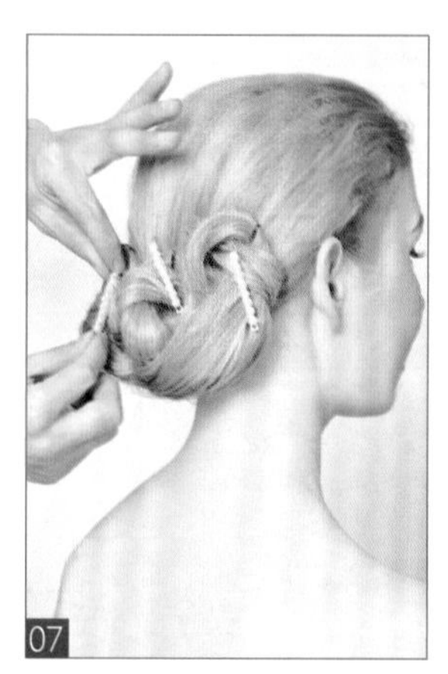

此款造型运用束马尾、8 字结手法操作完成。重点需注意束马尾的高度，不宜过高，位置要控制在后发区发际线处。婉约精致的盘发搭配上珍珠饰品的点缀，将发型的层次烘托得更为分明。此造型完美地突显出了模特优雅端庄、简约大方的气质。

01 取一皮筋将头发束低马尾扎起。
02 取马尾上一缕头发缠绕发髻。
03 将马尾头发分为三份均等发片。
04 将第一缕发片做 8 字结缠绕固定。
05 以同样的手法将剩余两缕发片做 8 字结缠绕并固定在后侧。
06 喷发胶定型，将边缘碎发处理干净。
07 在后发区发髻处佩戴精致的珍珠发卡进行点缀。

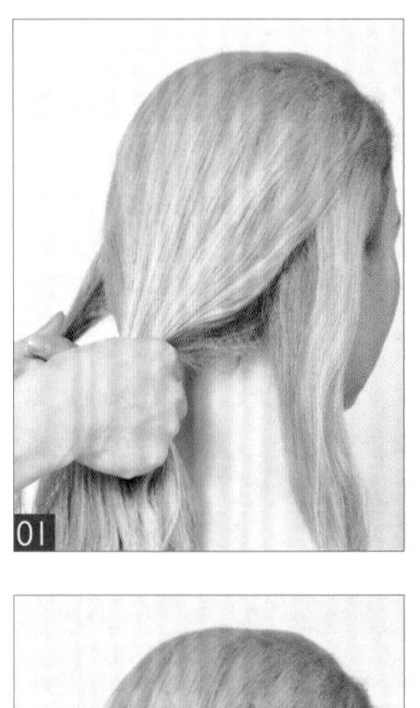

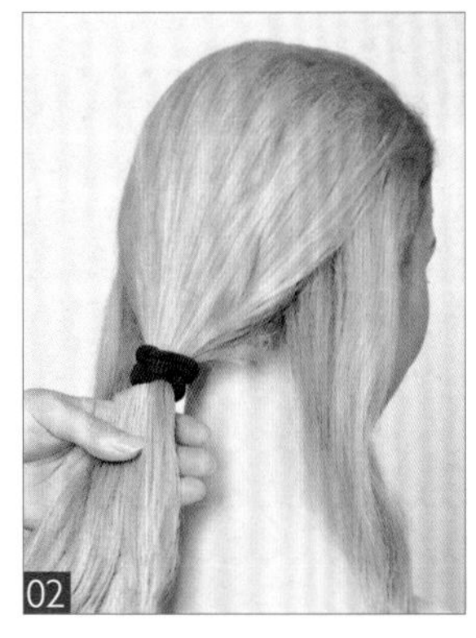

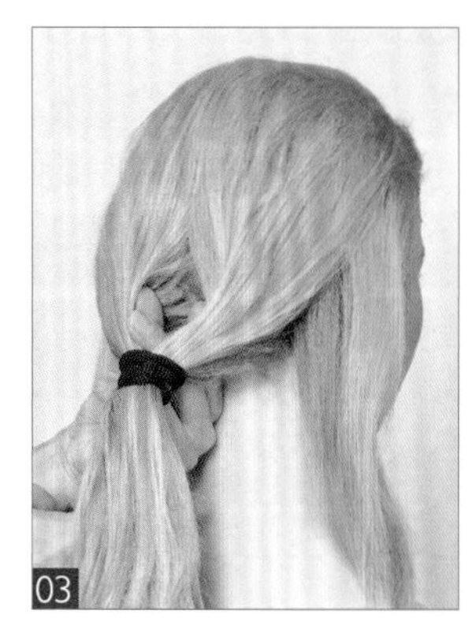

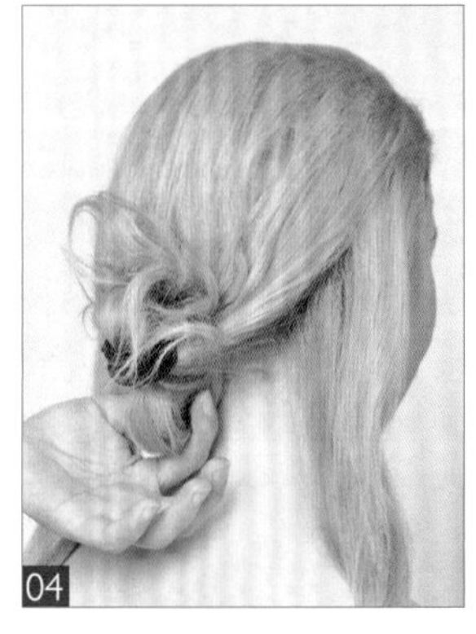

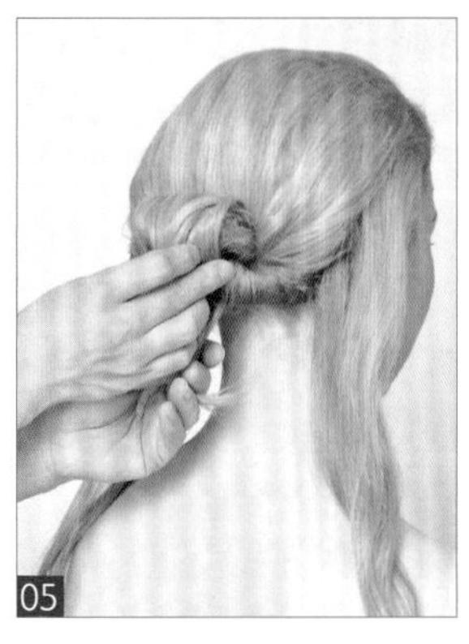

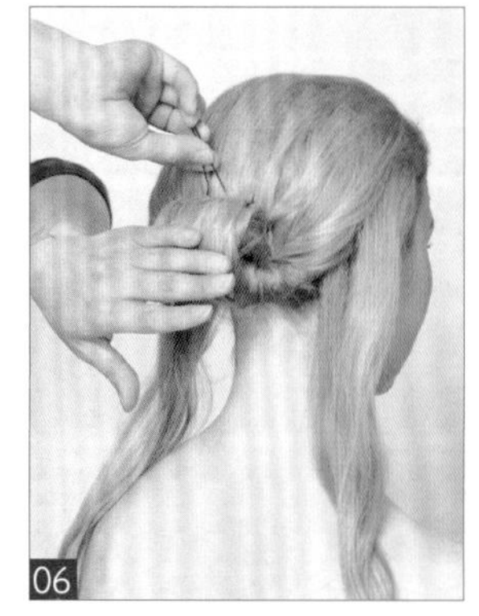

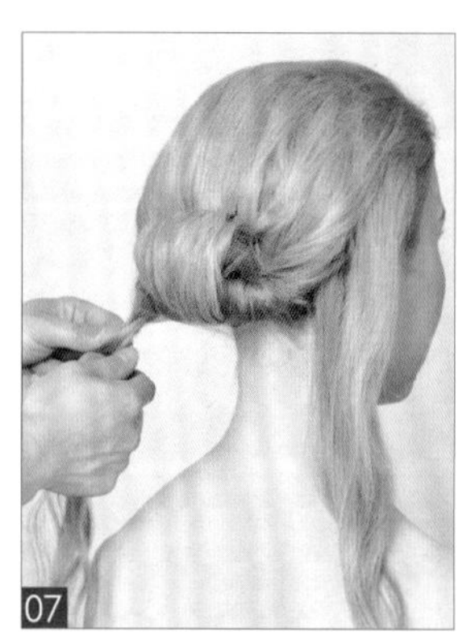

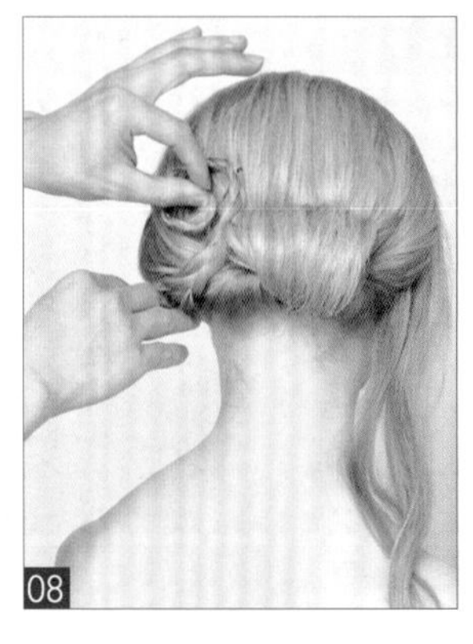

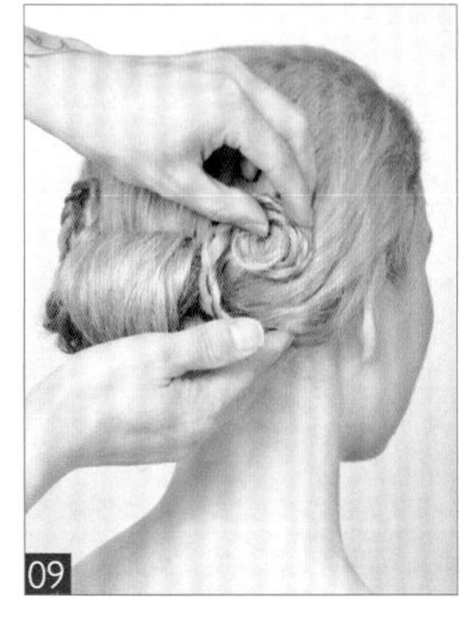

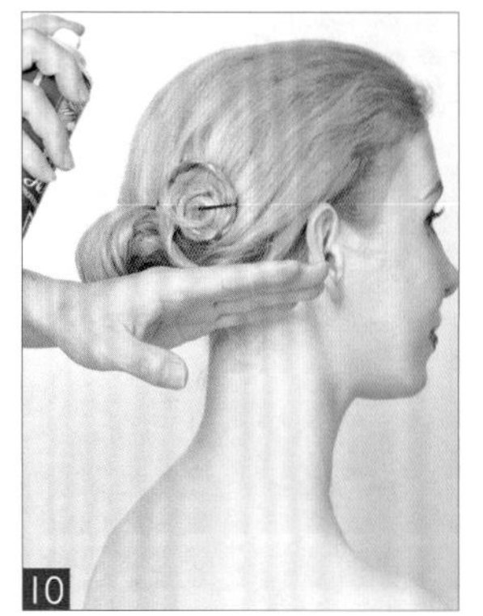

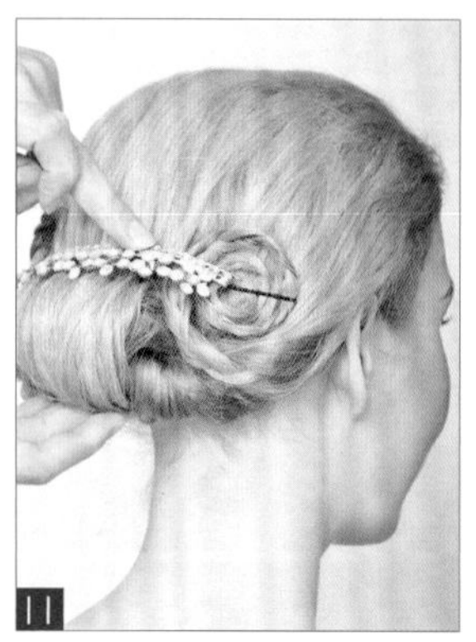

此款造型运用了三股编辫、束马尾等手法操作完成。重点需掌握后发区发髻的缠绕，要做到饱满干净，同时掌握好左右发辫摆放的对称度。优雅的法式盘发简约而不简单，对称的发辫造型搭配上精美的皇冠饰品，整体造型突显出了新娘高贵典雅的气质。

01 将头发分为左中右 3 份发片，左右发片要发量均等。
02 将中间发片束马尾扎起。
03 用手将马尾内侧由内向外分开，留出缝隙。
04 将马尾的头发由上往下缠绕缝隙。
05 继续缠绕，直至发尾末端。
06 下暗卡固定发髻。
07 将左侧发片进行三股编辫。
08 编至发尾固定发辫，将发辫沿着后发区左侧边缘做手打卷固定。
09 右侧发片以同样的手法进行操作。
10 喷发胶定型，将边缘碎发处理干净。
11 在后发区佩戴钻饰皇冠进行点缀。

此款造型运用拧包、单包、手打卷等手法操作完成。重点需掌握拧包与拧包之间的衔接，以及后发区单包提拉的高度。简约的拧包盘发通过珍珠饰品的点缀，整体造型烘托出模特优雅复古、端庄娴静的气质。

01 取刘海区一束头发进行打毛处理，向后做拧包固定。
02 在右侧取一束发片由外向内、由下向上提拉，做拧包固定。
03 左侧头发以同样的手法进行操作。
04 将后发区剩余头发梳理干净。
05 将后发区头发进行单边拧包固定。
06 将剩余的发尾用尖尾梳梳光表面。
07 将发尾向右侧拧包固定。
08 剩余发尾向下提拉，做手打卷固定。
09 喷发胶定型，将边缘碎发处理干净。
10 在发包空隙处佩戴精美的珍珠发卡进行点缀。

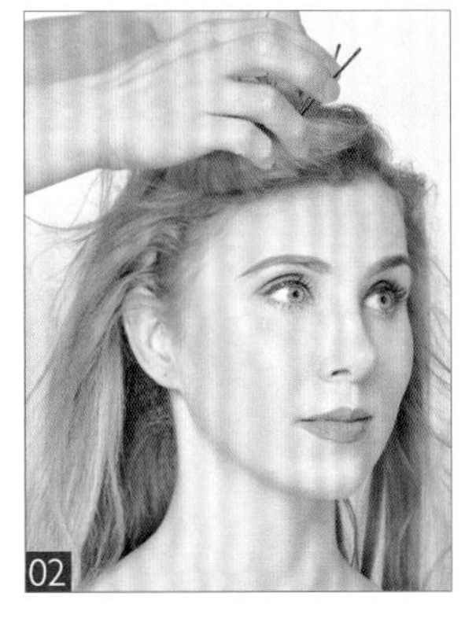

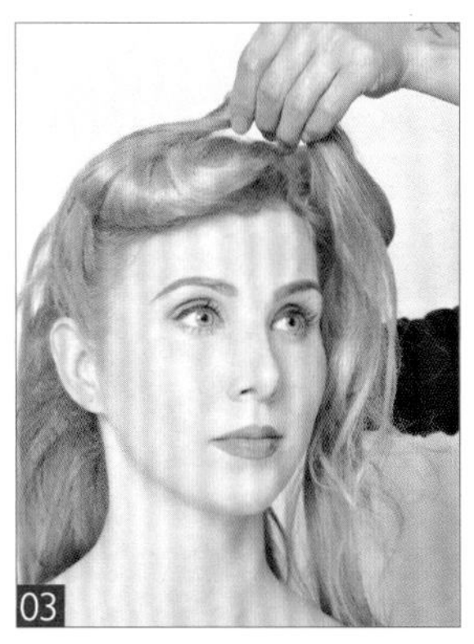

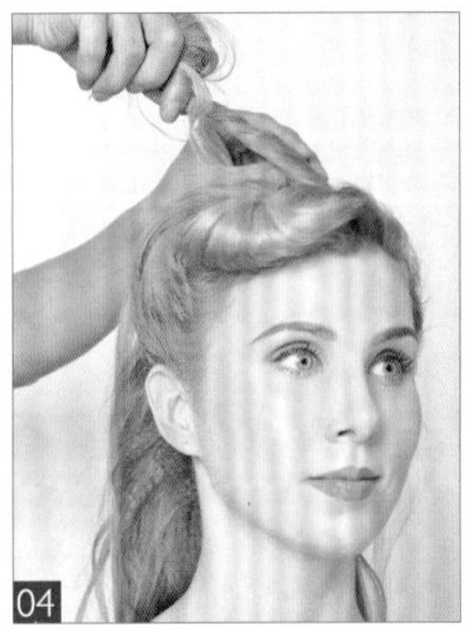

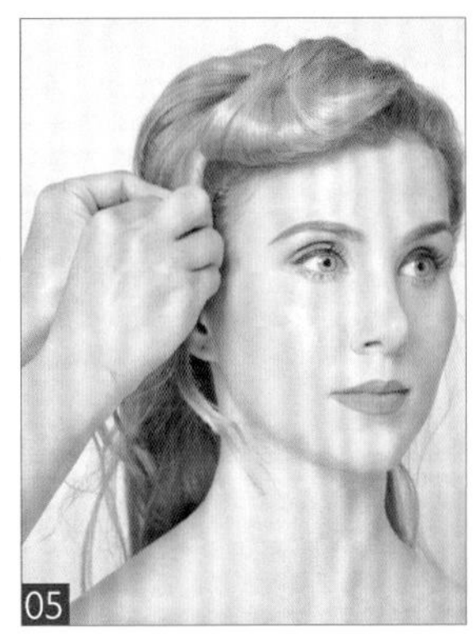

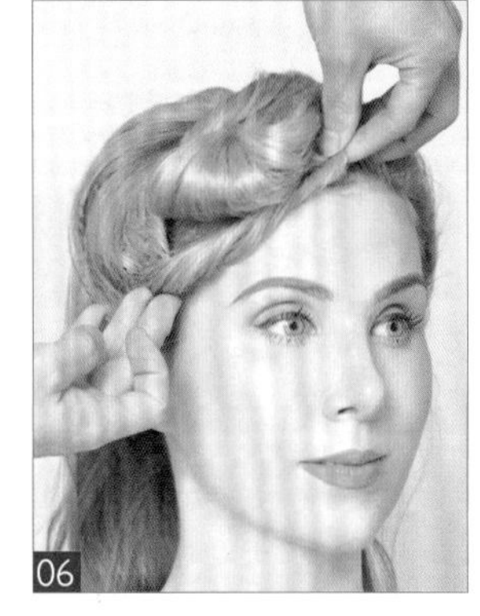

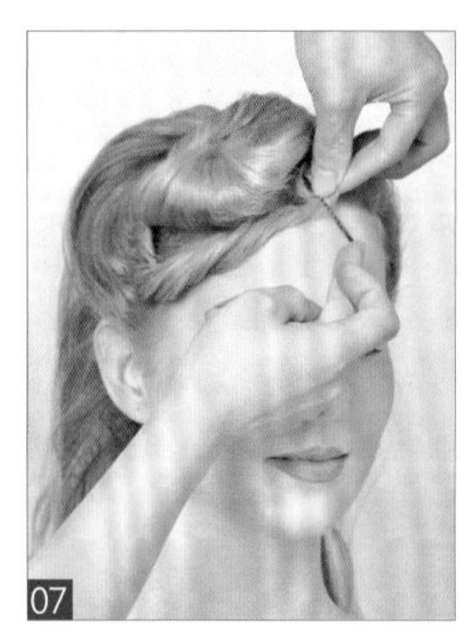

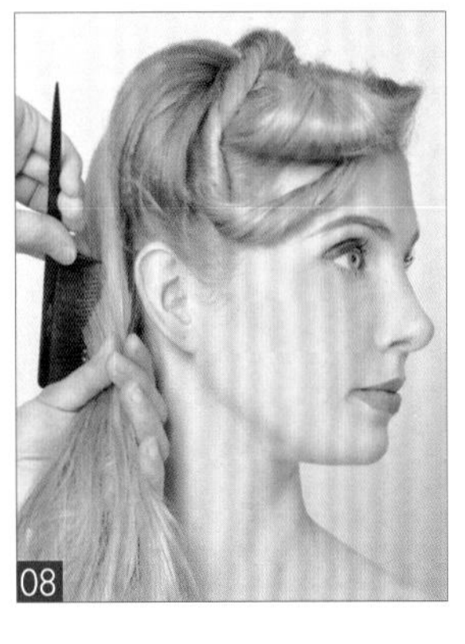

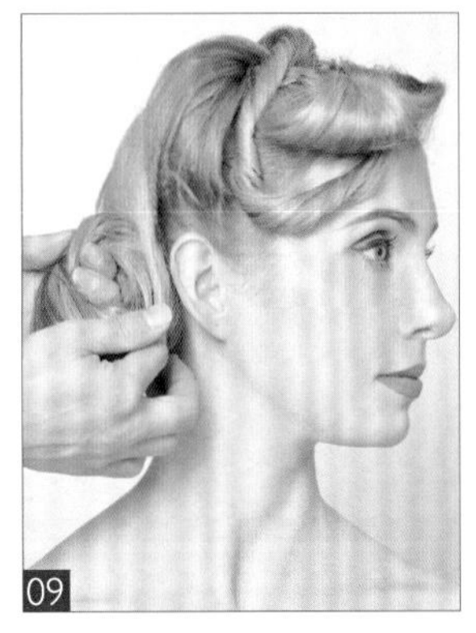

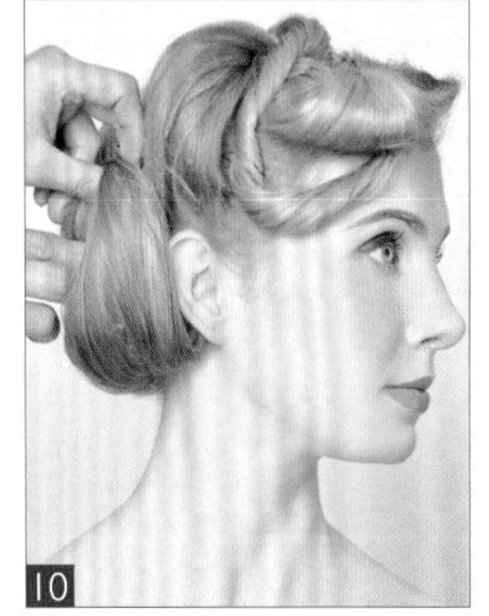

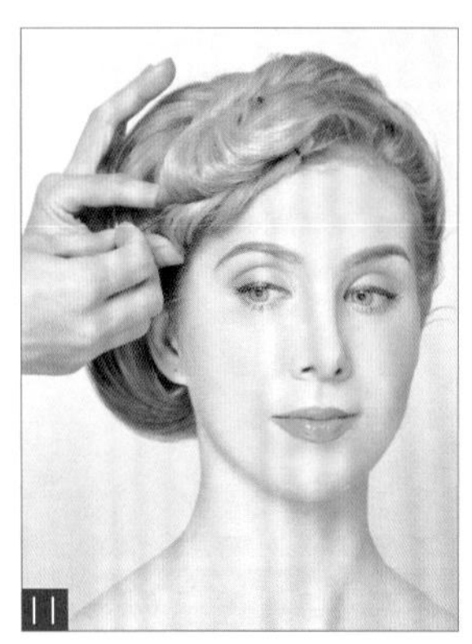

此款造型运用拧绳、手打卷等手法操作完成。重点要掌握发区与发区之间的无缝衔接。婉约的偏侧式盘发搭配上别致的皇冠头饰点缀，整体造型突显出了模特端庄雅致的韵味。

01 分出刘海区头发，用尖尾梳向右侧梳顺头发。
02 将刘海向上做外翻拧转，下暗卡固定。
03 分出顶发区发片，向上提拉做拧包固定，将剩余发尾做拧绳处理。
04 将拧绳沿着刘海分区线覆盖固定在耳上方。
05 将尾端拧绳沿着外翻的刘海弧度及发际线边缘缠绕。
06 将发尾做手打卷收起。
07 固定在外翻刘海的内侧。
08 将后发区头发向右侧梳理干净。
09 将发尾做手打卷收起。
10 下暗卡将其固定在耳后方。
11 将刘海处的拧绳与外翻刘海衔接固定。

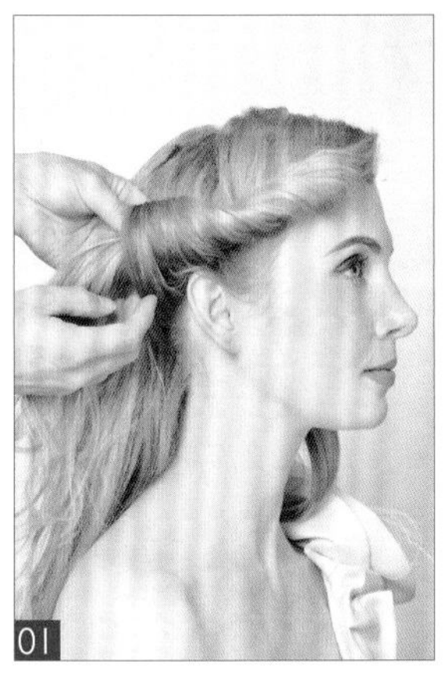

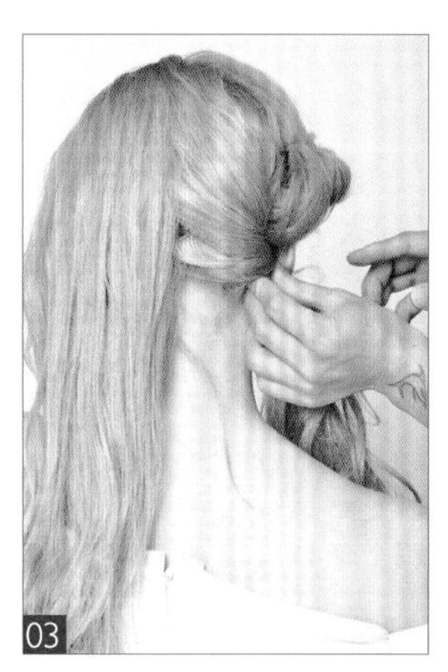

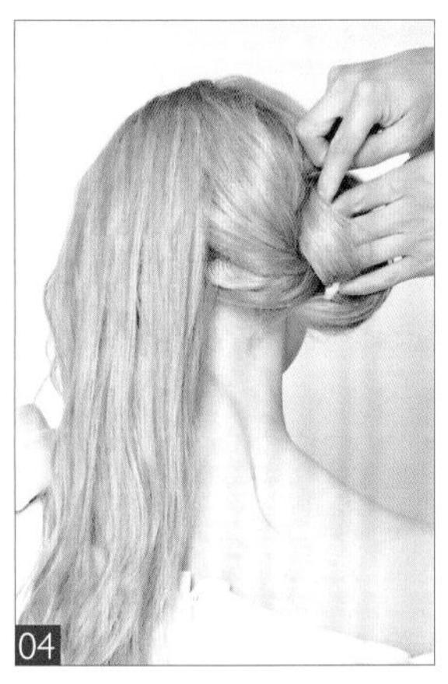

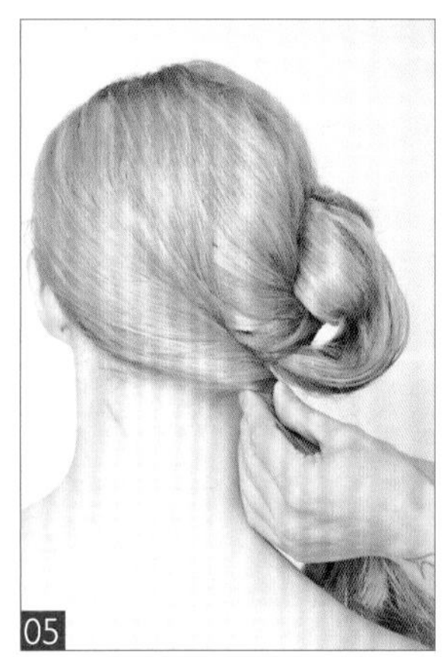

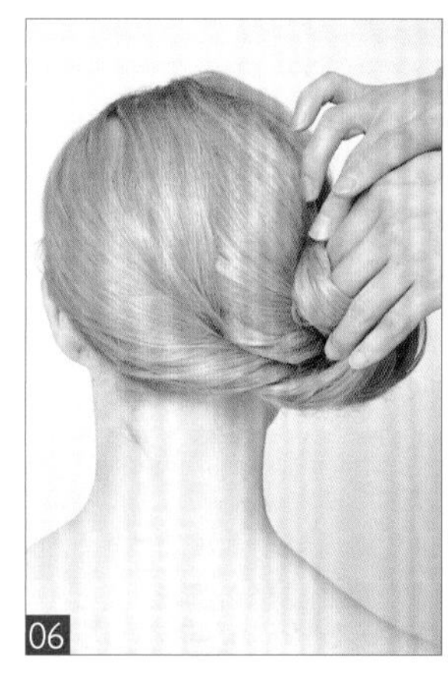

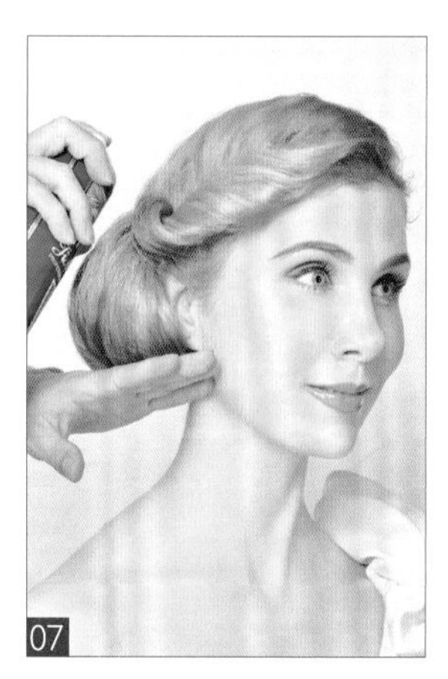

此款造型运用了外翻拧绳、手打卷手法操作完成。重点需掌握刘海外翻的高度及后发区发包与发包之间的衔接。时尚的外翻刘海造型搭配上偏侧式的发型轮廓，整体造型时尚大方的同时又不乏古典优雅。

01 将刘海区及右侧发区头发合二为一，将头发表面梳理干净，做外翻拧绳固定在右侧耳上方。
02 将后发区头发分为均匀的左右两等份。
03 取其中右侧发片向右下方进行拧绳固定。
04 将发尾向上做手打卷收起，下暗卡固定。
05 再取后发区左侧头发，向下进行拧绳固定。
06 将剩余的发尾向上做手打卷收起固定，与右侧发髻衔接固定。
07 喷发胶定型。将边缘碎发处理干净。

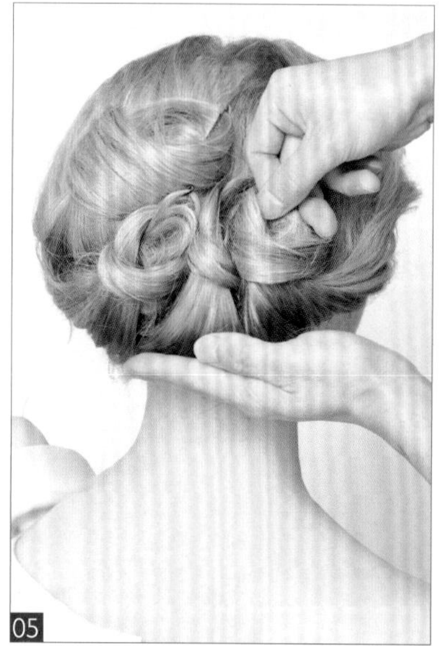

此款造型运用外翻烫发、打毛、打8字结的手法操作完成。重点需要掌握8字结缠绕的手法，以及左右两侧外翻的走向及高度。简洁的组合盘发造型时尚简约，搭配上精致小巧的皇冠头饰，整体造型突显出了模特典雅、端庄、复古的气质。

01 首先分出顶发区头发，将头发根部进行打毛处理，使其蓬松饱满。

02 将打毛的头发表面梳理干净，将发尾做8字结收起固定。

03 将剩余头发分出三个发片（左中右），左右两侧发片用中号电卷棒进行外翻卷曲，将中间发片做8字结收起，衔接固定在顶发区的8字结之上。

04 将左侧发片以同样的手法进行操作，并列进行固定。

05 将右侧发片以同样的手法进行操作。

06 在8字结的中心位置点缀上精致的珍珠饰品。

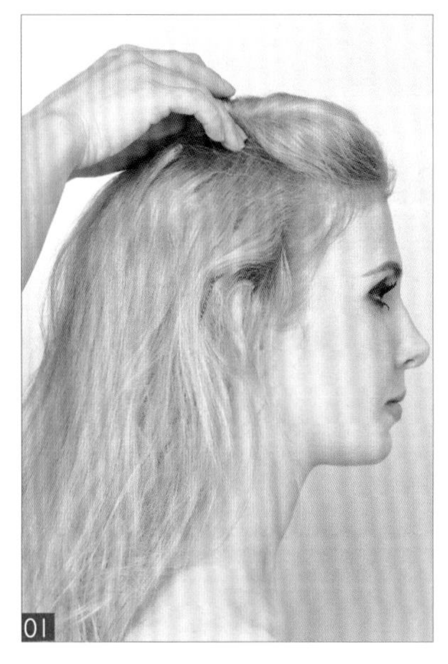
01

02

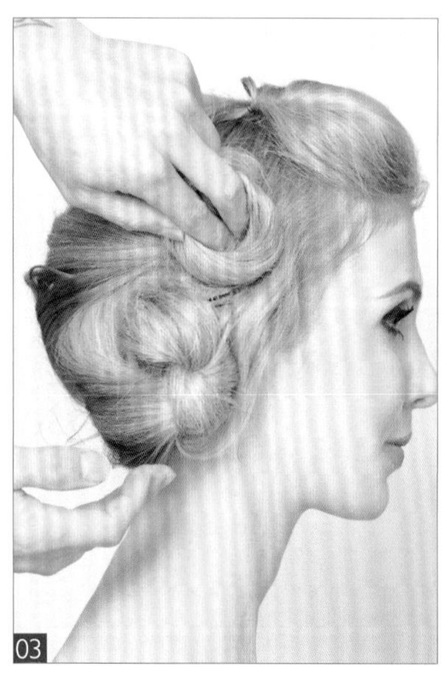
03

04

此款造型运用拧包、8字结手法组合而成。重点需掌握8字结的操作手法，以及发包与发包之间的衔接，发型整体要做到无缝衔接，以不露出分区线为宜。偏侧式盘发造型时尚简约，同时极富层次感，烘托出了模特复古贤淑、低调含蓄的气质。

01 取刘海区一缕头发向后进行拧包固定。

02 将后发区头发分为左右两个发片，将右侧发片做8字结缠绕固定在右侧耳后方。

03 继续将左侧发片由下向上、由左至右向上提拉，做8字结缠绕，固定在第一个8字结之上。

04 检查调整发型整体轮廓，喷发胶定型。

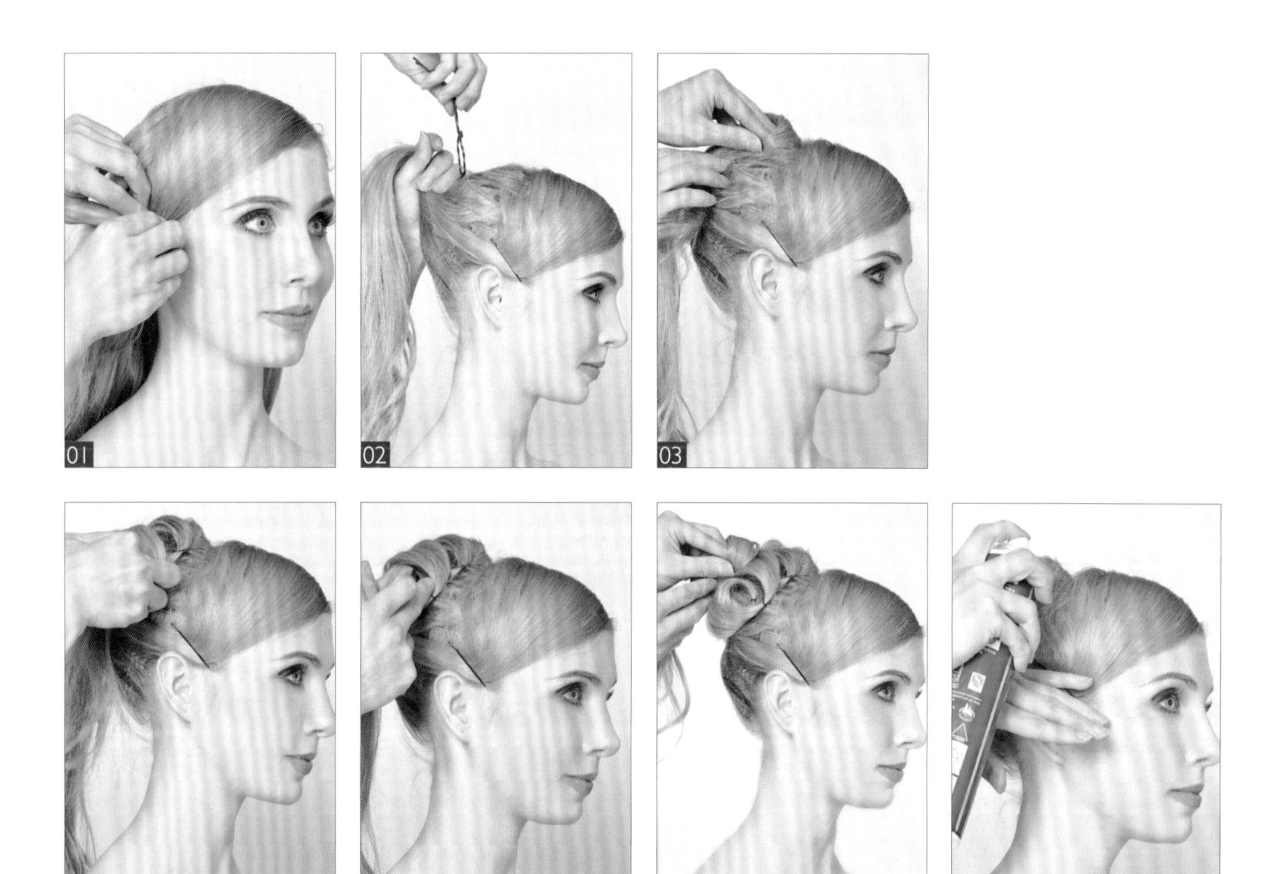

此款造型运用束马尾、拧绳、手打卷手法操作完成。重点需掌握束马尾的高度，以及拧绳手打卷的层次摆放。高耸的发卷造型时尚精致，搭配上华丽典雅的头饰，整体造型烘托出模特典雅妩媚、摩登时尚的风韵。

01 将刘海区头发向右侧梳理干净，将其固定在右侧耳上方处。
02 将所有头发束高马尾扎起。
03 将马尾分成数个发片，将第一个发片向上提拉拧转，固定在顶发区处。
04 继续将第二个发片并列固定在顶发区偏右侧。
05 将发尾向内做手打卷收起固定。
06 将剩余发片以同样的手法进行拧转固定并收起。
07 修饰检查发型整理轮廓，喷发胶定型。

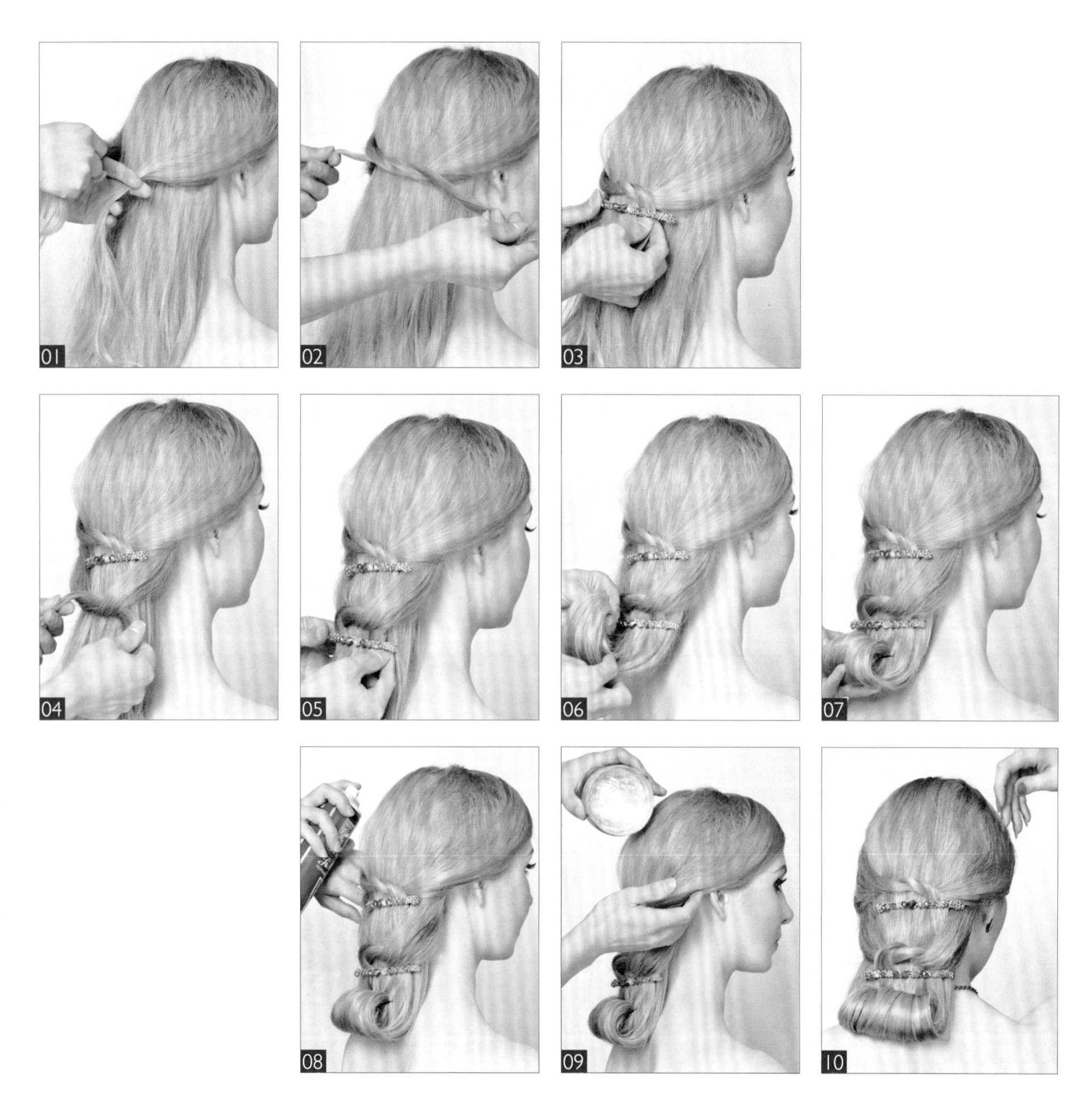

此款造型运用系绳手法及手打卷操作完成。重点需掌握后发区左右轮廓的对称度。简单精致的系绳造型操作简单，复古的卷筒发尾别致有型，精致的发卡饰品烘托出了发型的层次感，整体造型突显出模特高贵典雅的法式韵味。

01 在左右两侧耳上方各取一缕发片。
02 将这两缕头发交叉系在后发区处。
03 取一精致发卡，将其固定在后发区。
04 依照上面的手法，在耳后方继续取两缕头发，交叉系在后发区。
05 再取一精致发卡将其固定在后发区。
06 将发尾向上做手打卷收起。
07 下横卡将其固定。
08 喷发胶定型。
09 取发蜡将表面头发处理干净。
10 发型背面效果。

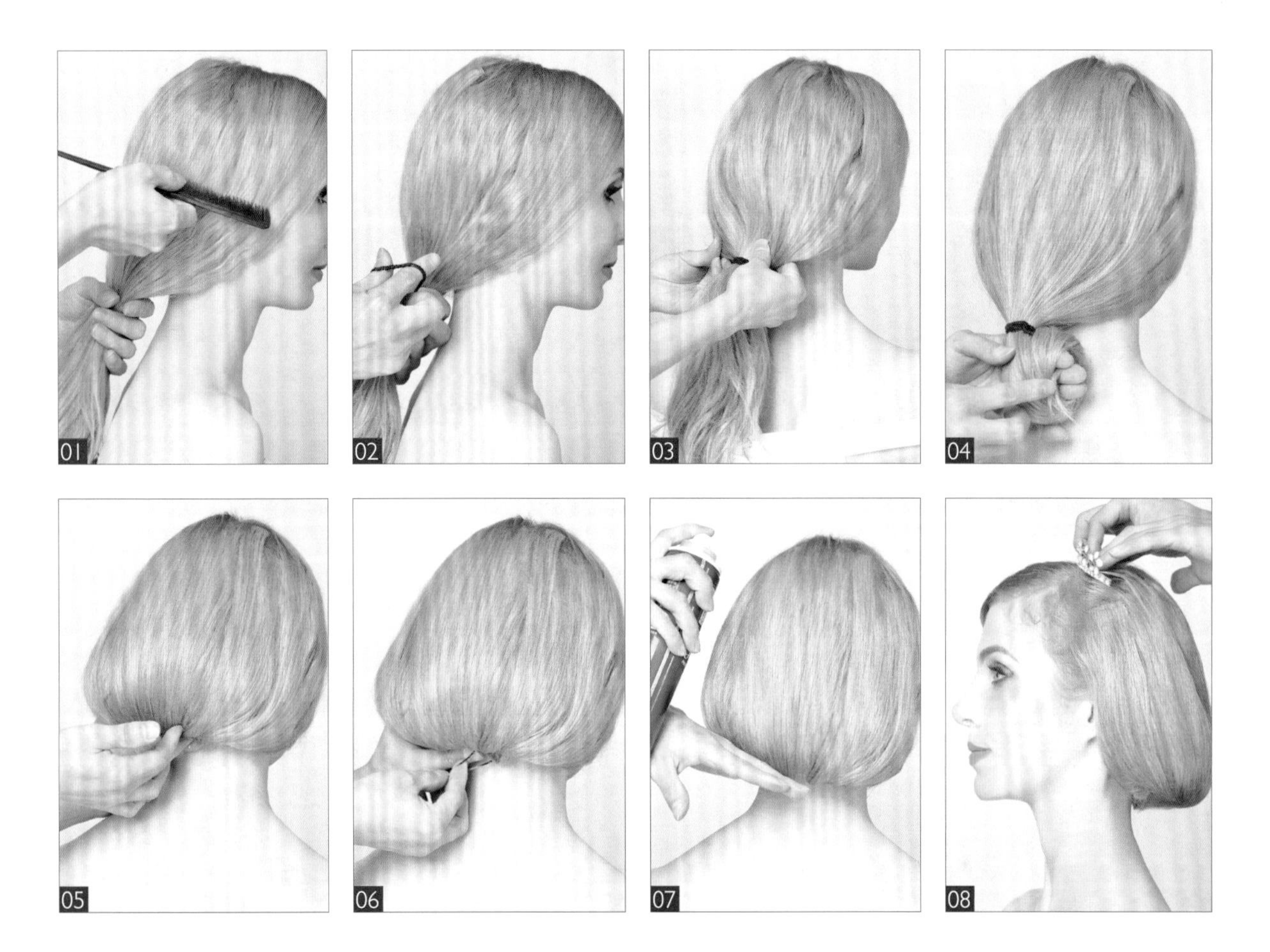

此造型利用束马尾、手打卷手法操作而成。重点需注意马尾的高度及松紧度。长发变成的BOBO头造型俏丽又不失优雅，是新娘造型常用发型之一。

01 在头发表面涂抹少量发蜡，使头发光滑干净。
02 将头发向后蓬松梳理，束低马尾扎起。
03 用手轻轻提拉马尾内侧头发，使其蓬松。
04 将发尾头发做手打卷收起。
05 将收起的手打卷向后发区发际线内侧收起。
06 下暗卡将其固定。
07 喷发胶定型。
08 在顶发区佩戴皇冠饰品进行点缀。

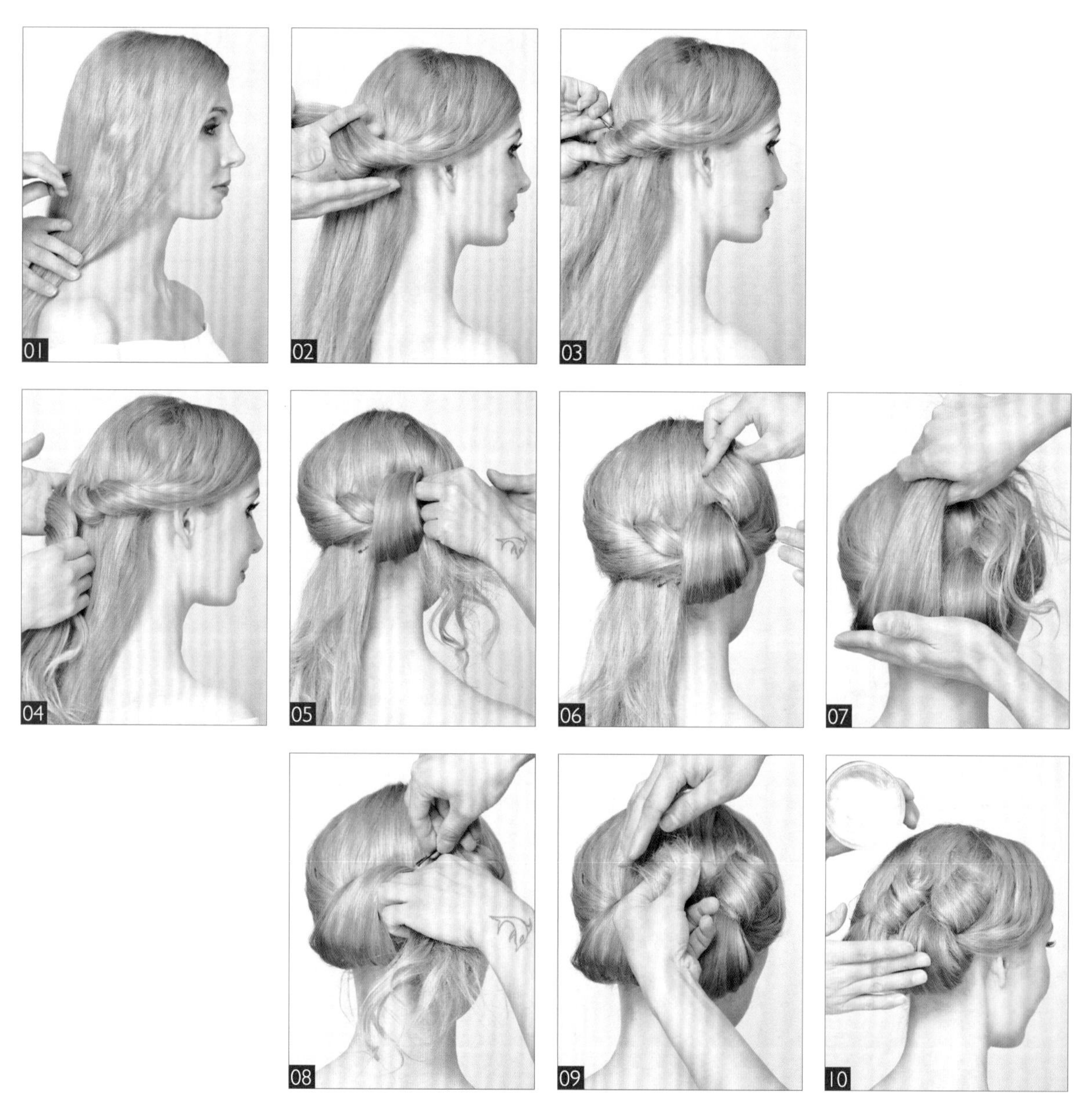

此发型以拧包、手打卷手法操作而成。重点需掌握发片提拉的角度及发型整体的光洁度。别致而富有层次的法式盘发完美地将模特优雅端庄、知性大方的气质体现得淋漓尽致。

01 在头发表面抹少许发蜡，使头发表面光滑干净。
02 在右侧耳后方取一束发片。
03 由外向内进行拧转，下暗卡将其固定。
04 在左侧耳后方取一束发片，由左向后拧转，固定在后发区右侧。
05 将后发区头发分为左右两个发片，将右侧发片向上提拉并拧转固定。
06 将剩余发尾头发继续拧转固定，做成精致的发卷。
07 取左侧发片，向上提拉。
08 由外向内拧转固定。
09 发尾做手打卷收起固定。
10 取少量发蜡将边缘碎发处理干净。

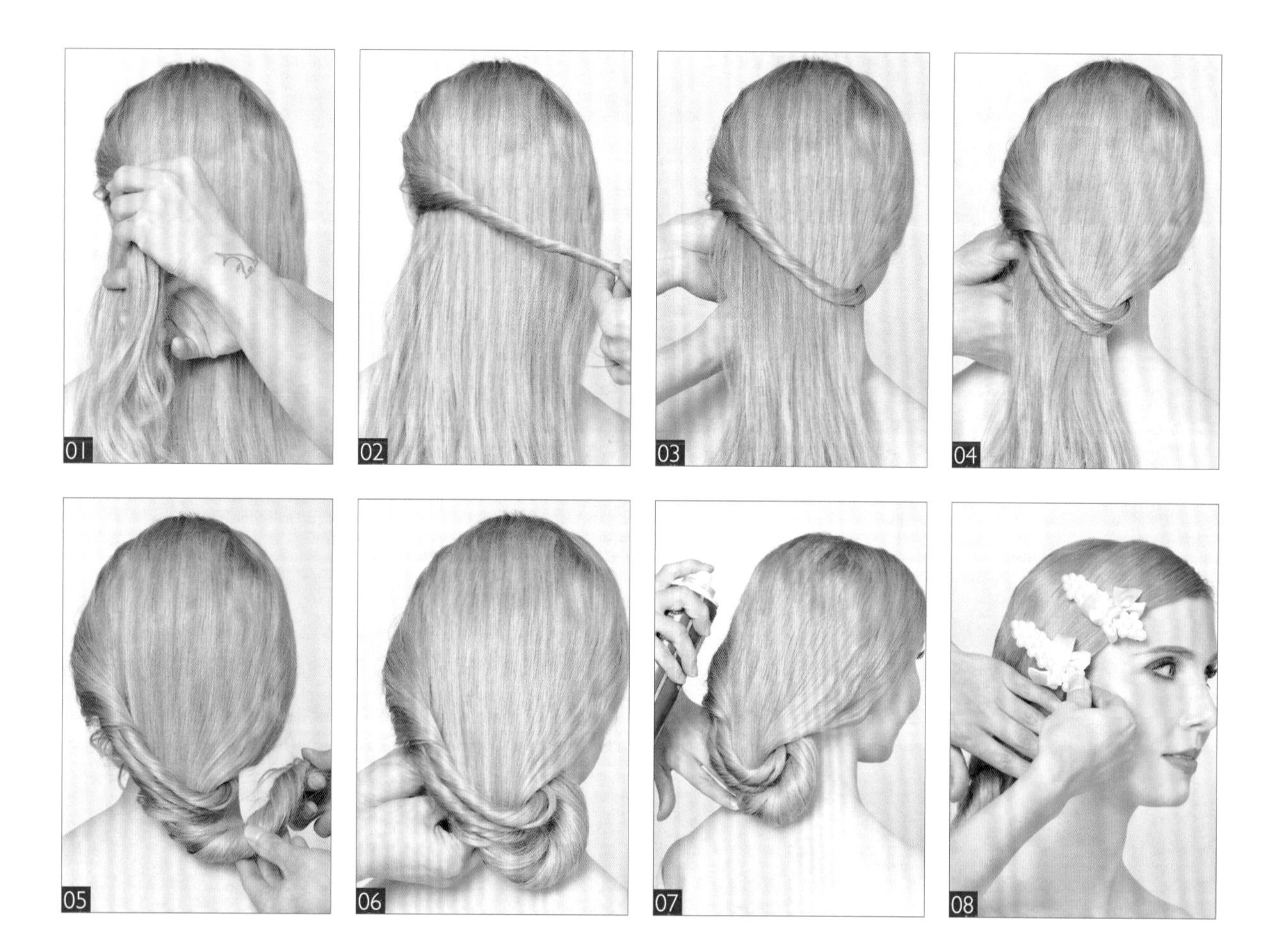

此款造型运用单一的拧绳手法操作完成。发片固定在内侧时，要注意下卡子的位置及方向，卡子要与头发呈90° 角，这样才能将头发固定牢固。简洁的偏侧式拧绳造型搭配上俏丽甜美的发卡，整体造型突显出了模特甜美可人、优雅娴静的气质。

01 在头发表面涂抹少量发蜡，将碎发整理干净后，在左侧耳后方取一束发片。
02 将发片进行拧绳至发尾。
03 将拧绳好的头发向下绕后发区一圈，在头发内侧下暗卡固定。
04 在耳后侧下方取一束发片，以同样的手法进行操作。
05 将剩余头发进行拧绳处理。
06 由外向内缠绕并进行固定。
07 喷发胶定型。
08 选择俏丽的饰品进行点缀。

编发发型

编发是当下最为流行的造型之一。无论是想打造浪漫唯美的风格还是清纯靓丽的气息，巧妙地利用编发手法，搭配上清新的鲜花或洁白的网纱都能轻松实现。新娘的编发造型还带有时尚的感觉，而且可塑性很强，长发或短发都可以，并且能够配合不同妆面，突显新娘不同的气质。

共 20 款

01

02

03

04

05

06

07

08

09

此造型通过烫发、打毛、三股编辫手法操作而成。重点需掌握高耸的前额发包与偏侧编辫发髻的结合。简洁的编辫造型搭配白色蝴蝶结，整体造型不仅突显出了模特端庄优雅的气质，同时还增添了一份俏丽与甜美。

01 用中号电卷棒将所有头发进行烫卷。
02 将顶发区头发进行根部打毛。
03 将打毛的头发表面向后梳理干净，并将所有头发分为均等的三个发片。
04 进行三股编辫处理，发辫要编得蓬松些。
05 用卡子固定发辫尾端。
06 将发尾头发向内拧转，在右侧耳下方处下暗卡进行固定。
07 用手指将发辫边缘轻轻拉扯，使其更加蓬松饱满。
08 喷发胶定型。
09 佩戴白色蝴蝶结饰品进行点缀。

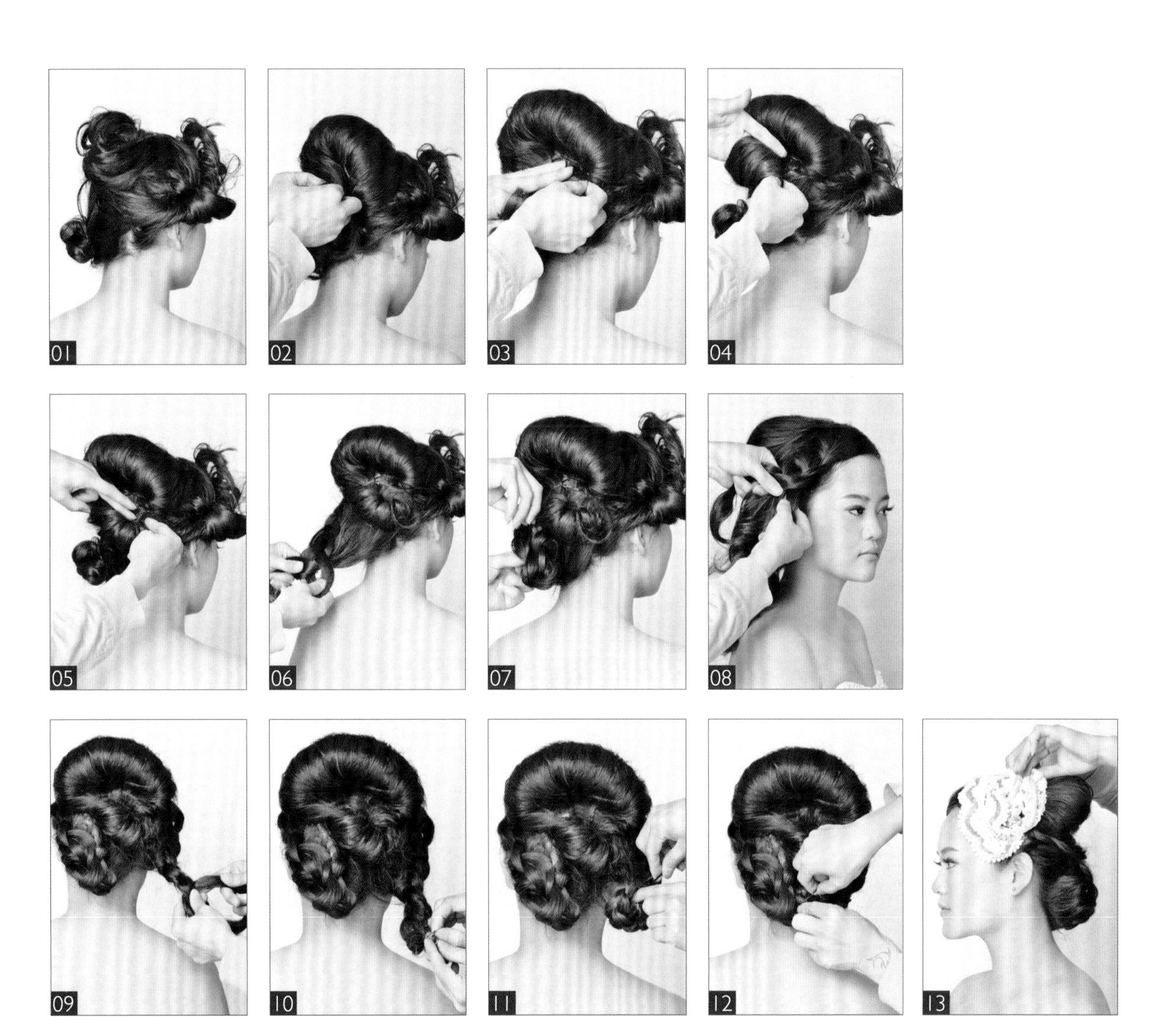

此造型通过打毛、拧包、三股单边续发编辫手法操作完成。重点需掌握三股单边续发编辫的手法，发辫的粗细度和干净度决定了整个发型完成后的质量。时尚的编发造型搭配上蕾丝珍珠饰品，整体造型突显出了模特知性优雅、甜美可人的风格。

01 将头发分为刘海区、顶发区及后发区。
02 将顶发区头发进行打毛处理，使其蓬松饱满，将表面头发梳理干净，向后做拧包收起。
03 下暗卡进行固定。
04 将剩余发尾做手打卷向上收起。
05 下暗卡进行固定。
06 将后发区头发在耳上方开始做三股单边续发编辫。
07 编至发尾，将发辫向上旋转，做成发髻固定在后发区左侧。
08 放下刘海区头发，进行三股单边续发编辫。
09 编至发尾，发辫粗细要均匀一致。
10 将发辫尾端用皮筋扎起固定。
11 将发辫旋转成发髻，固定在后发区右侧。
12 将左右两侧发髻进行合并，固定成一个发髻。
13 选择珍珠饰品进行点缀。

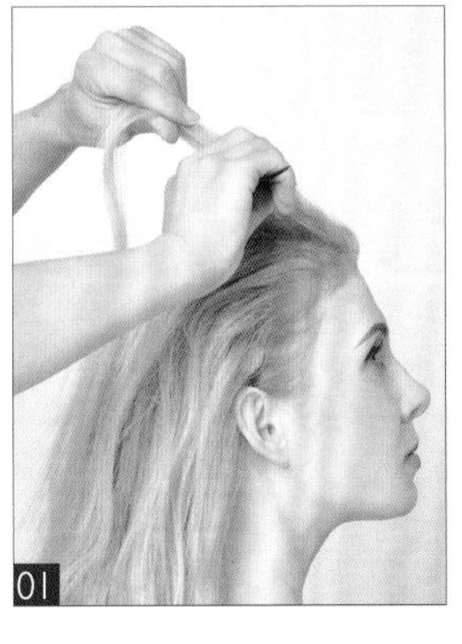

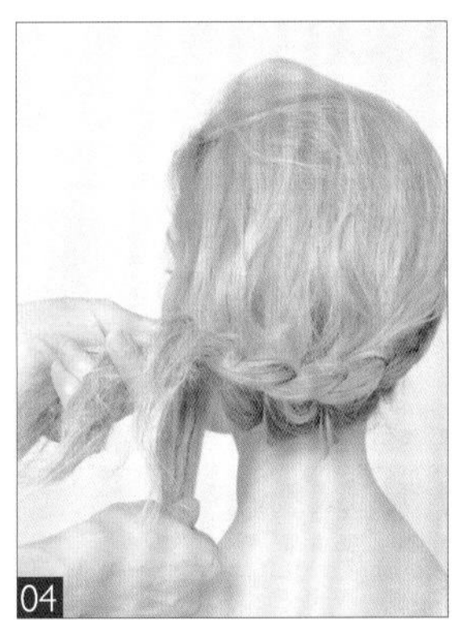

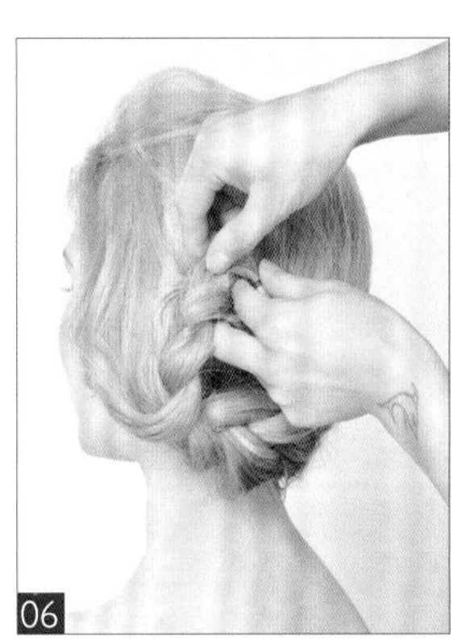

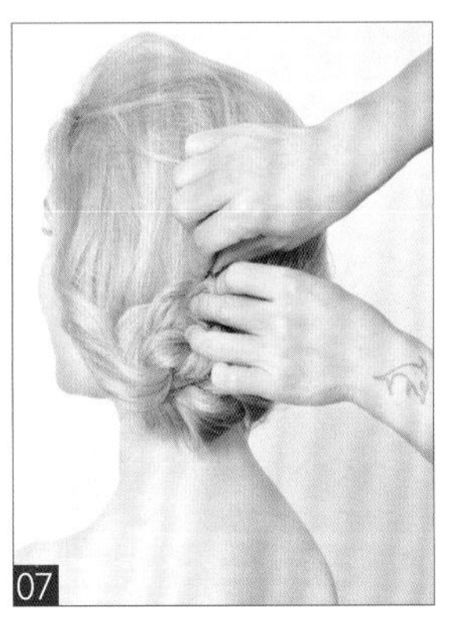

此款造型运用了打毛、三股单边续发编辫手法操作完成。发型重点需掌握三股单边续发编辫时发片的分配，每股发片要均匀一致。简洁的编发造型搭配上华丽的饰品点缀，整体造型时尚简约的同时又不缺典雅的气质。

01 取一尖尾梳将刘海的头发进行打毛，使其蓬松饱满。
02 用尖尾梳尾端调整刘海轮廓弧度。
03 在右侧耳上方取一缕发片，进行三股单边续发编辫。
04 由右侧编至左侧。
05 发尾头发进行三股编辫，用皮筋固定发尾。
06 将发辫向上提拉，摆放出圆润的弧度轮廓。
07 下暗卡进行固定。
08 喷发胶定型，将边缘碎发处理干净。
09 在前额处佩戴华丽的钻饰饰品进行点缀。

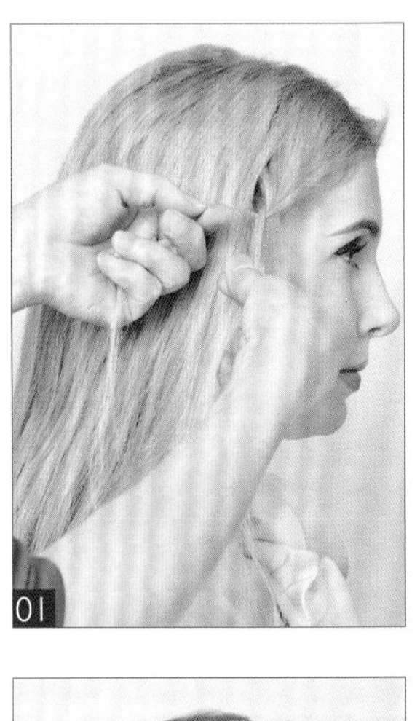

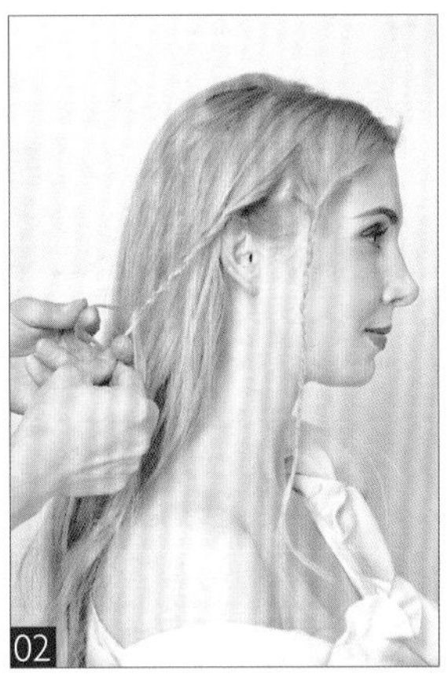

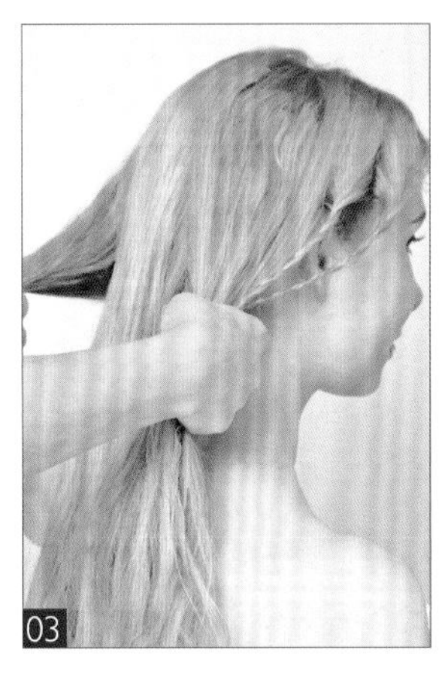

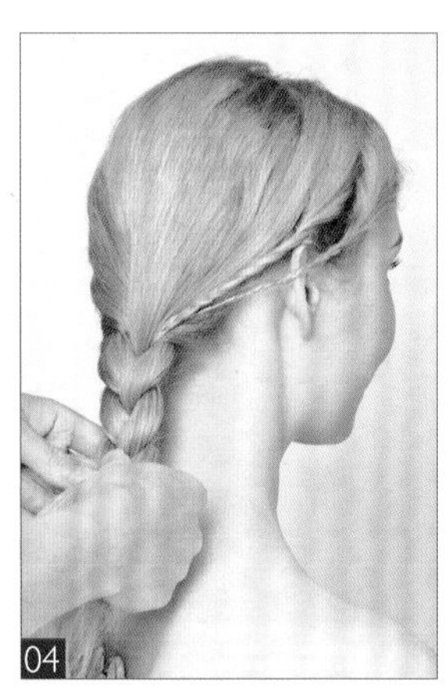

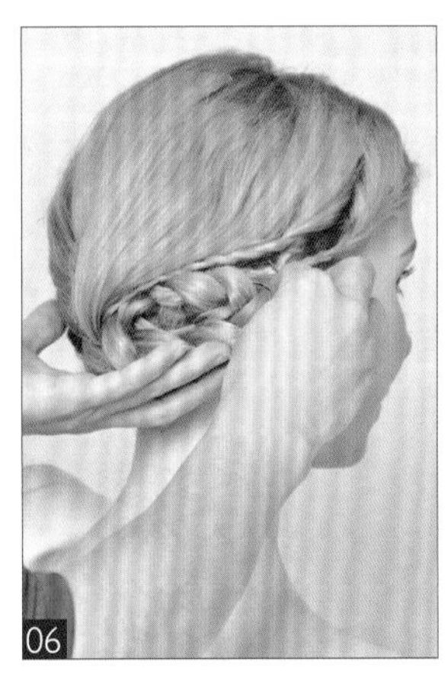

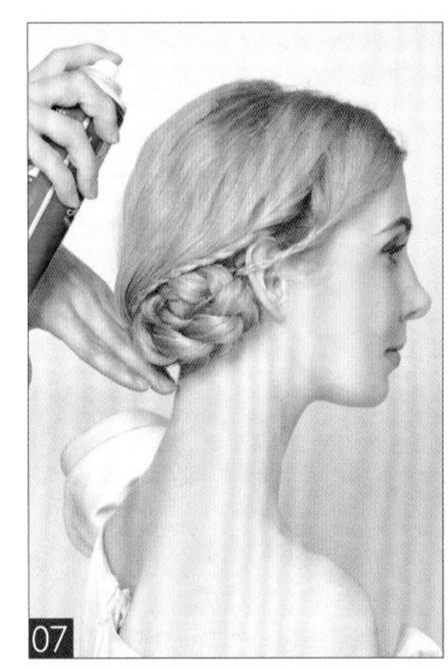

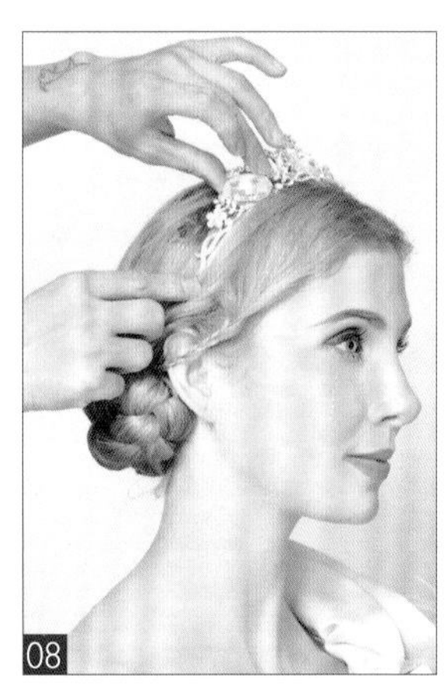

此款造型运用三股编辫手法操作完成。重点要掌握好发片的均等分配，使发辫粗细一致即可。偏侧的编发造型搭配上皇冠头饰，整体造型烘托出了模特高贵奢华、时尚大气的女王气质。

01 取刘海区一缕头发进行三股编辫，编至发尾固定。
02 继续在右侧耳上方取一缕头发进行三股编辫，编至发尾固定。
03 将剩余的头发均匀地分为三等份，将编好的三股辫融入其中一缕发片之中。
04 将三缕发片进行三股编辫至发尾。
05 将后发区发辫向内折叠。
06 向右侧上方提拉，固定在右侧耳后位置。
07 喷上发胶定型，将边缘的碎发处理干净。
08 在顶发区佩戴奢华的皇冠饰品进行点缀。

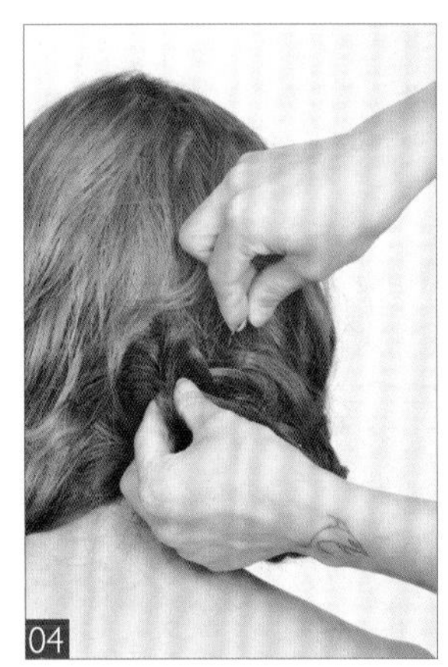

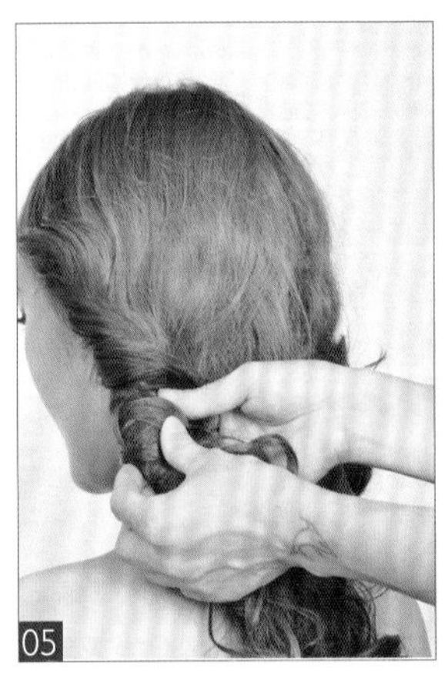

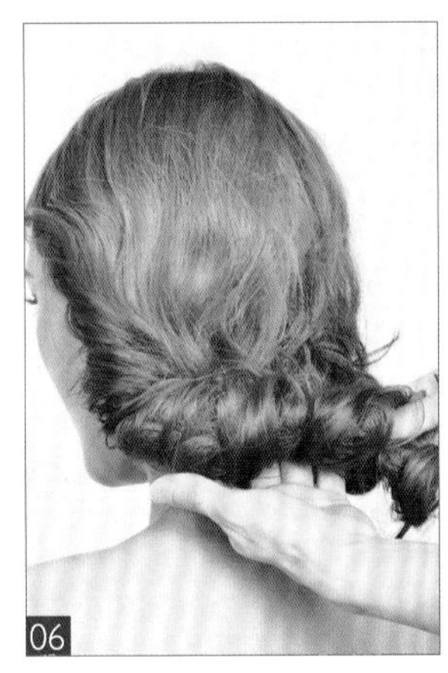

此造型通过烫卷、三股编辫、拧绳手法操作完成。重点需掌握拧绳及三股编辫的手法，以及控制左右发髻的协调对称。编辫拧绳的短发造型极富韩式发型的特色，再搭配上吊坠式镶钻饰品，整体造型将模特甜美俏丽、婉约娴静的气质突显得淋漓尽致。

01 将头发用电卷棒全部烫卷。
02 将头发三七分区，取右侧头发进行三股编辫。
03 编至发尾用卡子进行固定，发辫要处理得松散自然。
04 将发辫尾端拧转固定在后发区中间位置。
05 将左侧头发进行拧绳续发处理。
06 拧至发尾。
07 将拧绳向右侧提拉，至右侧发辫与发髻的衔接处固定。
08 在前额处佩戴钻饰头饰点缀造型。

01

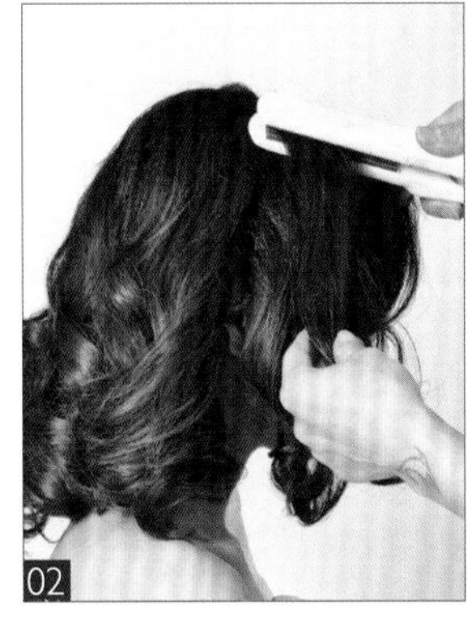
02

03

04

05

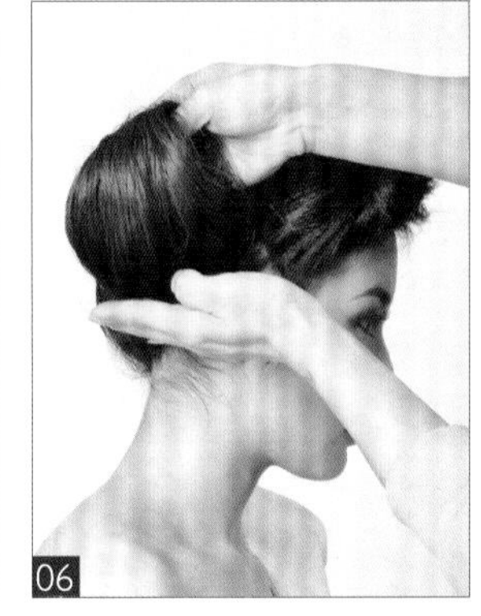
06

07

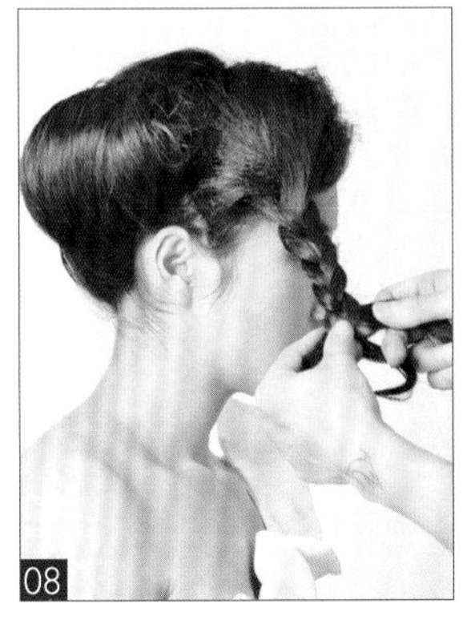
08

09

10

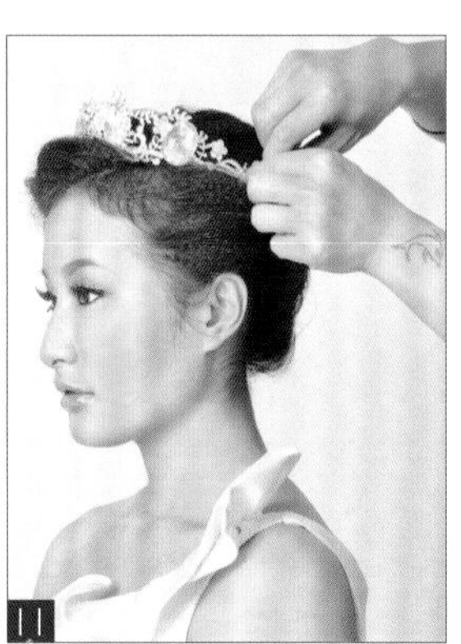
11

此发型通过烫卷、玉米烫、拧绳及三股编辫手法操作而成。在打造此造型时，需掌握后发区右侧卷筒的大小及高度，卷筒位置固定在耳上方最为适宜。高耸外翻的卷筒造型结合现今流行的编发刘海，整体造型突显出模特高贵与优雅的气质。

01 将所有头发用电卷棒进行烫卷。
02 用玉米夹将头发根部进行卷曲。
03 将头发分为刘海区及后发区。
04 将后发区左侧头发向上提拉，做拧绳收起固定。
05 继续以同样的手法拧绳至右侧，并下暗卡固定。
06 将发尾头发梳理干净，向上翻转做卷筒状。
07 下暗卡将卷筒固定在耳上方位置。
08 放下刘海区头发，做三股编辫，编至发尾。
09 将发辫向上提拉拧转，固定在卷筒发髻的交界处。
10 喷发胶定型。
11 选择一款华丽的皇冠头饰进行点缀。

此造型利用烫发、玉米烫、三股编辫、拧绳手法操作完成。重点需掌握三股编辫松紧度。发辫编得过紧，会使整体造型显得乡土气息过重；蓬松的发辫才能营造出时尚俏皮的公主范儿。

01 将所以头发用中号电卷棒进行烫卷。
02 用玉米夹将头发根部进行卷曲，使其蓬松饱满。
03 将头发分为刘海区及左右两侧发区。
04 将左右两侧发区的分区线划分清晰。
05 取右侧头发，蓬松地编三股辫至发尾。
06 将发尾进行固定。
07 另一侧操作手法同上。
08 将刘海区头发进行打毛处理。
09 将打毛后的头发梳理干净，做拧绳处理。
10 将拧绳拧转，做成发髻进行固定。
11 在前额左上方佩戴公主皇冠点缀造型。

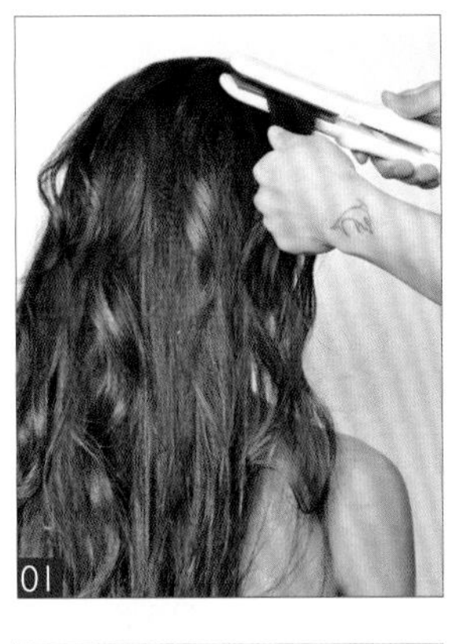

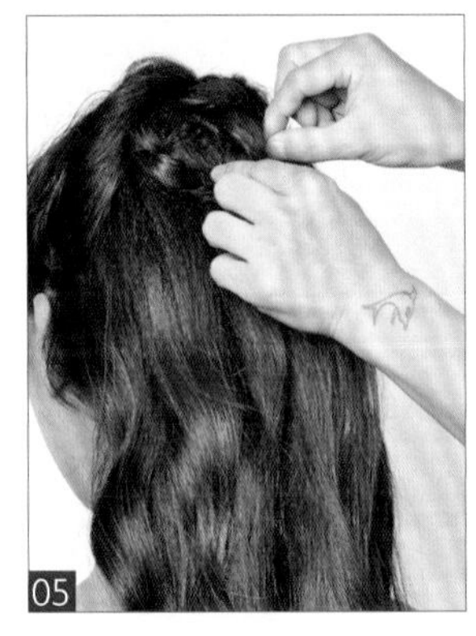

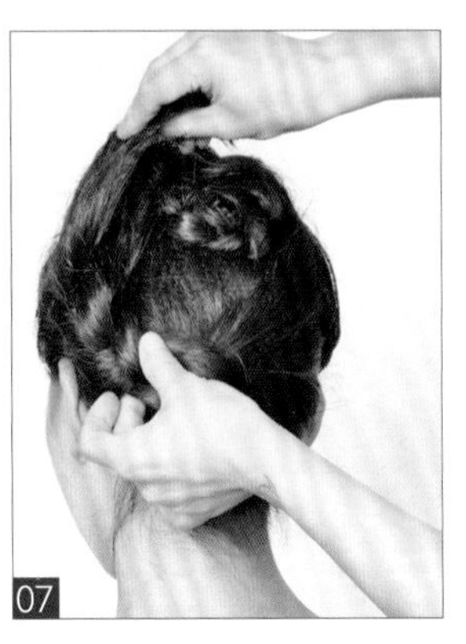

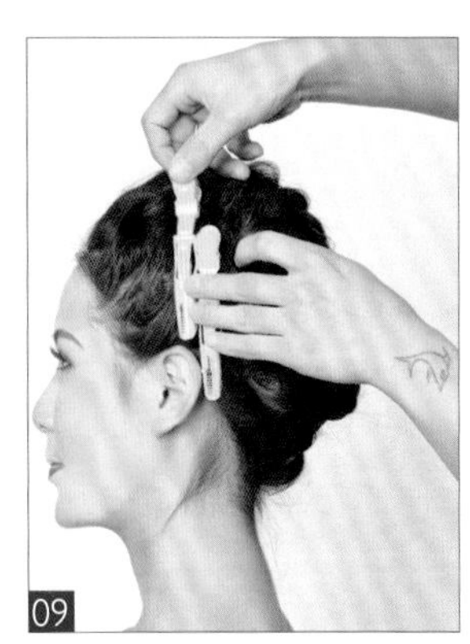

此造型通过玉米烫、拧包、三股编辫手法操作而成。重点需掌握后发区三股辫提拉摆放的位置，以及刘海区拧包的高度。脸型偏长的拧包高度要低，反之则高。简约的编辫盘发搭配上个性的饰品点缀，整体造型突显出模特个性、时尚的特点。

01 用玉米夹将头发根部进行卷曲，使其蓬松饱满。
02 将头发分为刘海区及后发区。
03 将刘海区头发向后做拧包收起固定。
04 发尾头发做三股编辫至尾端。
05 将发辫拧转做成发髻进行固定。
06 将后发区头发进行三股编辫至发尾。
07 将发辫由右至左、由下向上提拉。
08 下暗卡进行固定。
09 在左侧发区耳上方用鲜亮的黄色发卡进行点缀。

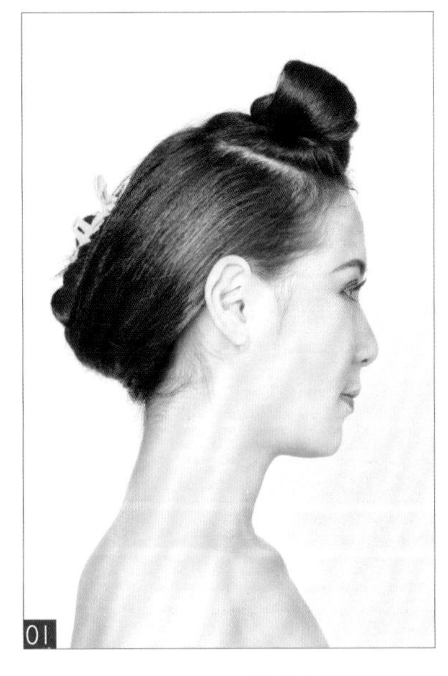
01

02

03

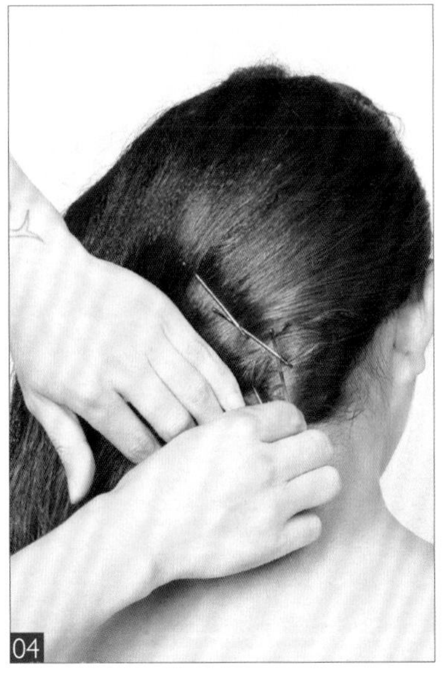
04

05

06

此造型运用玉米烫、编发、卷筒的手法操作完成。发型关键需注意编发刘海的轮廓，如遇发量较少的模特，可将刘海区头发全部用玉米夹进行卷曲，以增加发量，使发辫刘海更加饱满。时尚的编发刘海搭配上偏侧的外翻发髻，整体造型烘托出了模特优雅、甜美的气质。

01 将头发分为刘海区和后发区，用玉米夹将头发根部卷曲。
02 将刘海区的头发进行三股编辫。
03 将编完的三股辫向上提拉，盘旋在前额固定。
04 将后发区头发用暗卡向左侧固定。
05 将后发区所有头发发尾由左至右做外翻卷筒收起固定。
06 取一饰品点缀在刘海区。

01

02

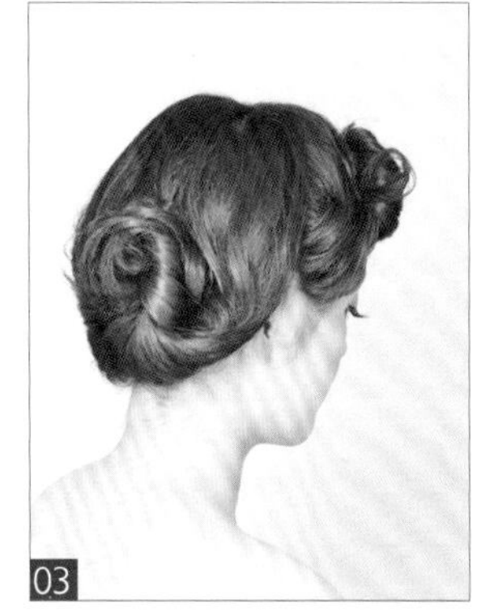
03

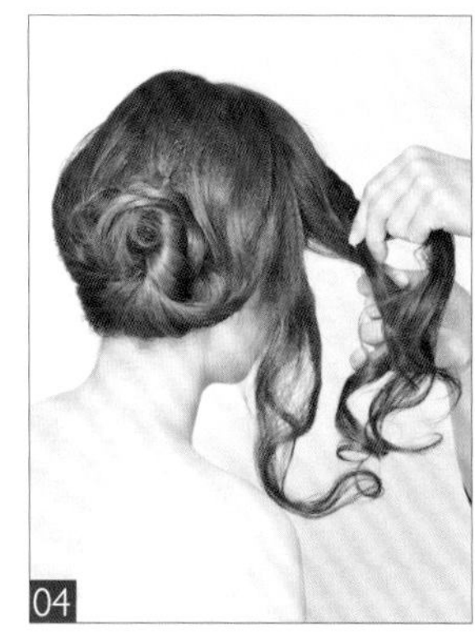
04

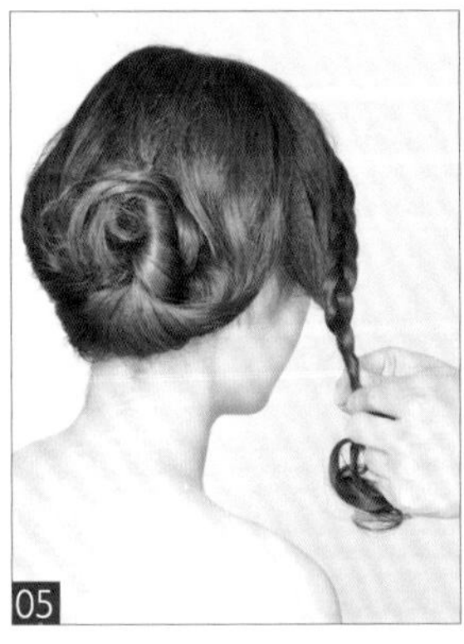
05

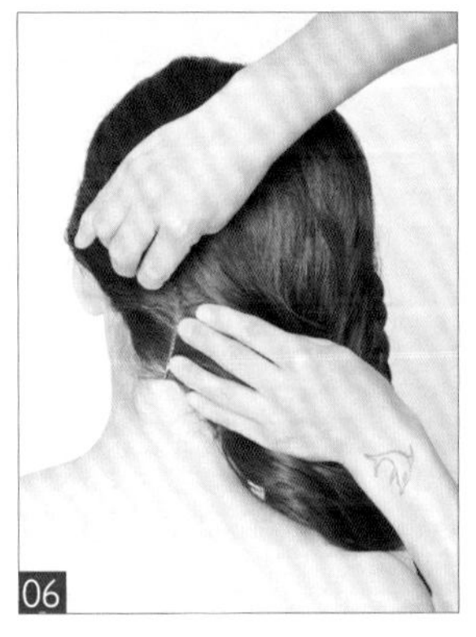
06

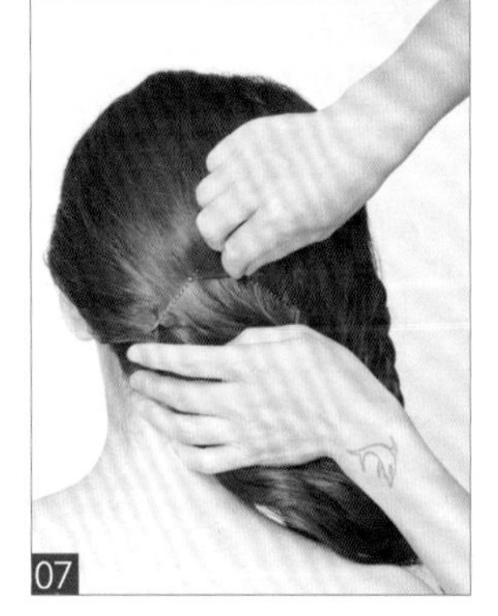
07

08

09

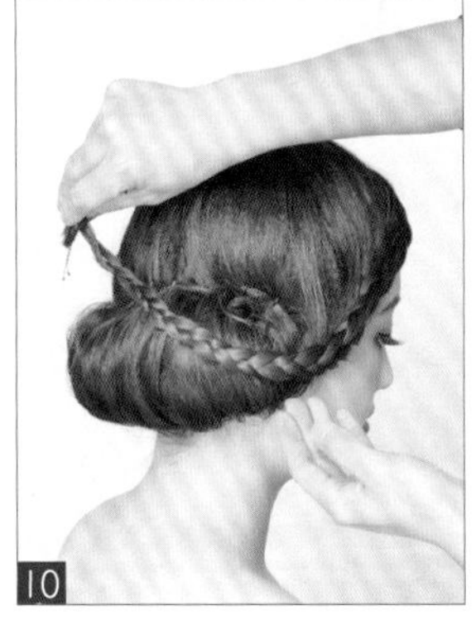
10

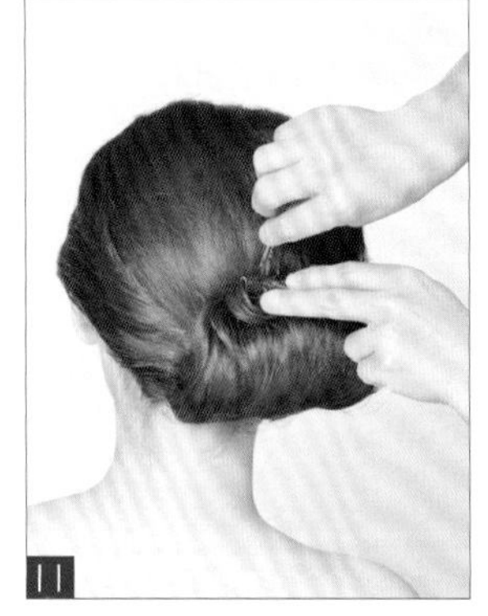
11

12

此款造型运用烫发、三股单边续发编发、外翻卷筒、手打卷手法操作完成。重点需掌握刘海三股单边续发编辫的技巧，在编辫时，为使发辫干净，可先在头发上涂抹少许发蜡。在编辫时，续发的发量要均匀一致。偏侧的外翻卷筒时尚简洁，搭配上精致婉约的发辫刘海，整体造型完美地突显出了模特时尚精致、清新靓丽的气质。

01 取一中号电卷棒将头发全部烫卷。
02 用玉米夹将头发根部进行卷曲，使其蓬松饱满，增加发量。
03 将头发分为刘海区与后发区。
04 将刘海区头发进行三股单边续发编辫。
05 编至发尾用皮筋固定。
06 将后发区头发由左至右梳理，下暗卡固定。
07 继续一字排开下暗卡固定。
08 将后发区头发向上做卷筒收起。
09 下暗卡固定。
10 取刘海三股发辫向后提拉，与后发区卷筒衔接固定。
11 发尾头发做手打卷收起，下暗卡固定。
12 在前额左侧上方佩戴精美的饰品进行点缀。

此款造型运用三股单边续发编发、烫发、拧包、手打卷手法操作完成。重点需掌握左右发辫的对称性，以及后发区发片拧包的衔接，后发区发片拧包叠加要错落有致。精致的编发刘海搭配上清爽的拧包盘发，整体造型完美地突显出了模特清新雅致、典雅高贵的气质。

01 将头发分为左右侧发区及后发区。
02 用尖尾梳将左右侧发区进行五五分区。
03 将左右两侧头发做三股单边续发编辫至发尾，下卡子固定发尾。
04 将后发区束马尾扎起。
05 取中号电卷棒将马尾头发全部烫卷。
06 将烫完的头发分为均等的 3 份。
07 取第一份发片向上拧转，下暗卡固定。
08 继续取一份发片向上、向外拧转，并与第一个发片衔接固定。
09 将剩余的发尾继续外翻拧转固定。
10 取剩余一份发片向上提拉拧转，固定在后发区正上方。
11 剩余发尾做手打卷，向左侧提拉固定。
12 取右侧发辫，做手打卷收起固定。
13 将左侧三股发辫对折固定后，将发辫沿着分区线向右侧提拉覆盖。
14 将发尾衔接固定在右侧发髻之上。
15 在右侧分区线露白处佩戴精美别致的饰品进行点缀。

经典的韩式编辫手法，搭配上别致的绢花饰品，将新娘的甜美、文静体现得淋漓尽致。

01 将头发用玉米夹卷曲，再将头发分为前后两个发区。
02 将左侧头发分为三缕发片，向后提拉。
03 进行三股续发编辫处理。
04 编至发尾，用黑色皮筋将其捆绑。
05 将发辫向后提拉固定，整理出轮廓及弧度。
06 将前发区头发分为三缕发片。
07 进行三股编辫处理，编至发尾。
08 将发辫的发尾固定在后发区的发辫之上。
09 处理好发尾剩余的头发，边缘不宜有碎发。

层次鲜明的韩式编辫造型，搭配上鲜花饰品，尽显新娘时尚、优雅、清新的气息。

01 头发用玉米夹卷曲，再将头发分为 3 个发区：刘海区、左右侧发区。
02 放下左侧发区，进行三股单边续发编辫。
03 编至发尾，发辫要干净，不宜有碎发。
04 用黑色皮筋将其捆绑固定，发辫的粗细要均匀。
05 摆放出轮廓，将发尾下暗卡固定在后侧。
06 另一侧手法同上。
07 将刘海区头发向前梳理光滑。
08 由前向后摆放出轮廓弧度，将其固定在后侧。
09 喷发胶定型。
10 将剩余发尾与后发区头发自然衔接在一起固定。
11 喷发胶定型。

立体的编发是经典的韩式造型手法之一，整体造型在满天星和碎花瓣的搭配下，突显出了新娘明媚、时尚的气质。

01 用玉米夹将头发进行卷曲处理，将头发分为左右两个发区。
02 分发区后面效果。
03 将左侧头发开始进行三股单边续发编辫。
04 发辫的粗细要均匀一致，注意发辫的提拉角度。
05 编至发尾，不宜有碎发。
06 用黑色皮筋将其捆绑固定。
07 将发辫缠绕一个假发包并固定在一侧。
08 另一侧同样以三股单边续发编辫进行操作。
09 编至发尾。发辫粗细要均匀，不宜有碎发。
10 发尾用皮筋捆绑固定。
11 将发辫由下至上、由外向内拧转，固定在左侧发辫处。

此款造型通过烫发、三股单边续发、打毛手法操作完成。精致的编发刘海结合偏侧的卷发造型，整体造型突显出了模特清新靓丽、甜美可人的风格。

01 取一中号电卷棒将头发全部烫卷。
02 将头发分为刘海区、后发区。
03 将刘海区头发进行三股单边续发编辫。
04 发辫要松紧度一致，粗细均匀。
05 编至发尾用皮筋固定。
06 将发辫尾端做手打卷收起，固定在左侧耳前方位置。
07 将后发区头发进行三股续发编辫。
08 编至发尾，发辫要干净，可涂抹少许发蜡。
09 用皮筋将发尾进行固定。
10 将发辫向上拧转提拉固定。
11 用尖尾梳将发尾头发进行打毛处理，调整出发丝纹理。
12 取精美饰品进行点缀。

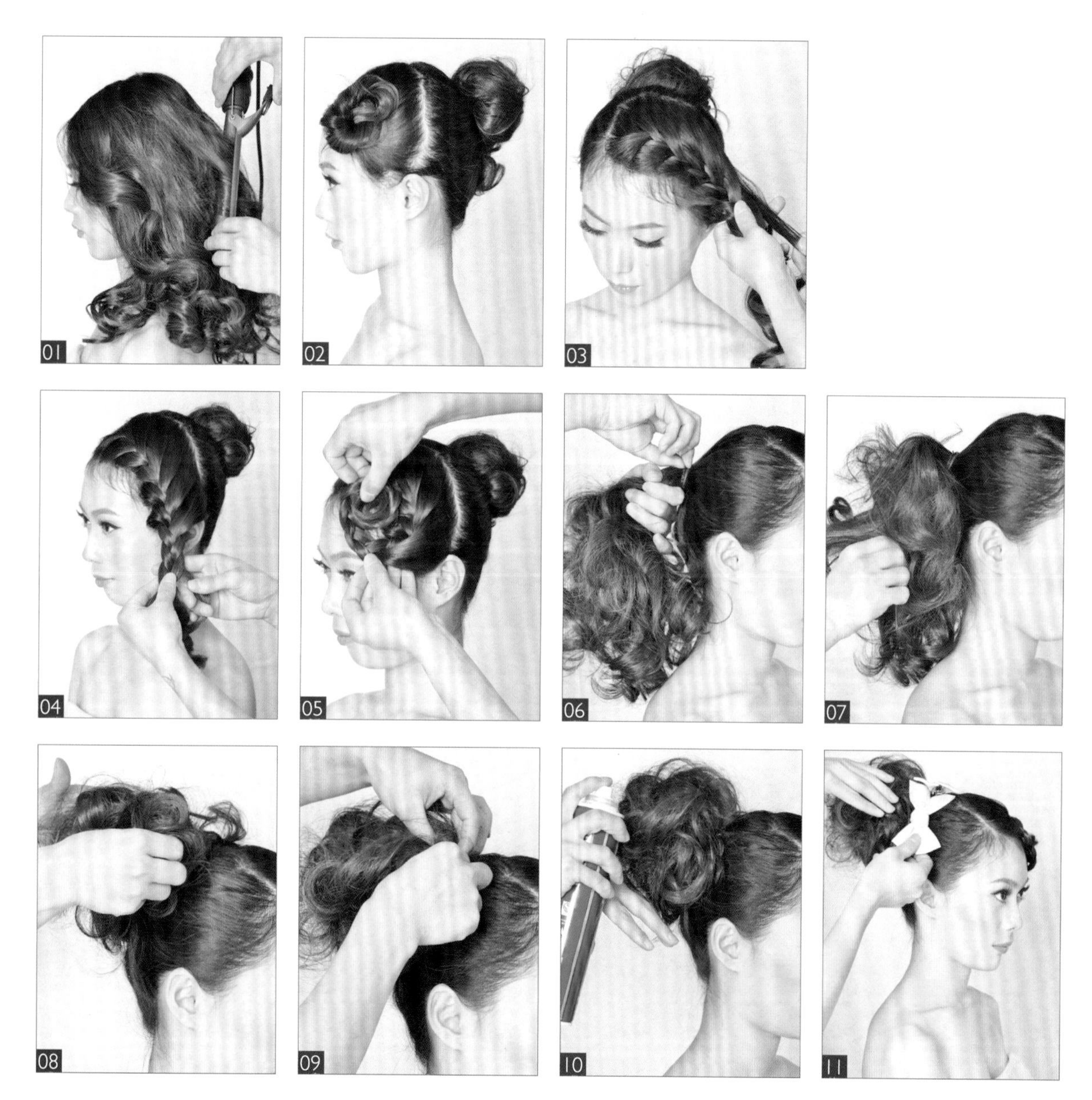

此款造型运用烫发、三股单边续发、手打卷、打毛手法操作完成。重点需掌握刘海编发的技巧，以及后发区发髻固定的高度。高耸饱满的发髻结合别致有型的编发刘海，整体造型极好地突显出了模特清纯靓丽的气息。

01 取一中号电卷棒将头发全部烫卷。
02 将头发分为刘海区及后发区。
03 将刘海区头发进行三股单边续发编辫。
04 编至发尾，发辫要光洁。
05 将发辫做手打卷，缠绕摆放在左侧前额处固定。
06 将后发区头发束马尾扎起。
07 将发尾头发进行打毛处理。
08 将打毛的头发沿着发髻边缘缠绕。
09 下暗卡进行固定。
10 喷发胶定型。
11 在发髻处佩戴俏丽的蝴蝶结饰品点缀造型。

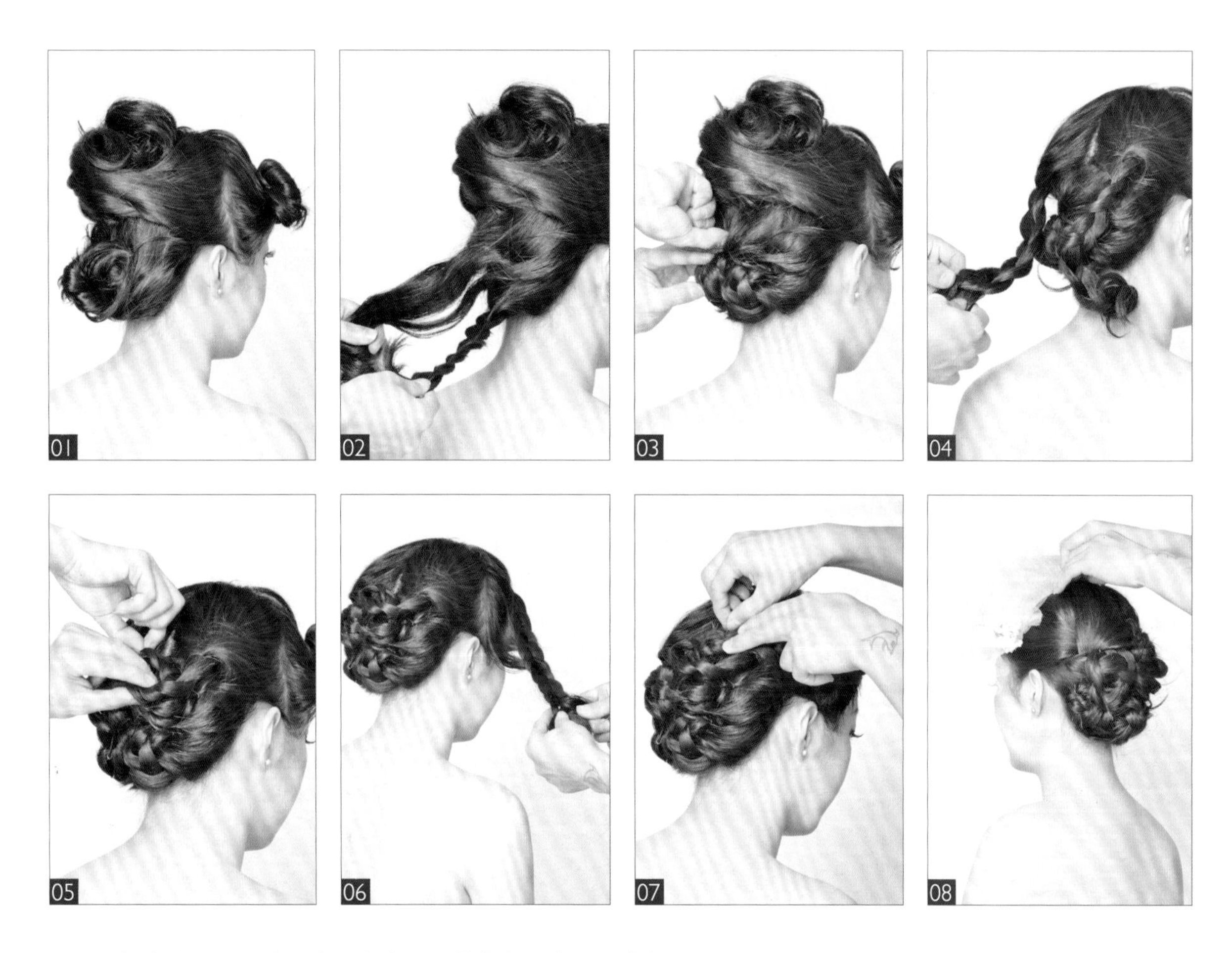

此款造型只运用单一的编发手法操作完成。重点需掌握头发的分区，以及发辫与发辫之间的衔接。发辫要做到光洁精致，边缘不宜有碎发。精致的编发造型搭配上白色素雅的纱帽点缀，整体造型突显出了模特唯美简约、清新浪漫的气息。

01 将头发分为刘海区、顶发区、后发区。
02 将后发区头发分出上下发片，分别进行三股编辫。
03 将发辫向上拧转收起，做成发髻下暗卡固定。
04 将顶发区头发分出两个均等发片，分别进行三股编辫。
05 将发辫衔接在后发区发辫之上，下暗卡固定。
06 将刘海区头发进行三股单边续发编辫至发尾。
07 将发辫向后提拉，衔接固定在后发区发髻处。
08 选择白色纱帽佩戴在左侧前额上方。

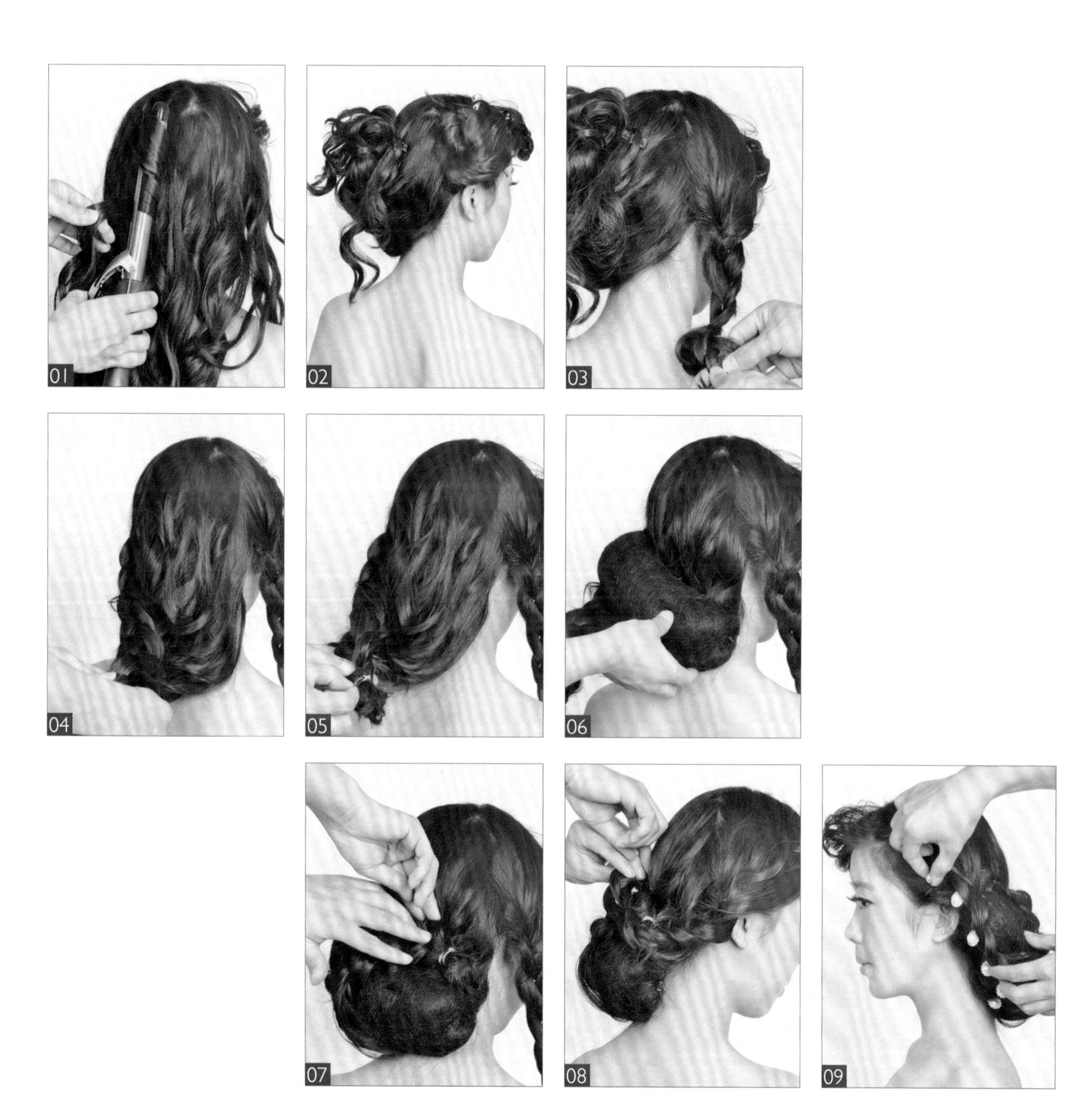

此造型通过烫发、三股辫、三股单边续发编辫、真假发结合的手法操作完成。精致的编辫盘发是韩式经典造型的常用手法之一，搭配上珍珠饰品的点缀，发型整体极富层次感。

01 将头发用电卷棒全部烫卷。
02 将头发分为刘海区及后发区。
03 将刘海区头发进行三股编辫至发尾固定。
04 再将后发区头发由左至右进行三股续发编辫。
05 将发尾用皮筋扎起固定。
06 取一假发包，摆放在后发区头发之上。
07 将之前编好的发辫向上包裹假发包，下暗卡进行固定。
08 将刘海发辫向后提拉，固定在后发区处。
09 取珍珠饰品进行点缀。

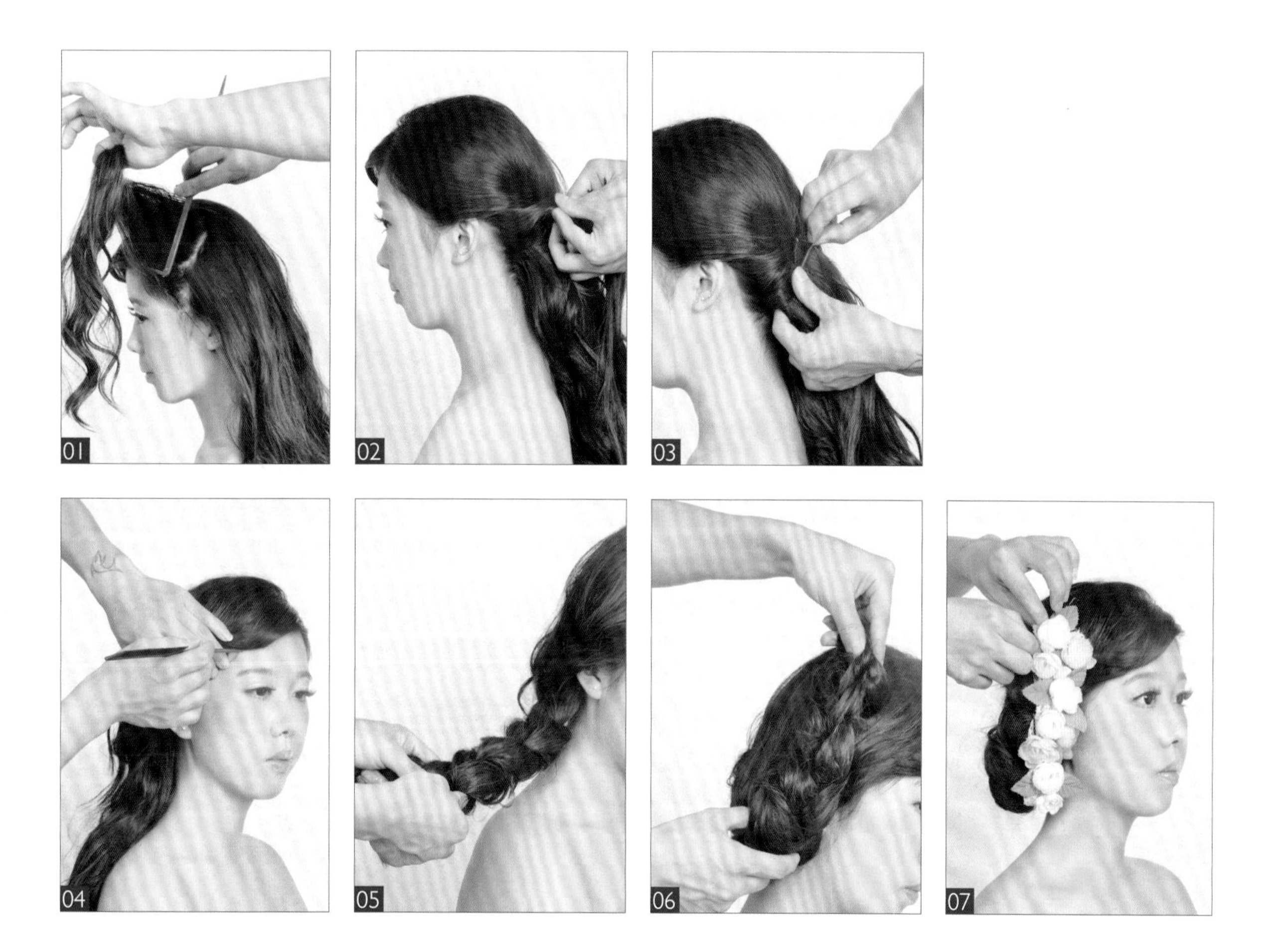

此造型通过打毛、拧包、三股编辫手法操作完成。偏侧式的编辫发髻再加上绢花饰品的点缀，发型轮廓饱满圆润，整体造型突显出了模特清新阳光、妩媚婉约的气质。

01 将左侧发区头发进行根部打毛，使其蓬松饱满，并将打毛头发表面向后梳理干净。
02 在左侧耳后方取一束发片，由左至右进行拧包。
03 下暗卡固定。
04 用尖尾梳将刘海区头发进行调整。
05 将所有头发向右下侧进行三股编辫。
06 将三股辫在右侧向上提拉固定。
07 取绢花饰品进行点缀。

经典的韩式编辫手法与简洁的拧绳手法相结合，突显出了新娘的典雅唯美的气质。

01 将所有头发用电卷棒进行卷曲处理。
02 以耳尖为准，分出分区线。
03 以眉头为准，分出分区线。
04 分出三股发片，发片要均匀一致。
05 以三股单边续发编辫，编至发尾。
06 将发尾向后做手打卷，将其固定在耳上方。
07 将剩余头发向一侧梳理。
08 将所有头发做拧绳处理。
09 将拧绳的头发顺着分区线缠绕固定。

复古发型

复古风依然是今年的主打风格，复古的盘发也不例外。说起复古发型，高檐小圆帽、蕾丝花边都是很好的饰物，小小点缀就能让发型变得不同。利用各式各样令人心动的新娘头饰，可以打造出独一无二的浪漫气息。想要打造复古发型，不仅仅要追求逼真的质感，完美的轮廓也是必不可缺的。不再只有高盘的发髻才是复古，20 世纪 30 年代的手推波纹、60 年代的 Big Hair 潮流、80 年代的外翻披肩发都可成为复古元素。复古发型能极好地衬托出女人高贵典雅的气质，同时还能大大提升气场。

共19款

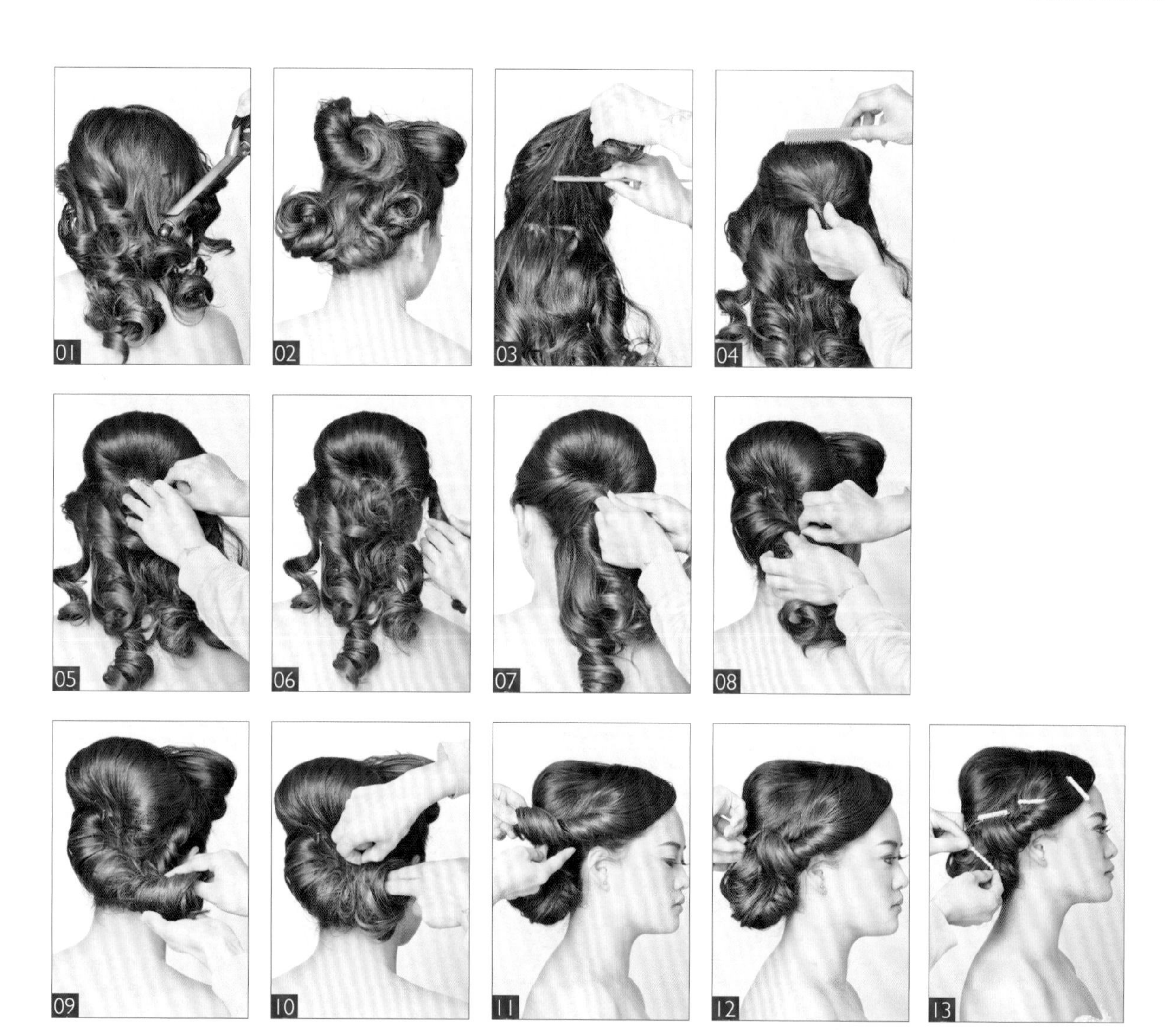

此造型通过烫发、打毛、拧包、拧绳、手打卷等手法操作完成。重点需要掌握烫发的技巧，发卷的走向决定了发型整体效果。复古精致的发型通过珍珠发卡的点缀，层次鲜明，突显出了模特优雅娴静、复古婉约的气质。

01 取一中号电卷棒将头发全部烫卷。

02 将头发分为刘海区、顶发区及后发区。

03 取一尖尾梳，将顶发区的头发进行打毛处理，使其蓬松饱满。

04 将打毛好的头发表面梳理干净，向后拧包收起。

05 下暗卡进行固定。

06 放下后发区头发，在右侧耳上方取一缕发片进行拧绳处理后，将其固定在正后方发髻交界处。

07 再取左侧耳上方一缕头发，以同样的手法进行操作。

08 将剩余头发由左至右进行拧绳续发处理并固定。

09 将剩余发尾头发做卷筒状收起。

10 向上提拉固定在后发区右侧。

11 将刘海区头发放下，顺着发卷的纹理做卷筒状向后提拉。

12 将其固定在后发区发包交界处。

13 选择珍珠发卡有层次地佩戴，点缀整体效果。

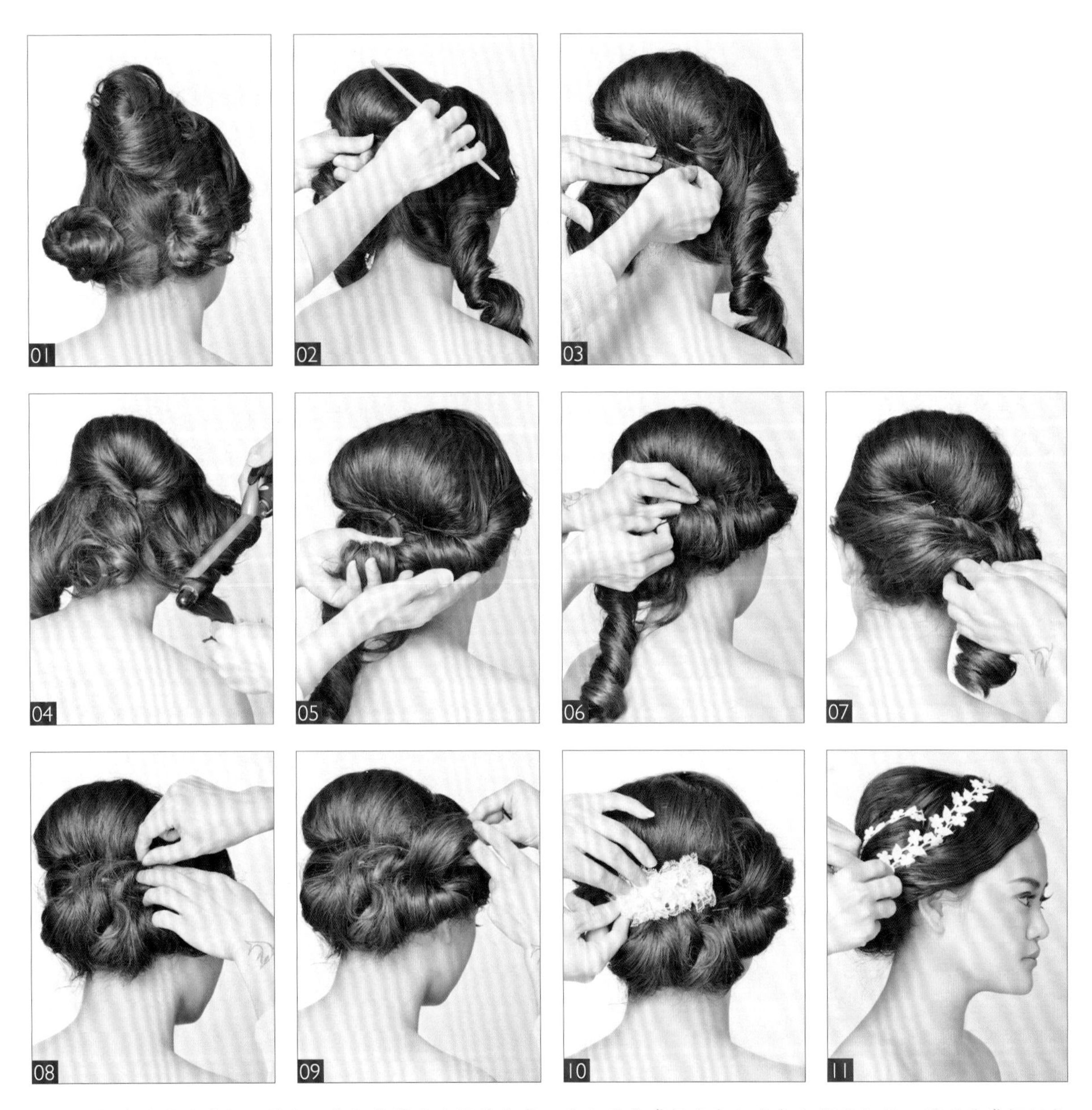

此款造型通过拧包、烫发、手打卷等手法操作完成。重点需要掌握发包与发包之间的衔接，同时要掌握好整体的轮廓感。简洁的盘发造型通过蕾丝花边的点缀，整体造型将模特温柔、贤淑的气质突显得淋漓尽致。

01 将头发分为顶发区、后发区（左右侧发区）。
02 将顶发区头发打毛，使其饱满，将表面头发梳理干净，向后做拧包收起。
03 下暗卡固定。
04 取电卷棒将右侧发区的头发进行外翻烫卷。
05 将右侧烫卷完的头发顺着发卷纹理向后做卷筒。
06 下暗卡将其固定在后发区的正后方。
07 将左侧发区头发由左至右提拉至正后方。
08 下暗卡将其固定在后发区正后方。
09 将剩余发尾做手打卷收起固定。
10 在后发区发包衔接处配上饰品来点缀造型。
11 在前发区佩戴上蕾丝头饰进行点缀。

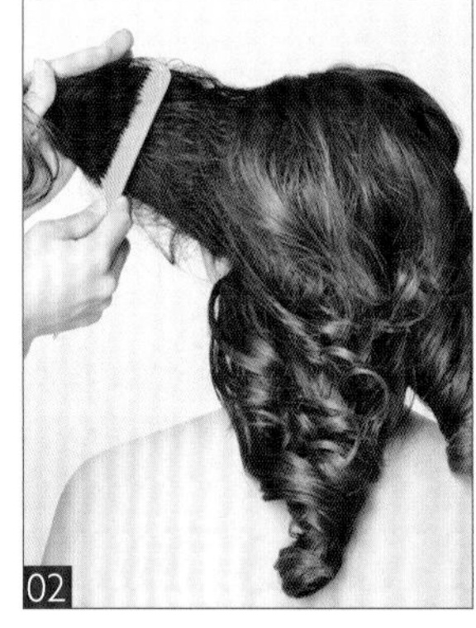

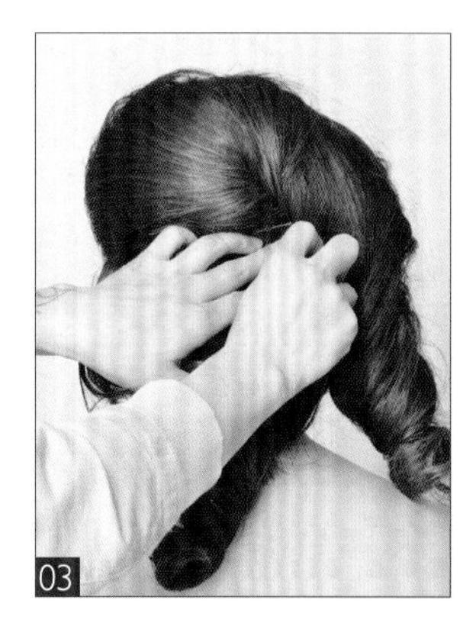

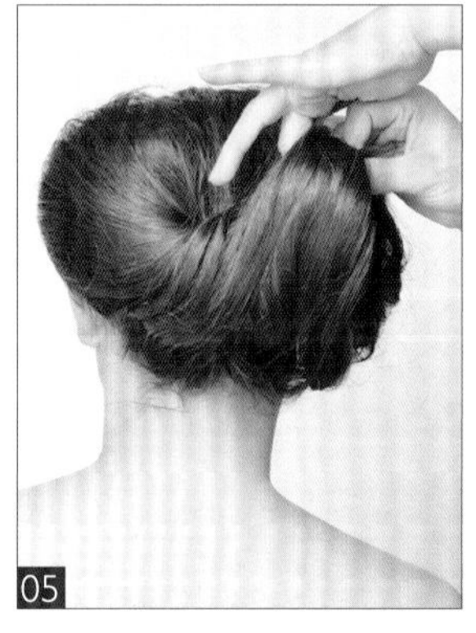

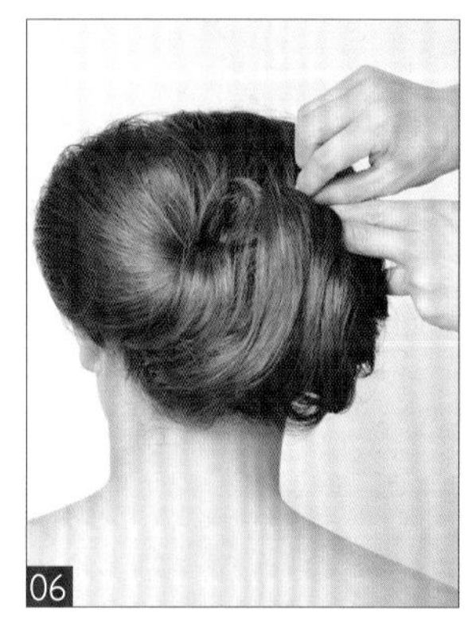

此款造型通过打毛、手打卷手法操作完成。重点需掌握打毛的手法及左右包发的对称。复古婉约的包发组合加上时尚个性的卷筒刘海，整体造型在纱帽头饰的点缀下，将模特时尚复古的气息体现得淋漓尽致。

01 将头发分为刘海区、左右侧发区及后发区。
02 将左侧发区头发放下，进行打毛处理，使其蓬松饱满。
03 将左侧打毛的头发表面梳理干净，向后做拧包收起固定。
04 取右侧发片，以同样的手法进行操作。
05 将后发区剩余发尾向上做手打卷收起。
06 将其固定在左右发包交界处。
07 放下刘海区头发，将头发向前提拉。
08 做手打卷后，将其固定在额头一侧。
09 在前额处佩戴纱帽饰品进行点缀。

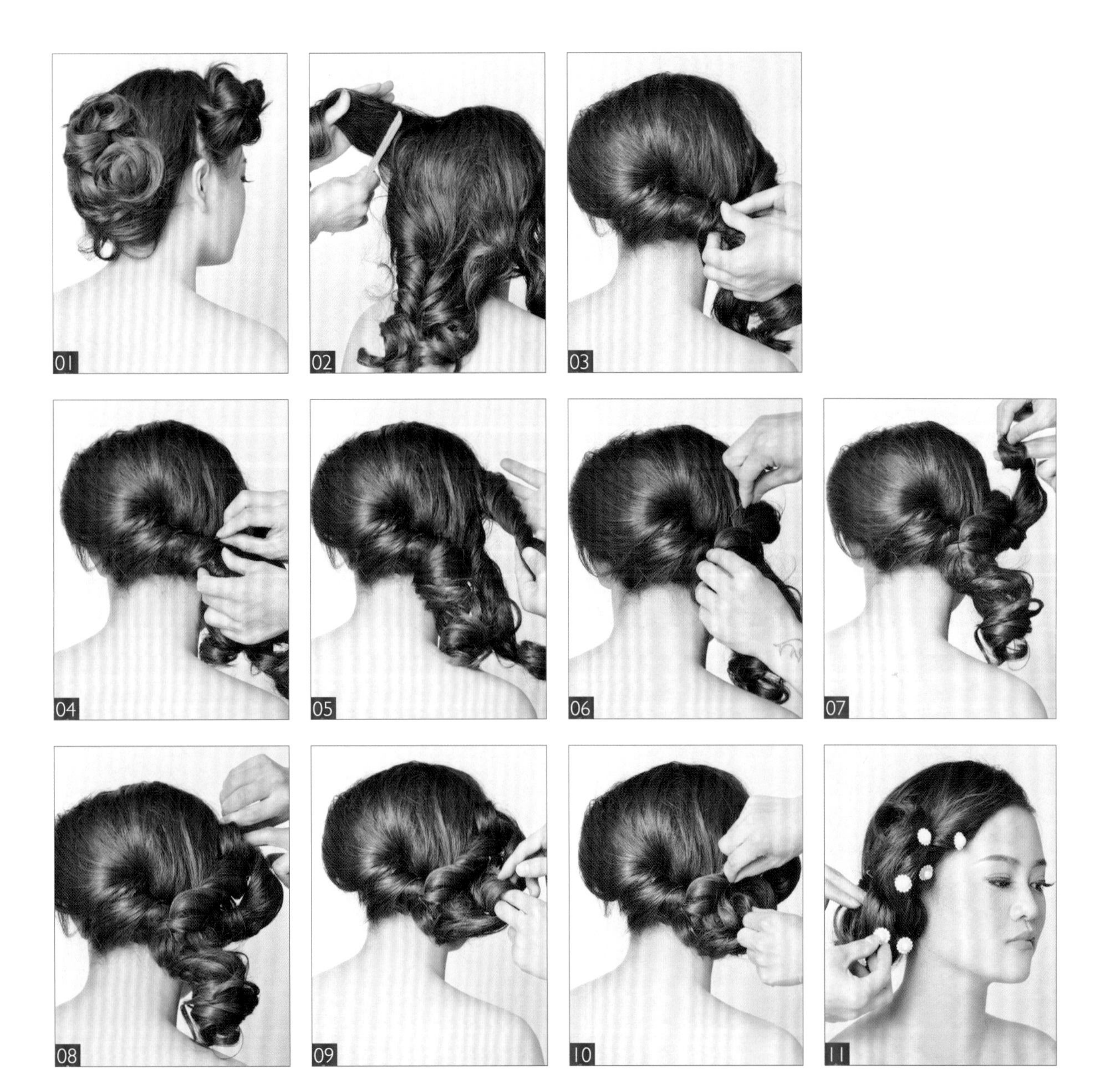

此造型通过打毛、拧包、手打卷手法操作完成。重点要掌握打毛手法，通过打毛的操作来控制发包整体的饱满度。精致的偏侧式手打卷造型搭配上珍珠饰品的点缀，层次鲜明，整体造型烘托出新娘复古优雅的气质。

01 将头发分为刘海区与后发区。
02 放下后发区头发，进行打毛处理，使其蓬松饱满。
03 将打毛的头发表面梳理干净，由左至右做拧包处理。
04 下暗卡进行固定。
05 将刘海区头发放下，将刘海区头发一分为二。
06 将外侧的发片向后拧绳，固定在后发区右侧。
07 将内侧发片向上提拉，发尾做手打卷处理。
08 下暗卡将其固定在耳上方位置。
09 将剩余发尾做手打卷处理。
10 下暗卡进行固定。
11 在发卷之间点缀上珍珠饰品，修饰造型的层次感。

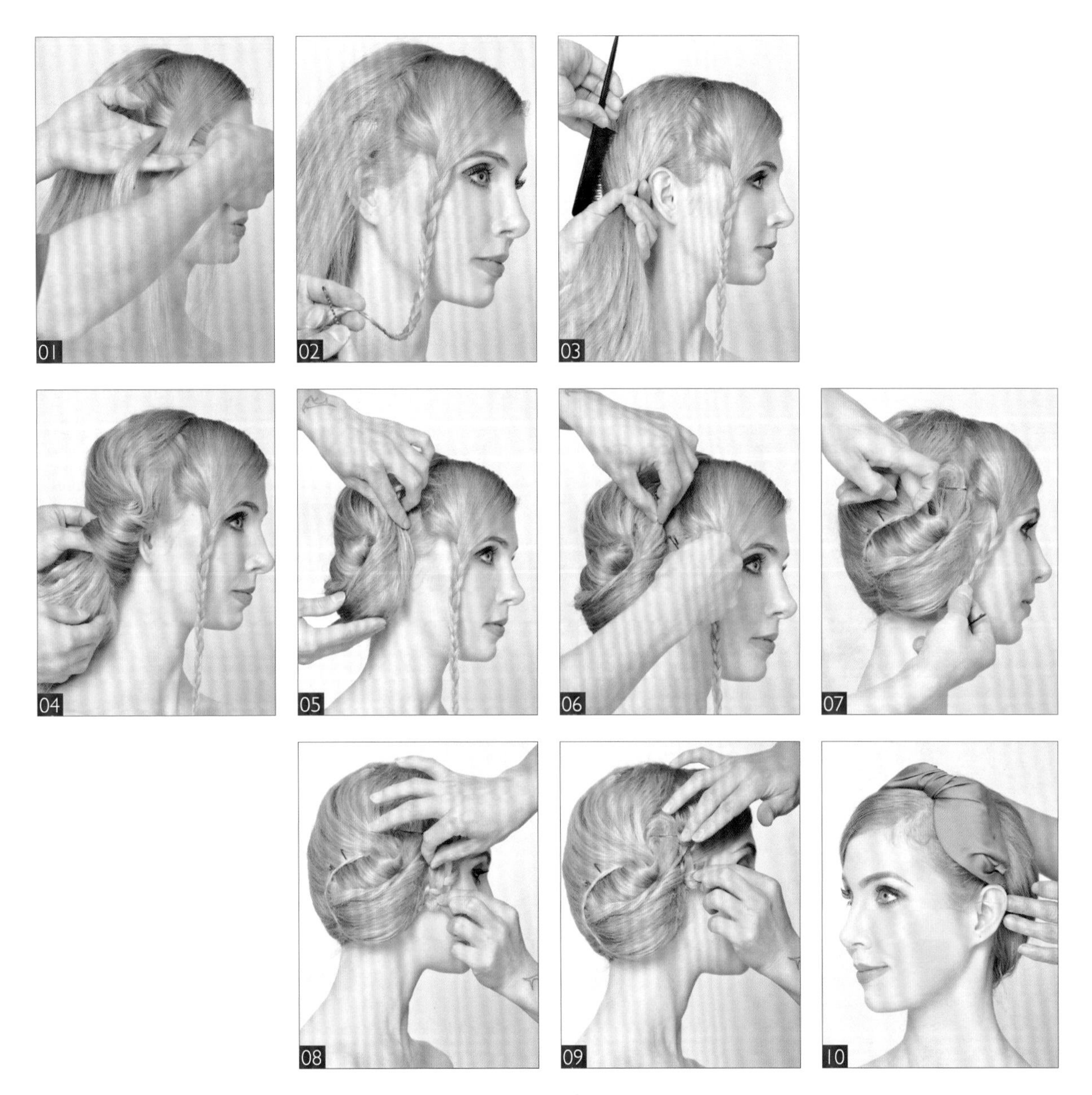

此款造型运用三股编辫、拧包手法操作完成。重点需掌握偏侧的发髻走向，以及刘海发辫与发髻的无缝衔接。偏侧式的发髻组合加上精致的发辫刘海，整体造型烘托出了模特复古时尚的田园风情。

01 将刘海区头发分成均匀的 3 等份，进行三股编辫。
02 将发辫编至发尾，用卡子固定。
03 将后发区所有头发向右侧梳理干净。
04 将其进行拧转并固定在耳后方处。
05 将发尾向上提拉，覆盖耳朵处。
06 下暗卡将其固定。
07 将刘海区的三股辫沿着发包的轮廓进行缠绕固定。
08 将眉尾外侧的三股辫用手指轻轻提拉，使其蓬松自然。
09 将发辫与发包做无缝衔接并固定。
10 佩戴时尚的蝴蝶结发卡进行点缀。

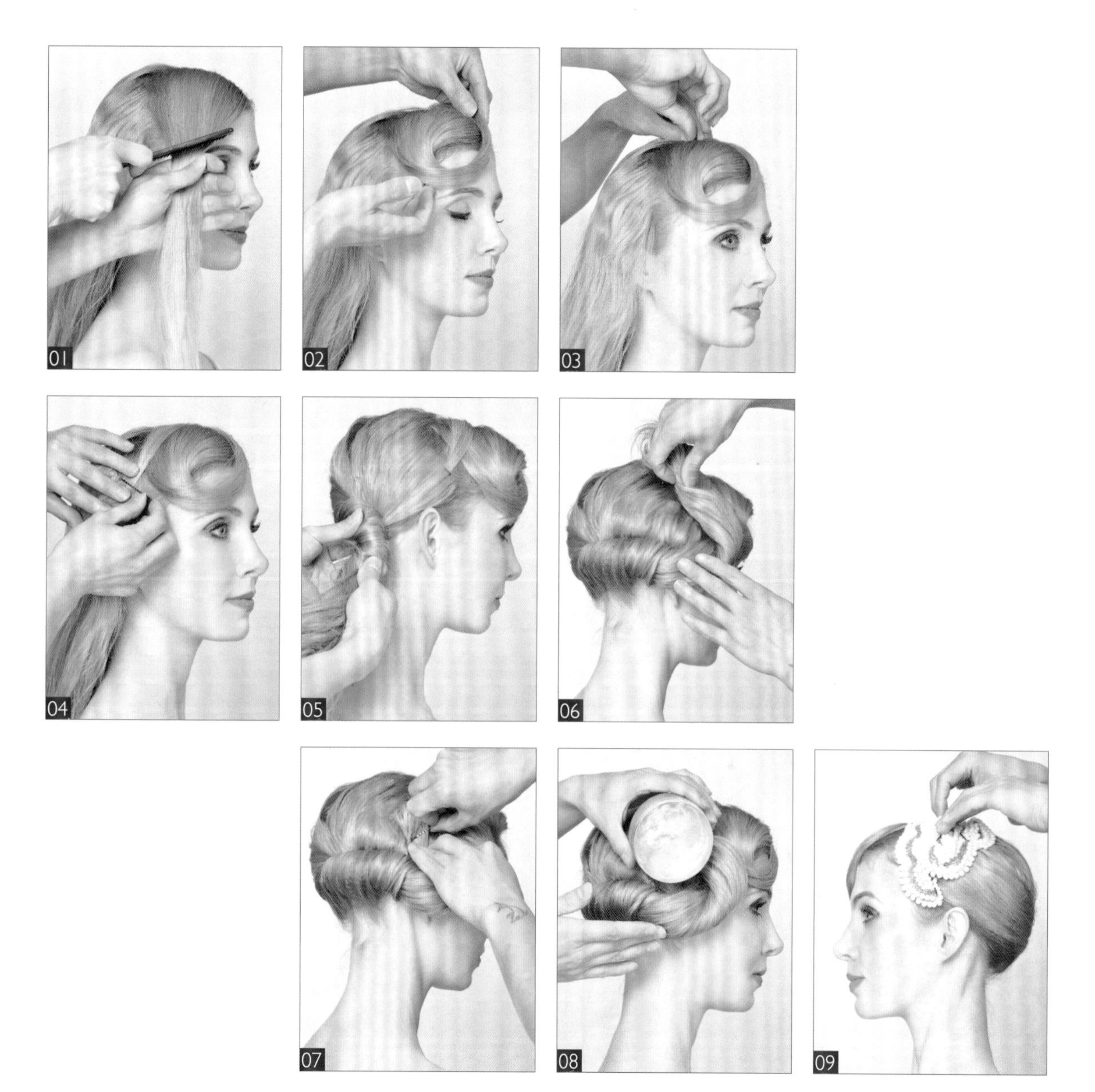

此款造型运用单一的拧绳手法操作完成。重点需掌握刘海圆形弧度的摆放，以及发型整体的光洁度。简约而不简单的拧绳造型搭配上珍珠饰品的点缀，烘托出了模特娴静婉约、时尚复古的韵味。

01 分出刘海区头发，用梳子将头发梳理干净。
02 将刘海区头发做旋转，摆放出圆形轮廓。
03 在顶发区下暗卡固定发尾。
04 将剩余发尾向右侧耳上方进行固定。
05 将剩余头发由左至右进行拧绳，固定在右侧耳后方。
06 将发尾头发做拧绳处理后，向上提拉摆放出圆润的轮廓。
07 下暗卡固定发尾。
08 取少量发蜡将边缘碎发处理干净。
09 在前额处佩戴上珍珠饰品进行点缀。

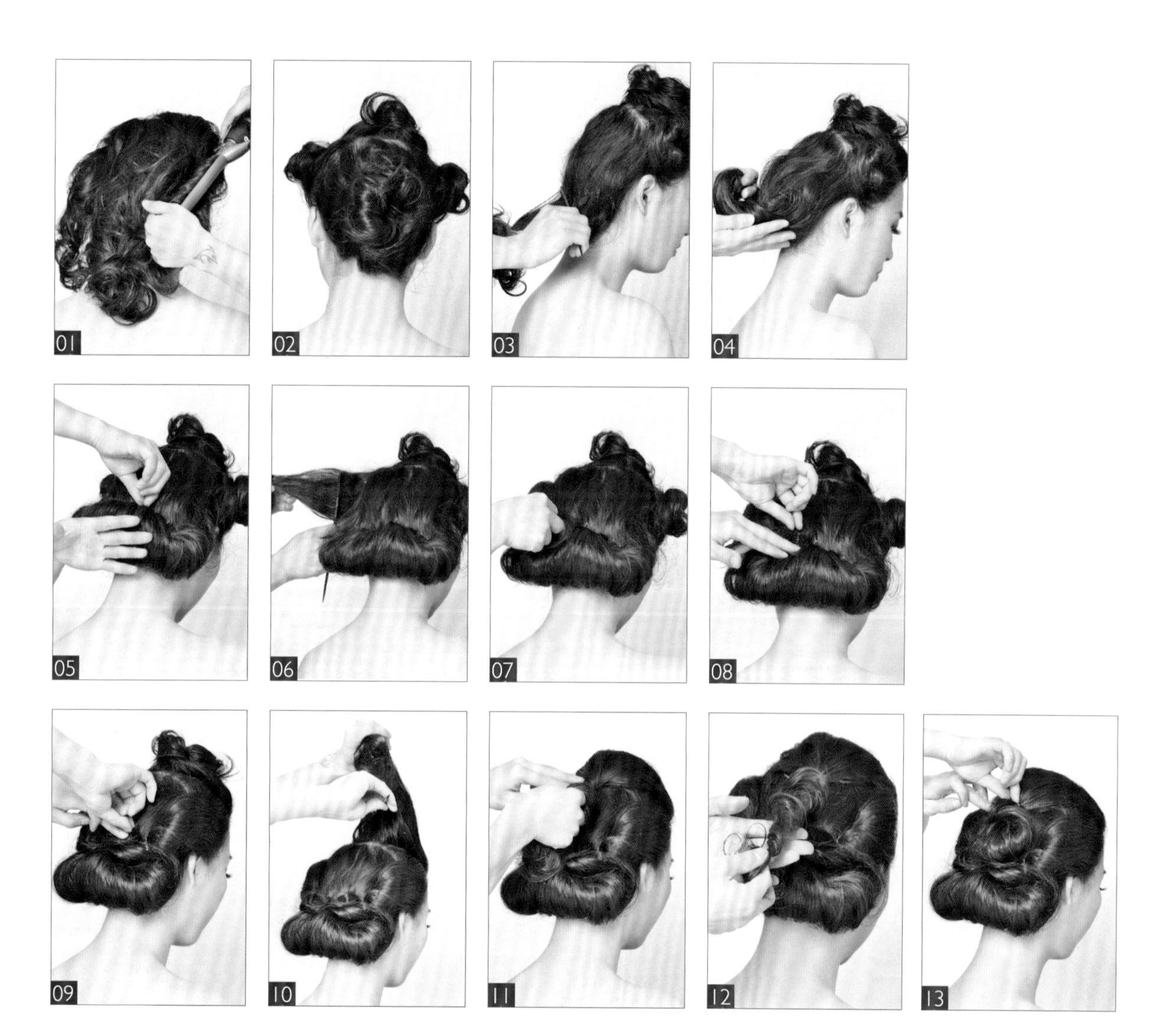

此款造型运用烫卷、手打卷、打毛、拧包手法操作完成。重点需要掌握后发区卷筒的轮廓弧度，卷筒收起时不可提拉过紧，否则卷筒轮廓会呈现不饱满状态。典雅的外翻卷筒加上简洁的拧包造型，极好地将模特衬托出了端庄典雅、高贵复古的气质。

01 取一中号电卷棒将所有头发进行烫卷。
02 将头发分为刘海区、左右侧发区及后发区。
03 放下后发区头发，将后发区的头发梳理干净。
04 向上提拉做外翻卷筒。
05 下暗卡固定卷筒。
06 放下左侧发区头发，进行打毛处理，使其蓬松饱满。
07 将左侧头发由外向内做拧包，固定在后发区的发髻处。
08 发尾做手打卷进行固定。
09 右侧头发以同样的手法操作。
10 将刘海区头发进行根部打毛处理，使其蓬松饱满。
11 将打毛的头发表面梳理干净后，向后做拧包固定。
12 将发尾头发进行拧绳处理。
13 将拧绳旋转固定在后发区。

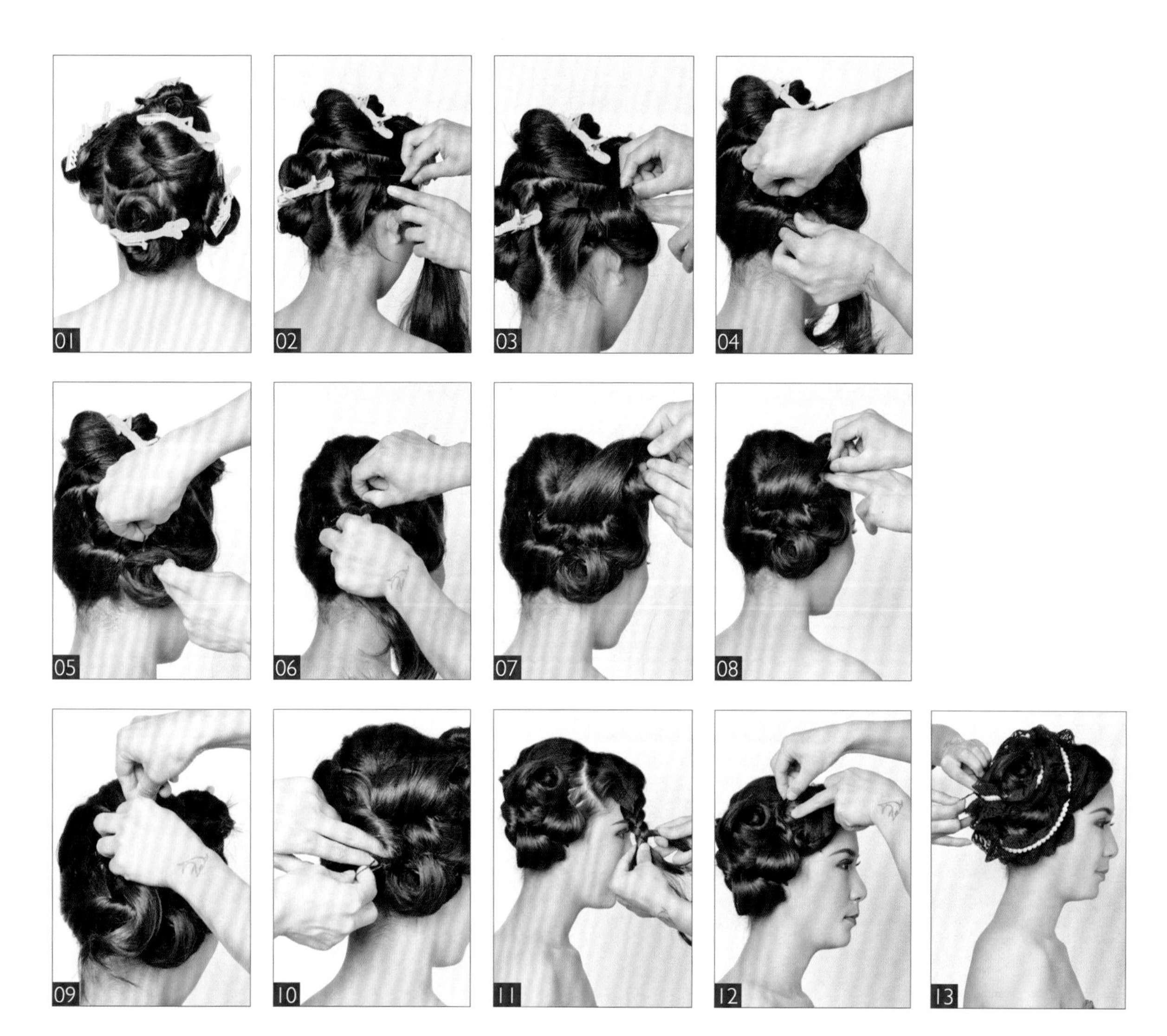

此造型通过玉米烫、手打卷、拧包、三股编辫手法操作完成。重点需掌握拧包与拧包之间的衔接，同时要注意手打卷的摆放要错落有致。精致的手打卷造型搭配上黑色蕾丝饰品的点缀，整体造型突显出模特雅致、复古的气质。

01 将头发分为刘海区、左右侧发区、顶发区及后发区，根部头发用玉米夹进行卷曲。
02 将右侧头发向前做拧包至耳上方，下暗卡固定。
03 发尾做手打卷收起固定。
04 再将后发区的头发向右侧做拧绳至耳后方，下暗卡固定。
05 发尾做手打卷收起固定。
06 将顶发区头发向右侧提拉做拧包，下暗卡固定。
07 将发尾头发梳理干净，向上做手打卷收起。
08 下暗卡固定发卷。
09 将左侧头发向右提拉，做拧包固定在顶发区发髻处。
10 发尾做手打卷收起固定。
11 将刘海区头发做三股编辫处理。
12 编至发尾，将发辫做手打卷收起固定。
13 沿着手打卷的纹理佩戴上黑色蕾丝点缀造型。

此造型通过玉米烫、手打卷手法操作而成。重点需掌握手打卷的操作技巧，同时控制发型的轮廓走向。发卷表面要干净，不宜有毛发。偏侧的发髻造型搭配上羽毛饰品的点缀，整体造型突显了模特温婉妩媚、时尚复古的风格。

01 用玉米夹将头发根部进行卷曲，使根部头发蓬松饱满。
02 将头发分为左右两侧发区。
03 将右侧头发表面梳理干净，向上做手打卷处理。
04 下暗卡固定卷筒，卷筒表面要干净，可涂抹适量发蜡。
05 将左侧头发梳理干净，由左至右提拉。
06 将发尾向上提，使其覆盖右侧手打卷，下暗卡固定。
07 佩戴上羽毛饰品进行点缀。

此款造型运用烫发、打毛、手打卷手法操作完成。重点需掌握手打卷的手法，圆润干净的手打卷与烫发有直接的联系，在做手打卷时，可在发片上涂抹少许发蜡，可使手打卷干净、易打理。错落有致的手打卷搭配上黑色网纱的点缀，整体造型极好地突显出了模特复古、精致、优雅、大方的气质。

01 取电卷棒将头发全部烫卷。
02 将头发分为刘海区及后发区。
03 取尖尾梳将刘海打毛，梳光表面。
04 将刘海区头发由外向内拧包。
05 发尾向内收起，下暗卡固定。
06 将后发区剩余头发束马尾扎起。
07 将马尾分为均等 3 份。
08 取一份发片向前额方向提拉做手打卷。
09 再取一份发片向前额右侧方向做手打卷。
10 下暗卡将其固定在耳前方。
11 将剩余一份发片向上提拉做手打卷。
12 将其固定在顶发区处。
13 取一黑色网纱，折叠固定在左侧发区处。
14 取一钻石饰品，叠加固定在网纱中间进行点缀。

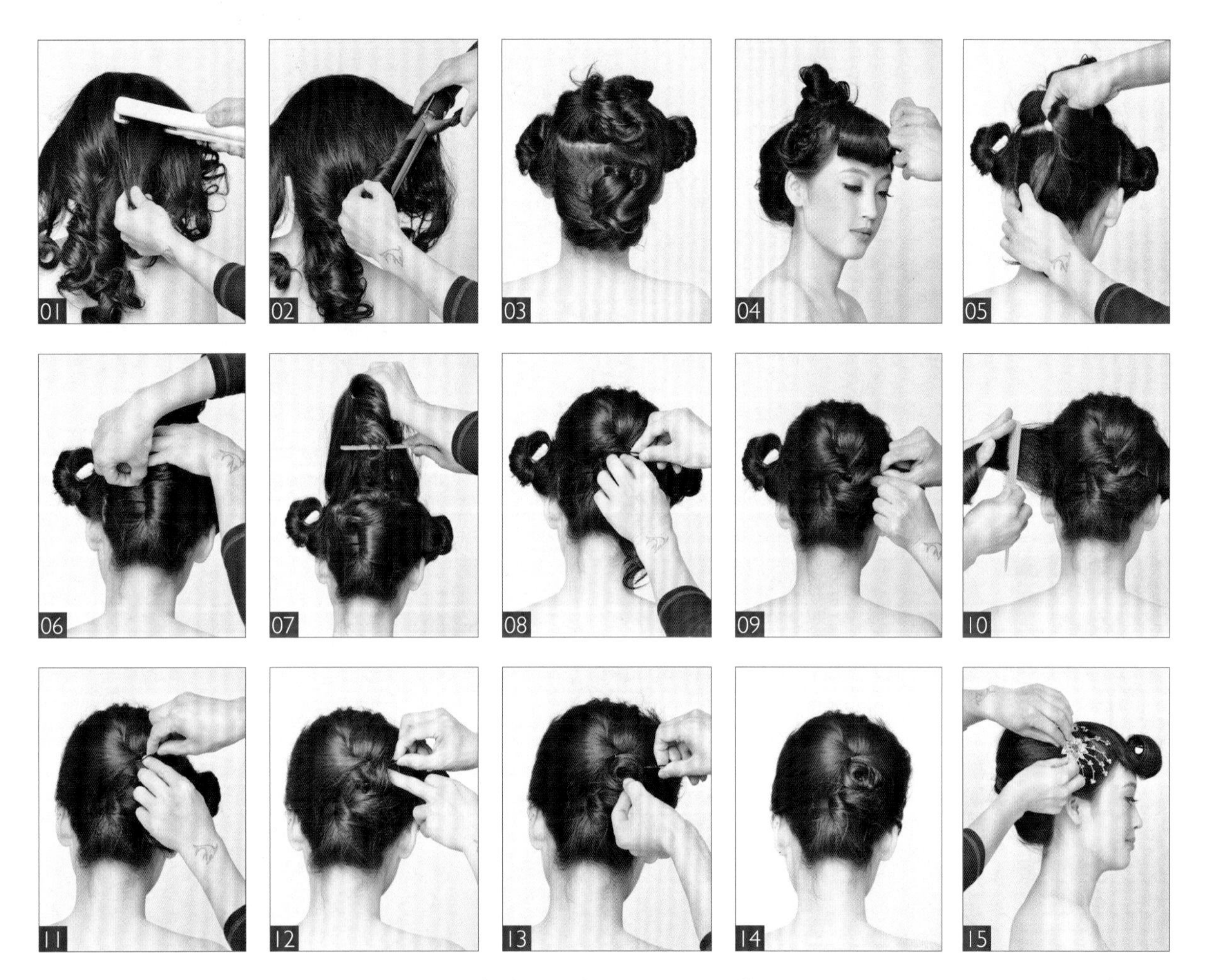

此款造型运用烫发、拧包、打毛、手打卷手法操作完成。重点需掌握后发区包发的技巧，包发的关键在于打毛的手法，以及拧包时发片提拉的角度，提拉角度不可低于90°。传统的拧包盘发搭配上个性的卷筒刘海，整体造型烘托出了模特高贵典雅、复古华美的气质。

01 用玉米夹将头发根部进行卷曲，使其蓬松饱满。
02 用中号电卷棒将所有头发进行烫卷。
03 将头发分为刘海区、左右侧发区、顶发区及后发区。
04 将刘海区头发做手打卷向上收起固定。
05 将后发区头发做拧包向上收起固定。
06 将发尾头发收起固定。
07 将顶发区头发进行打毛处理，使其蓬松饱满。
08 将打毛的头发表面梳理干净，向后做拧包收起固定。
09 发尾做手打卷收起固定。
10 将左侧头发进行打毛处理，使其蓬松饱满。
11 将左侧头发做拧包收起，固定在后发区的发髻处。
12 发尾做手打卷收起固定。
13 另一侧操作手法同上。
14 后发区完成图。
15 在右侧佩戴精美的饰品进行点缀。

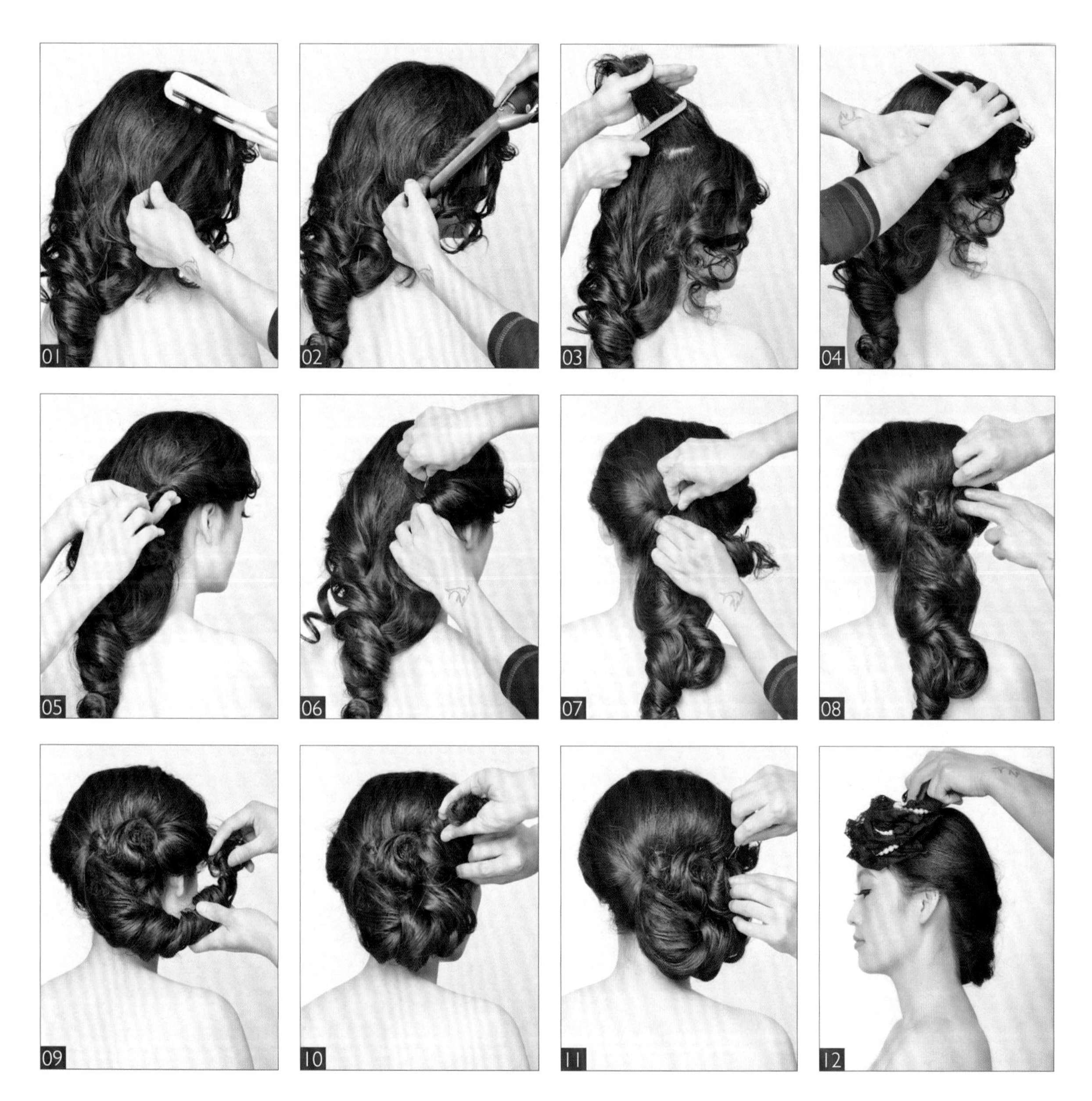

此款造型通过外翻烫发、打毛、拧绳、手打卷手法完成造型。重点需掌握拧绳的手法及发型整体轮廓的走向。偏侧式的盘发优雅高贵，搭配上黑色蕾丝饰品的点缀，整体造型完美地突显出了模特复古、端庄的气质。

01 取玉米夹将头发根部进行卷曲，使其蓬松饱满。
02 用中号电卷棒将头发进行外翻烫卷。
03 取一尖尾梳将顶发区头发根部进行打毛。
04 将打毛的头发表面向后梳理干净。
05 取右侧一缕头发向后做拧绳。
06 下暗卡固定。
07 继续在左侧发区取一束头发向后做拧包，下暗卡固定。
08 将右侧剩余的发尾向上做手打卷收起，下暗卡固定。
09 将后发区剩余的头发全部做拧绳处理。
10 将拧绳向上提拉，衔接到右侧耳后方，下暗卡固定。
11 剩余的发尾做手打卷收起固定。
12 取一黑色蕾丝饰品点缀在左侧前额处。

此款造型运用烫发、打毛、手打卷、拧包手法操作完成，重点需注意左右两侧发包的对称度及饱满度。饱满圆润的包发造型端庄大气，搭配上吊坠式钻饰饰品的点缀，整体造型将模特高贵典雅、复古华美的气质体现得淋漓尽致。

01 将头发分为左右侧发区及后发区。
02 将后发区头发用电卷棒烫卷。
03 取一尖尾梳将左右侧发区头发进行中分。
04 左右两侧头发以耳尖为基准线，分别垂直分出发区。
05 将左侧头发进行打毛处理后，向后梳理干净，做拧包收起固定。
06 将右侧头发以同样的手法进行操作。
07 将后发区头发梳理干净后，向上做卷筒收起。
08 将卷筒摆放出圆润的弧度后，下暗卡进行固定。
09 将左侧卷筒与左侧发髻衔接固定。
10 右侧以同样的手法进行操作。
11 取吊坠式饰品在前额中间位置进行点缀。

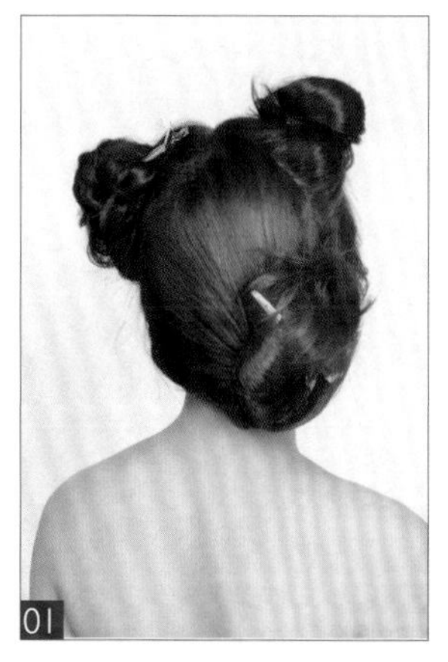

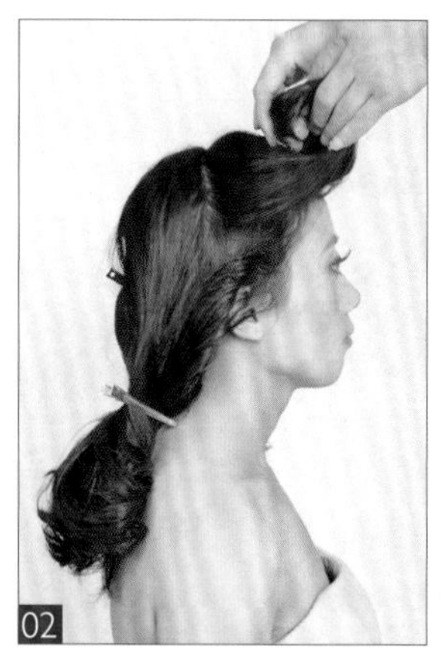

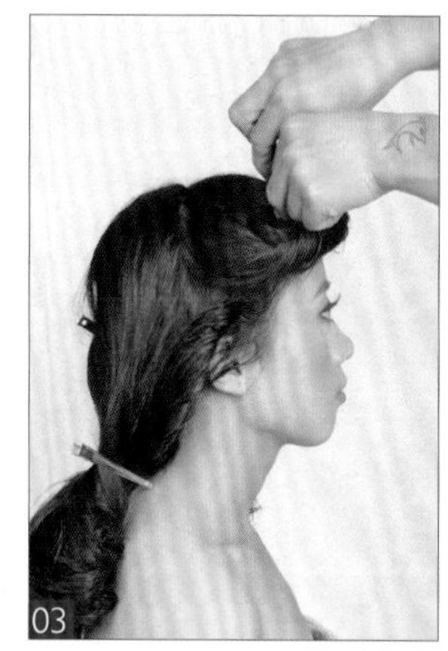

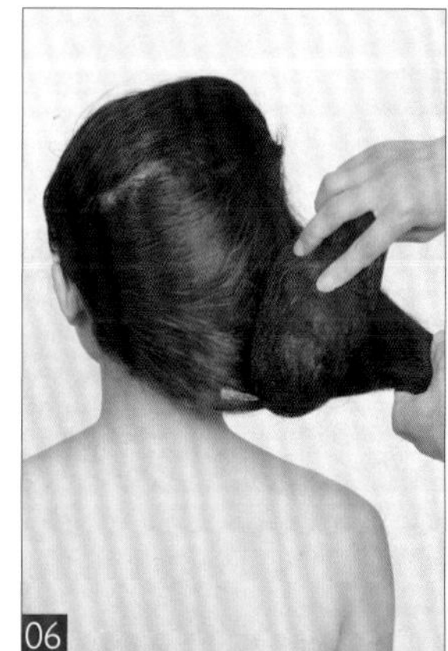

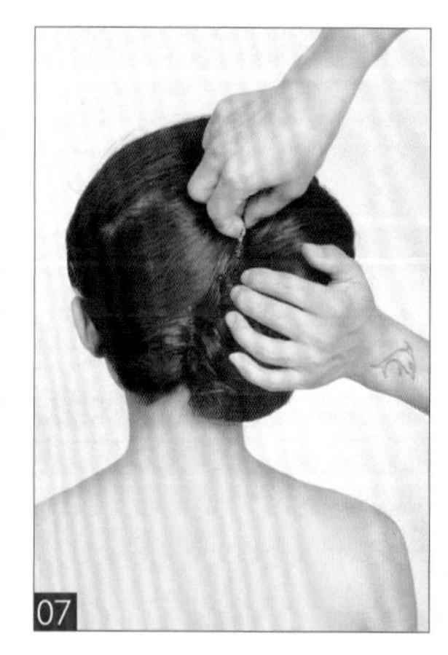

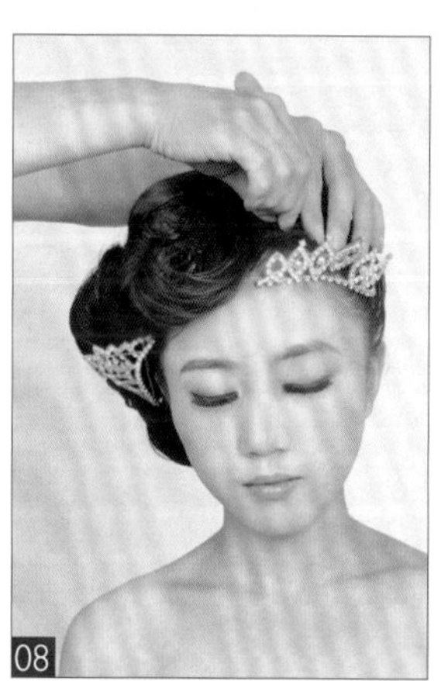

01 将头发分为刘海区、左侧发区及后发区。
02 取刘海区头发，向上做手打卷收起。
03 调整好刘海的弧度，下暗卡固定。
04 再取左侧发区头发，将表面梳理干净，由左至右提拉。
05 发尾做手打卷收起，下暗卡进行固定。
06 取一假发包摆放在后发区的头发之上。
07 用后发区头发包裹覆盖假发包，向内旋转，下暗卡固定，做成偏侧发髻。
08 佩戴精美的皇冠饰品点缀造型。

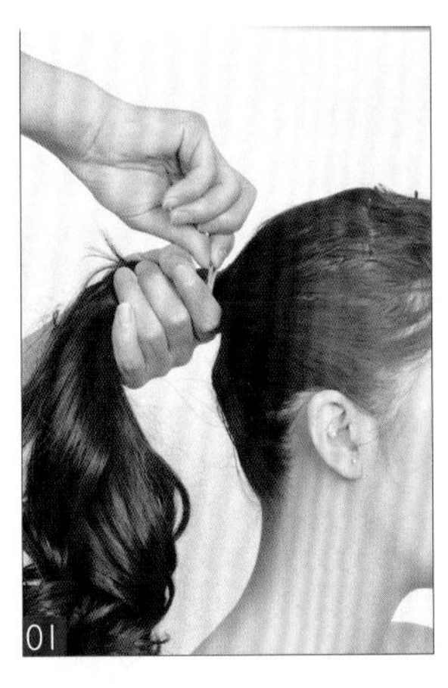

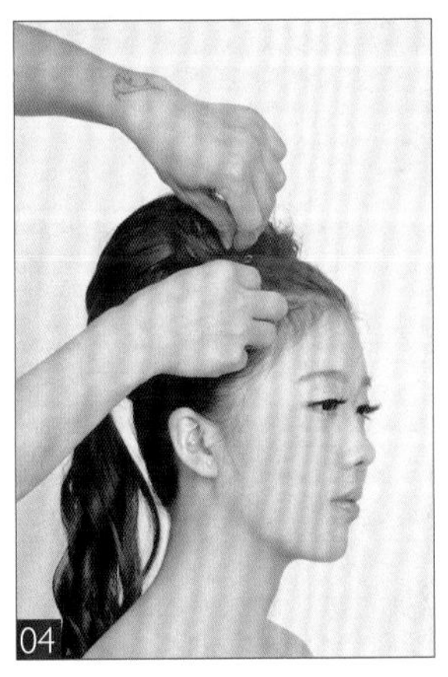

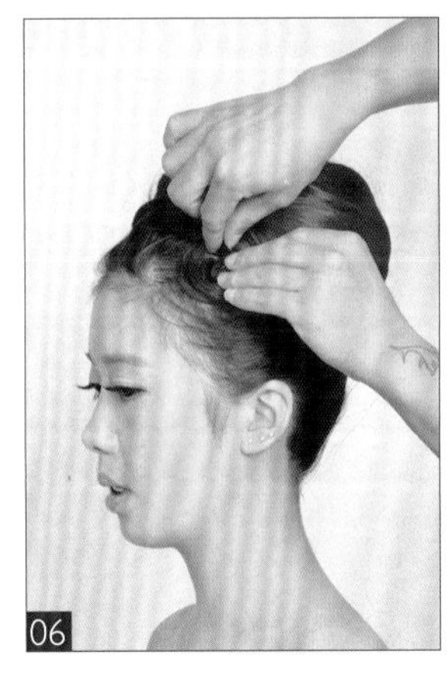

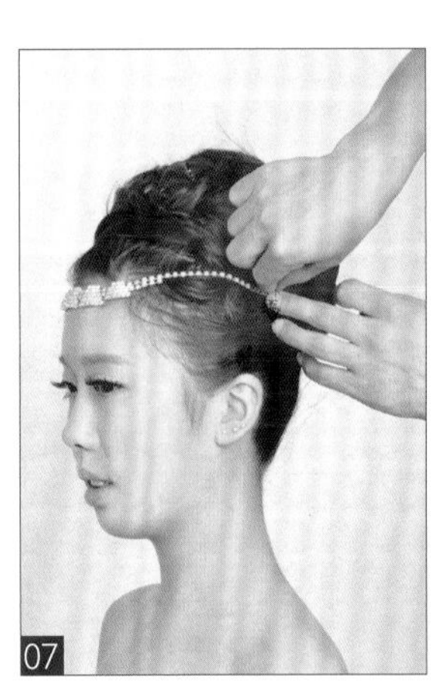

此造型通过束马尾、手打卷、真假发包结合的手法操作完成。重点需掌握束马尾的高度，以及真假发的无缝衔接。高耸的发髻盘发搭配上华丽的饰品点缀，整体造型突显出了模特高贵、复古的典雅气质。

01 将头发束马尾扎起。
02 取一小假发包，固定在顶发区处，将马尾头发分出一束发片，向上提拉，覆盖包裹假发包。
03 将发尾做手打卷收起。
04 将手打卷固定。
05 将剩余头发沿着发髻边缘缠绕。
06 将发尾做手打卷收起固定。
07 佩戴吊坠式饰品点缀造型。

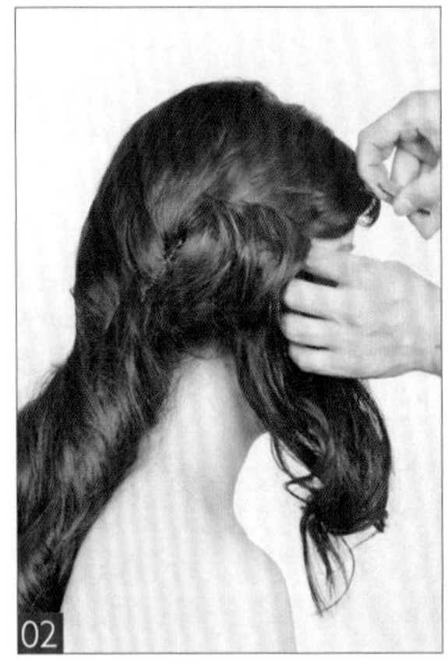

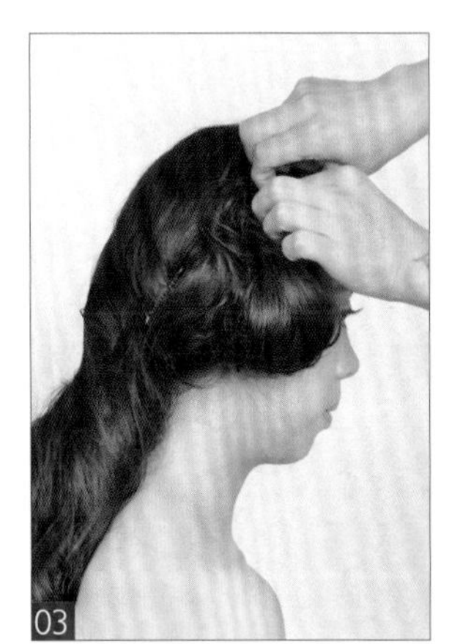

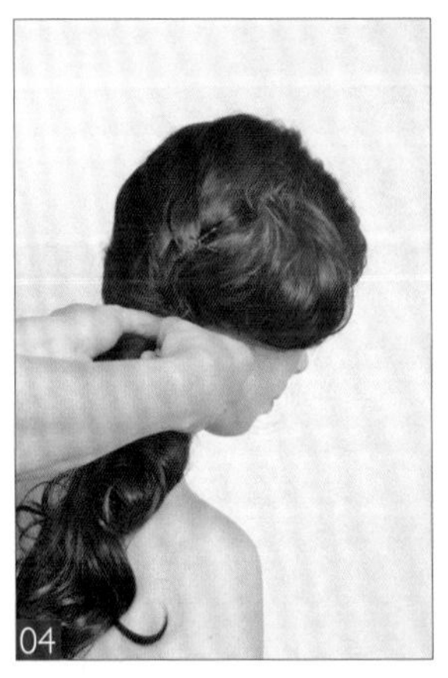

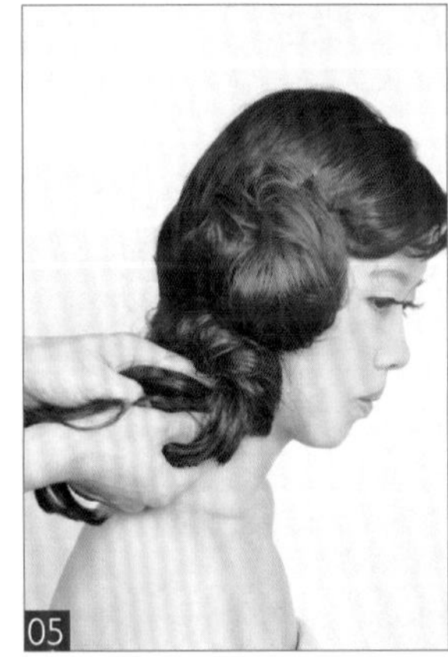

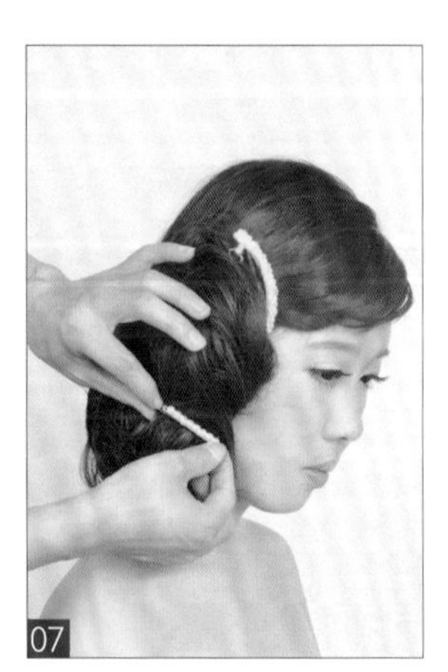

01 将所有头发向后发区右下方梳理，并下横卡进行固定。

02 取一束发片，向上翻转拧包固定在右侧耳上方。

03 发尾做手打卷收起固定。

04 将剩余头发做拧绳处理，将其固定在后发区右下方。

05 发尾继续做拧绳处理。

06 对折拧转后，下暗卡将发尾固定在后发区。

07 在发包间隔处佩戴珍珠发卡点缀层次。

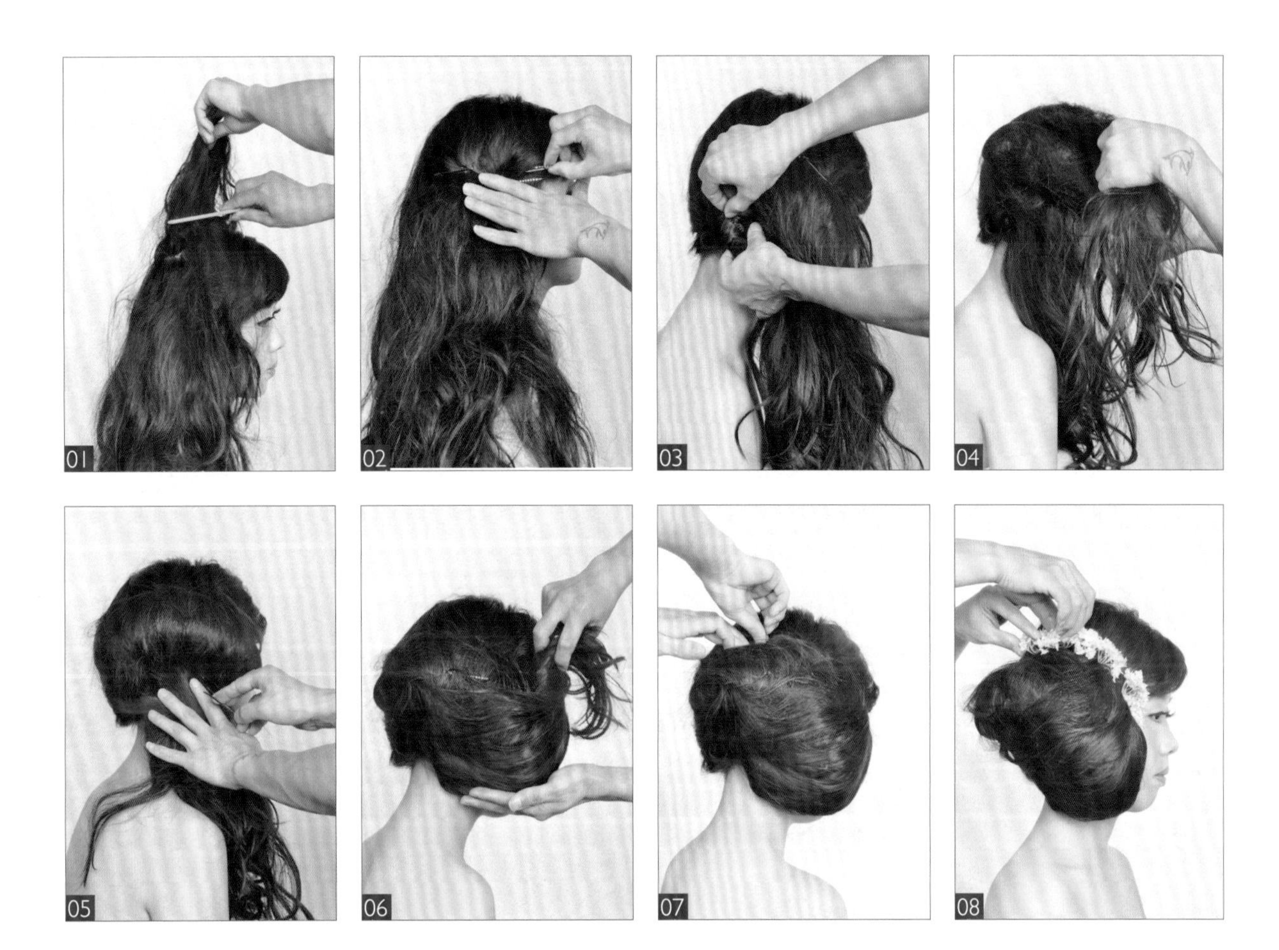

此造型通过打毛、拧绳、真假发结合手法操作完成。重点需掌握真假发的完美结合，假发不宜暴露在外。饱满圆润的偏侧式包发通过绢花饰品的点缀，整体造型突显出了模特时尚大气、唯美复古的气质。

01 将顶发区头发根部进行打毛处理，使其蓬松饱满。
02 将打毛的头发表面向右侧梳理干净，并在耳上方下横卡进行固定。
03 将后发区左侧下方头发向右侧提拉，做拧包固定。
04 取一假发包填充在右侧头发之间。
05 将上发片覆盖包裹假发包，下暗卡固定。
06 将下发片由后向前提拉包裹假发包，进行拧包处理。
07 将表面头发梳理干净后，下暗卡固定发尾。
08 在发髻的凹陷处佩戴绢花点缀造型。

此款造型运用烫发、打毛、外翻卷筒手法操作完成。重点需掌握高耸刘海的制作手法，要想打造蓬松饱满、纹理清晰的刘海，关键在于打毛的技巧，打毛时，发片要分配均匀，提拉的角度要跟着发型轮廓的走向而定。优雅的卷筒发髻搭配上时尚高耸的刘海造型，完美地突显出了模特时尚摩登、个性复古的气质。

01 用玉米夹将头发根部进行卷曲，使其蓬松饱满，增加发量。
02 用电卷棒将所有头发进行烫卷。
03 将头发分为刘海区及后发区。
04 将后发区头发在后发际线上方，下横卡固定头发。
05 将剩余头发梳理干净，向上做卷筒收起。
06 下暗卡进行固定。
07 将刘海区头发进行打毛，使其蓬松饱满。
08 将打毛的头发整理出发丝纹理，并将头发向后翻转。
09 下暗卡将其固定在前额发际线处。
10 在前额右侧佩戴小礼帽点缀造型。

此款造型运用烫发、束马尾、打毛手法操作完成。重点需巧妙地控制刘海包发摆放的高度，以及饰品佩戴的位置，正确的饰品佩戴可以完美地将整体造型填充得更加饱满与协调。外翻饱满的刘海结合蓬松自然的发髻，整体造型完美地突显出了模特时尚个性、优雅复古的气质。

01 取玉米夹将头发根部进行卷曲，使其蓬松饱满。
02 用中号电卷棒将头发进行外翻内扣交错烫卷。
03 将头发分为刘海区、后发区。
04 取尖尾梳将刘海进行打毛。
05 将打毛的头发向后翻转，固定在前额发际线位置。
06 将后发区头发束高马尾扎起。
07 将马尾头发进行打毛处理，使其蓬松饱满。
08 将打毛的头发向前梳理干净。
09 向前提拉固定在顶发区处。
10 喷发胶定型。
11 在后发区发髻与刘海交界处佩戴饰品进行点缀。

唯美白纱发型

白色婚纱是婚纱摄影的首选，白色能够让新娘看上去更加清纯，搭配白色的发饰则能够将这种清纯感发挥到极致。各式各样精致典雅的发型搭配上不同的饰品，展现出了新娘的别样风情。在设计白纱发型时，可加入时尚元素，将整体造型打造得或简约浪漫，或时尚摩登，可运用烫发、拧包、盘发等手法。对于新娘来说，这种新娘发型是婚纱摄影整体造型上不可或缺的因素。

共 13 款

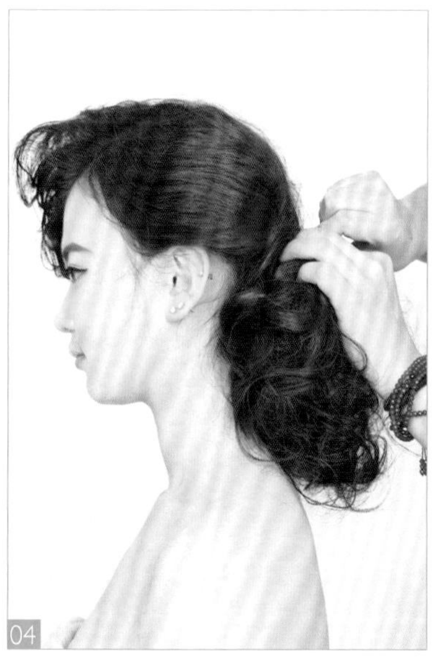

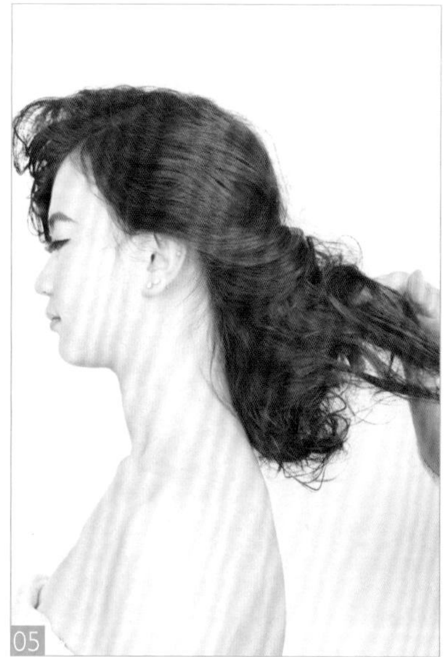

此发型利用烫发、打毛手法操作完成。重点需掌握打毛的手法，打毛时，发片的提拉角度要高于90°，同时打毛的走向要根据发型整体轮廓的走向而确定。蓬松饱满的偏侧卷发搭配俏丽的纱帽，整体造型突显出了模特唯美浪漫、精致婉约的气质。

01 取中号电卷棒将所有头发进行烫卷。
02 分出刘海区头发，将后发区头发进行打毛，使其蓬松饱满，易于塑型。
03 将刘海区头发进行打毛，使其蓬松饱满，并用尖尾梳调整出刘海的轮廓，使其与右侧发卷自然衔接。
04 在后发区左侧下方取一束发片，由左至右提拉，进行拧包固定。
05 将发尾头发用手指进行打毛，使发卷纹理清晰、层次鲜明。
06 在前额左上方佩戴饰品进行点缀。

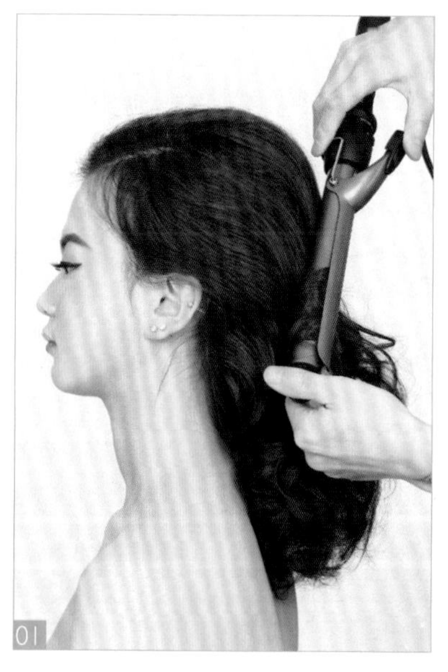

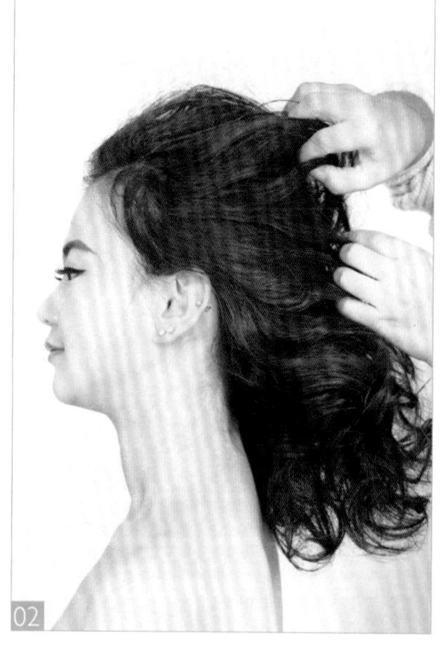

此造型利用烫发、拧包、手抓发手法操作完成。重点需掌握手抓发的手法与技巧，在抓发时，要做到头发蓬松饱满、线条纹理清晰。蓬松简约的手抓发搭配上小碎花的点缀，整体造型突显出了模特时尚简约、清新自然的气息。

01 将头发用中号电卷棒全部烫卷。
02 将烫卷的头发用手指向后抓开，并使顶发区及两侧蓬松饱满。
03 将左右两侧头发连接顶发区头发的发尾，并固定在后发区。
04 将后发区左侧下方头发向上拧包，下暗卡固定。
05 将后发区右侧下方头发向上做拧包收起，并将其固定。
06 在左侧前额处佩戴仿真鲜花点缀造型。

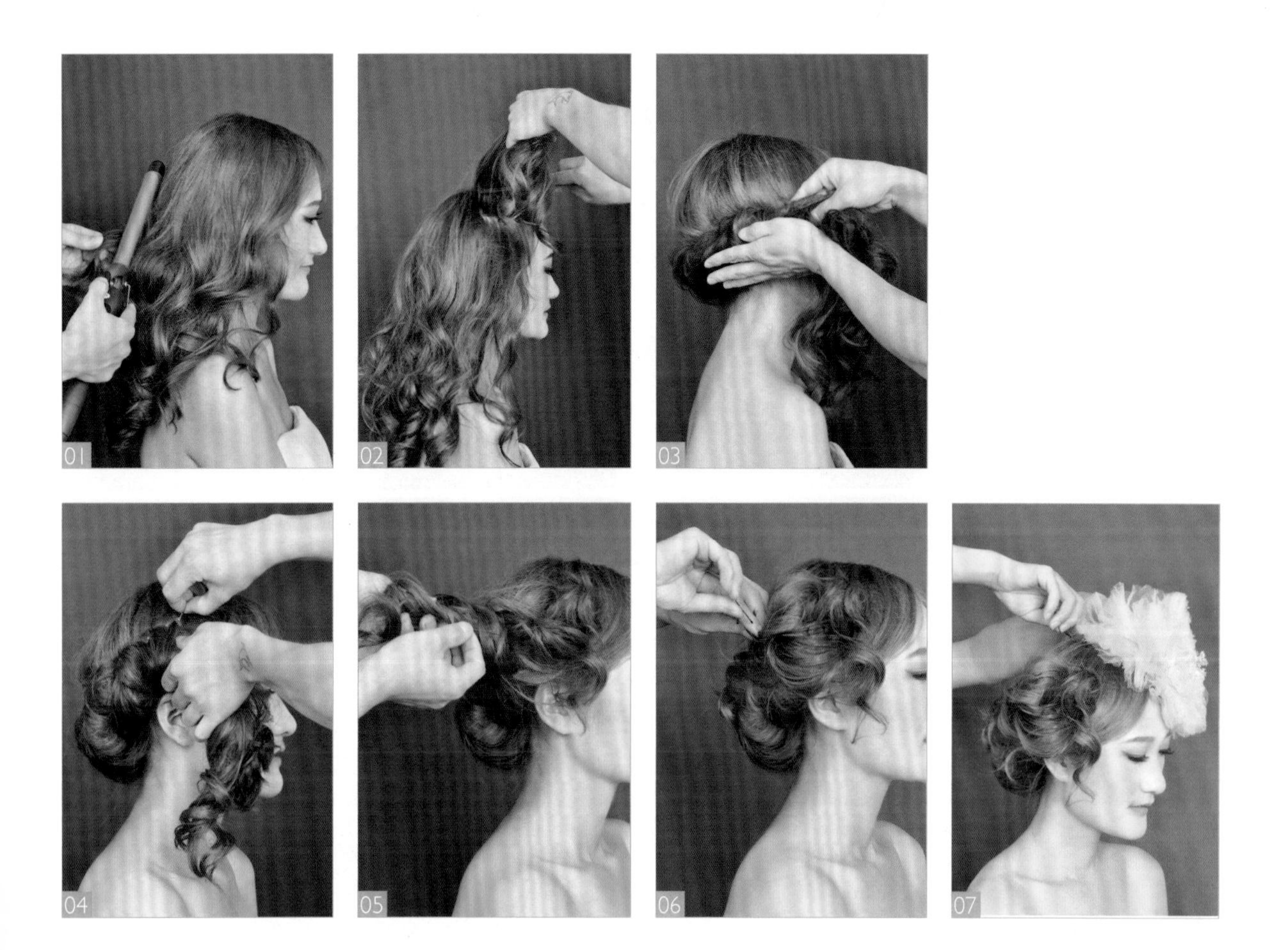

此造型通过烫卷、打毛、拧绳手法操作完成。重点需掌握拧绳手法的技巧及发髻固定的位置。拧绳时要将边缘碎发涂抹少量发蜡，使整体发型干净清爽。随意简洁的偏侧发髻搭配上白色的纱帽，整体造型突显出了模特纯真烂漫、活泼俏皮的风格。

01 将头发用电卷棒全部烫卷。
02 用尖尾梳将刘海区头发根部进行打毛，并将表面头发梳理干净。
03 将头发由左侧开始向右侧进行拧绳外翻处理，至右侧耳上方处。
04 下暗卡进行固定。
05 将剩余发尾进行拧绳处理。
06 将拧绳的发尾做成发髻固定在右侧。
07 佩戴上精致的白色纱帽进行点缀。

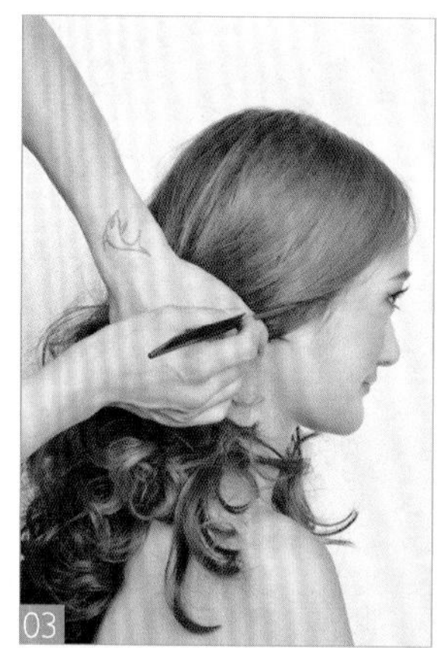

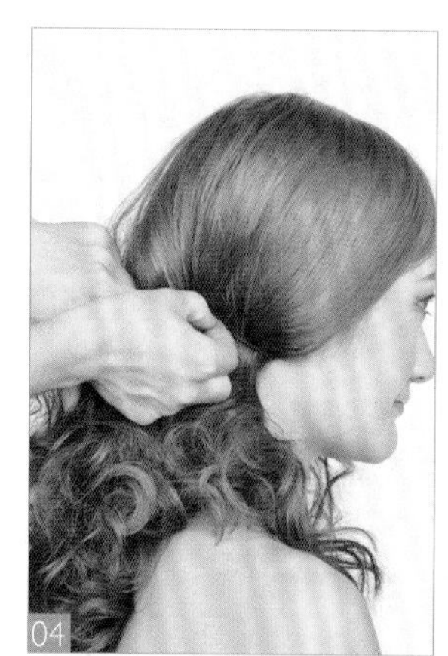

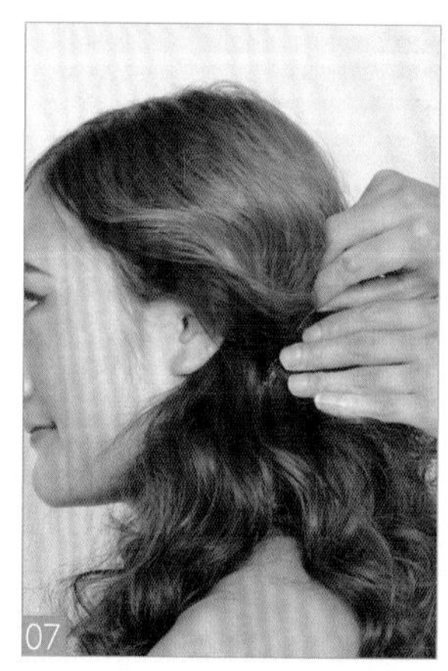

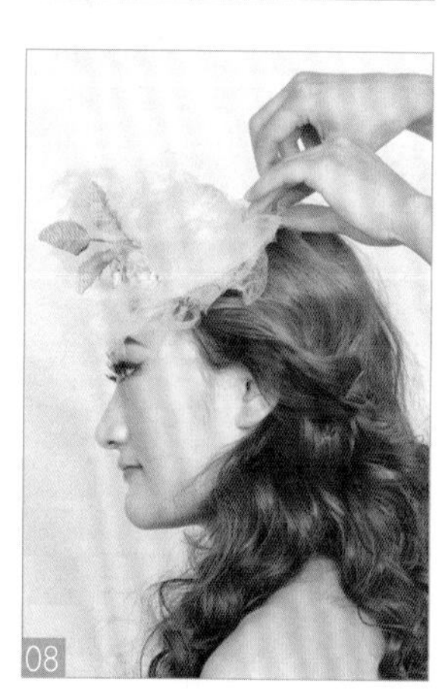

此造型通过烫发、打毛、拧绳手法操作完成。重点需掌握烫发的技巧，烫发时，发片要分配均匀，使发卷大小一致，同时要烫到头发根部，从而起到使头发蓬松饱满的作用。浪漫的披散式卷发造型搭配上别致的白色纱帽，整体造型突显出了模特时尚唯美、洁净明亮的俏丽风格。

01 将头发用电卷棒全部烫卷。
02 用尖尾梳将右侧刘海区头发根部进行打毛，使其蓬松饱满。
03 将打毛后的头发表面梳光，调整弧度及轮廓。
04 将头发覆盖在耳上，在耳后方的下侧下横卡进行固定。
05 将左侧头发根部进行打毛处理，使其蓬松饱满。
06 在耳上方取一束发片，向后做拧绳处理。
07 将拧绳好的发片向后提拉，固定在耳后方下侧。
08 佩戴精美别致的纱帽进行点缀。

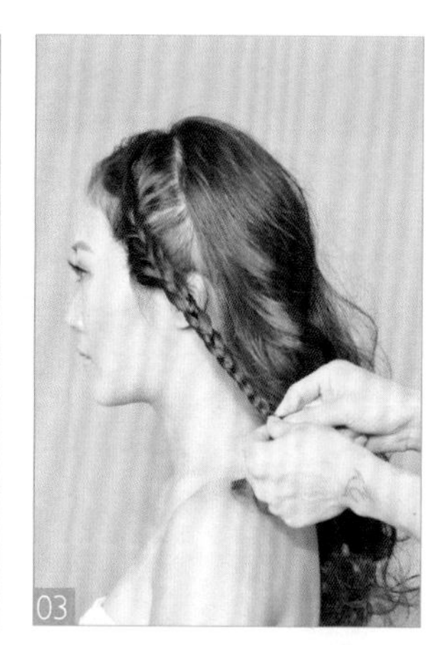

此造型以飘逸浪漫的发卷与三股编辫结合而成，重点需掌握好刘海的分区及三股编辫的匀称度。整体造型浪漫简约，同时又不失女性柔美的气质。

01 将所有头发用中号电卷棒进行卷曲。
02 将刘海区头发中分，再以耳尖为基准线分出两侧的头发。
03 将左侧的头发进行三股编辫至发尾。
04 将右侧的头发进行三股编辫至发尾，发辫的粗细要均匀一致。
05 将两侧的发辫向后提拉，衔接固定。
06 用手指将剩余的发卷抓开，使发卷更加蓬松自然。
07 佩戴上精美的头饰进行点缀。

简洁时尚的拧绳手法，轮廓层次鲜明的造型，搭配上大气闪亮的皇冠饰品，突出了新娘的时尚气息。

01 用玉米夹将所有头发从根部开始做玉米须处理，使头发蓬松饱满。
02 分出刘海区，将刘海区头发三七分，侧边以耳尖为基准线划分出发区。
03 从刘海处取一缕发丝，做拧绳处理。
04 由上而下将头发进行单边拧绳续发，边缘要干净。
05 拧绳至耳尖部位，刘海轮廓要有弧度。
06 将发尾遮挡在分区线上，下暗卡固定。
07 在右侧发区取一缕发片，做拧绳处理。
08 同样再取一缕发片做拧绳处理。
09 将两个拧绳拧在一起，下暗卡将其固定。
10 在顶发区继续做拧绳处理。
11 将拧绳向前摆放固定，下暗卡固定。
12 剩余头发以同样的手法进行操作，注意发片的层次及轮廓。
13 将每个拧绳与拧绳之间下一个暗卡，让其更加贴合、自然。

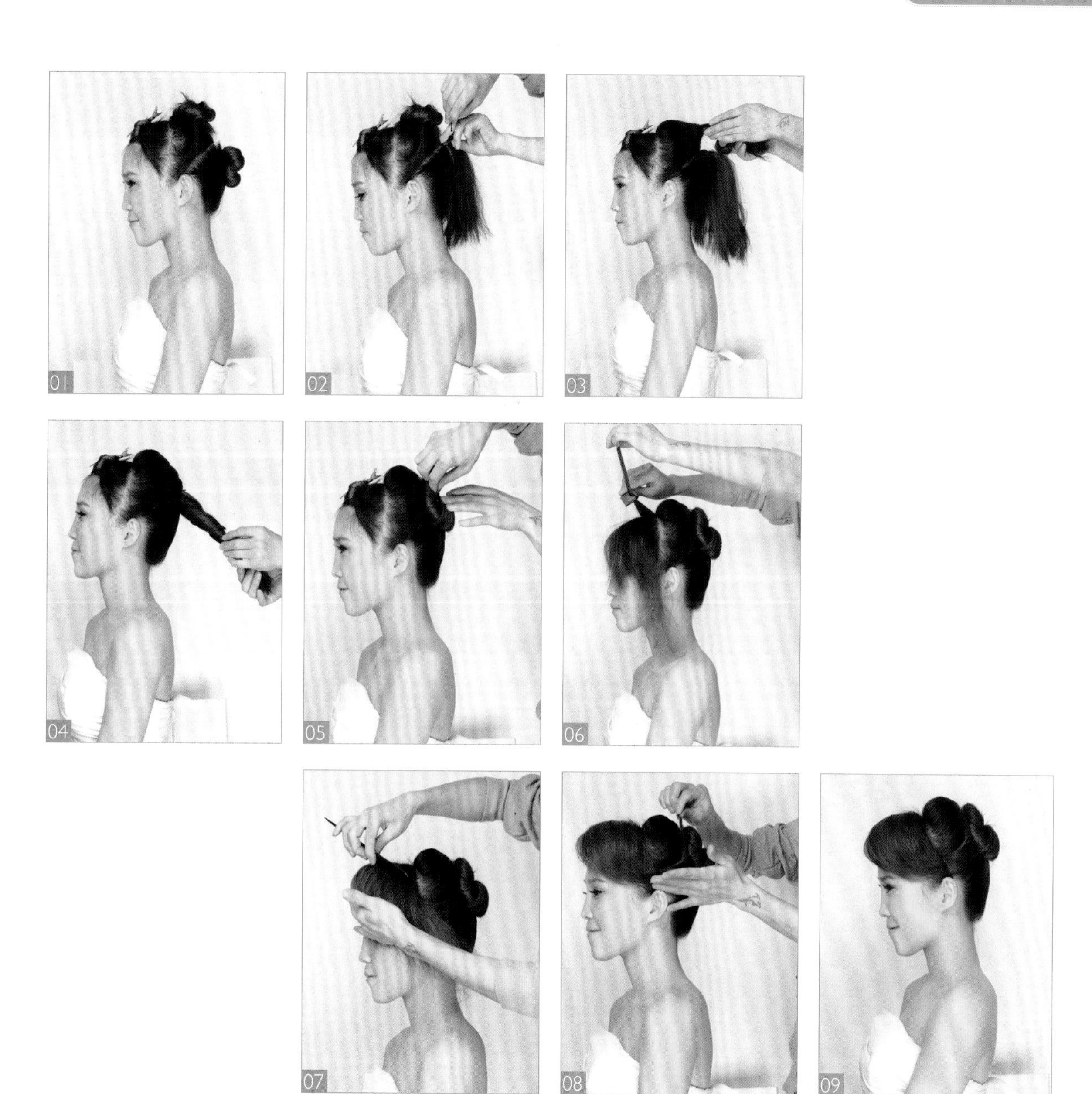

本发型采用干净大气的包发手法。轮廓饱满、弧度鲜明的造型，搭配上奢华贵气的皇冠，突显出了新娘的高贵典雅气质。

01 将头发分为 3 个发区：刘海区、顶发区及后发区。
02 将后发区头发向上提拉，做单股拧包处理。
03 将顶发区头发发根做打毛处理，使其蓬松饱满，然后做拧包处理，与后发区发包衔接。
04 将两发包多余的发尾交错做拧绳处理。
05 向上旋转做成圆形，固定在两发包交界处。
06 将刘海区头发根部做打毛处理，使其蓬松饱满。
07 将表面头发梳理光滑，整理出轮廓及弧度。
08 下暗卡固定在耳尖部位，剩余发尾做拧绳处理。
09 将剩余发尾做拧绳处理后，在后发区及顶发区交界处固定。

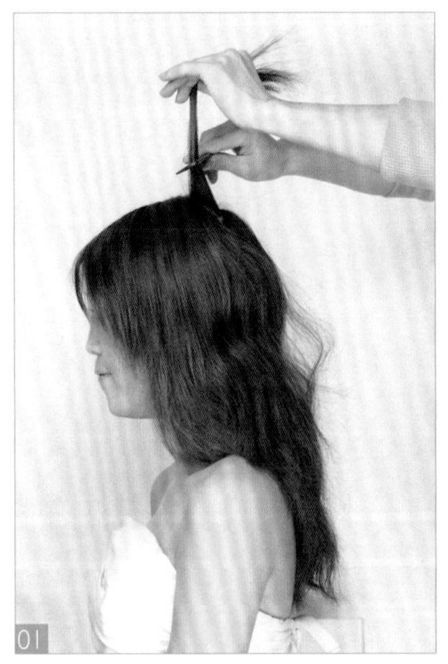

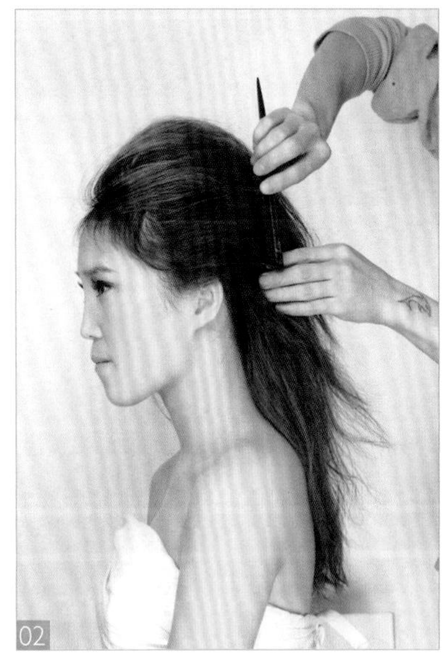

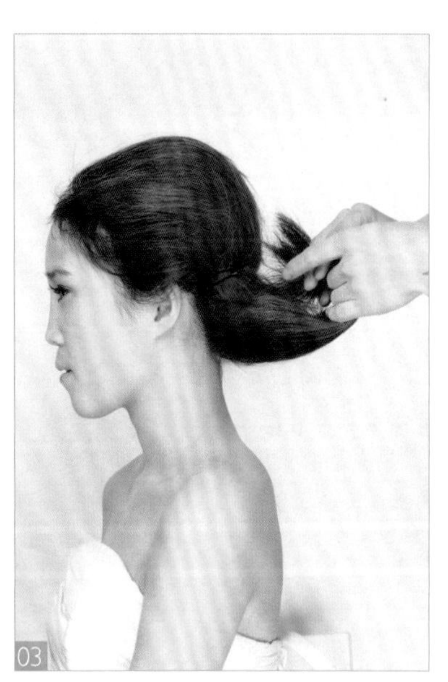

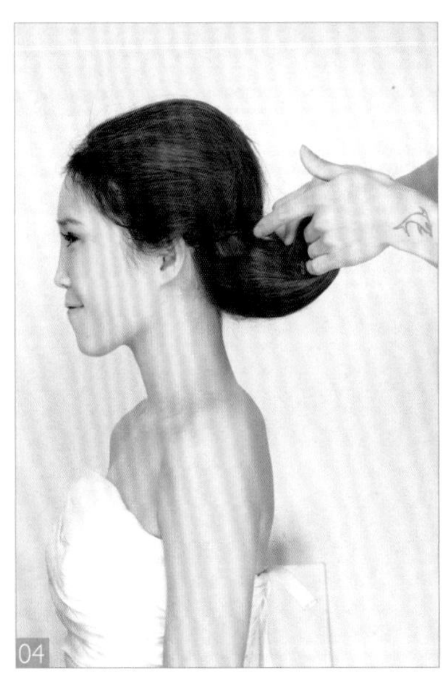

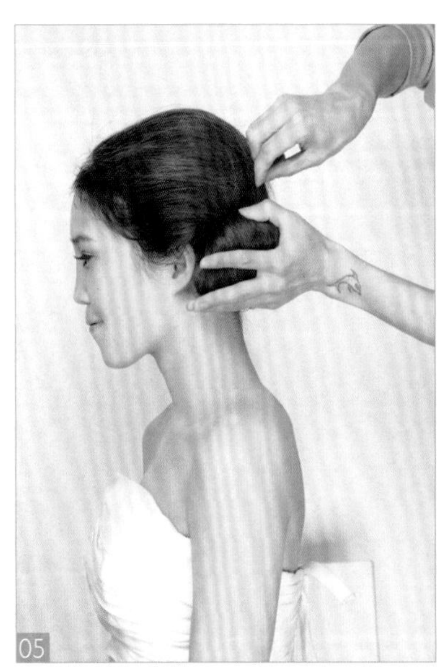

整体发型以干净、光洁的发包和手打卷结合，简约而唯美的造型烘托出了新娘的高贵、典雅气质。

01 将所有头发进行打毛处理，使其蓬松饱满。
02 将头发由前向后梳理光滑，注意顶发区的轮廓高度。
03 在后发区两耳尖平行线处下横卡固定。
04 将后发区发尾由下至上做手打卷处理。
05 下暗卡固定，发包要处理干净，轮廓要饱满自然。
06 在两发包交界处佩戴饰品。

此款造型运用了韩式拧包手法，搭配上别致的钻饰发卡，突显出了新娘的优雅高贵的气质。

01 将头发分为左右两侧发区。
02 将左侧头发均匀地分为三等份，将上面第一份以内扣拧包的手法固定。
03 剩余两份以同样的手法操作。
04 将右侧头发也同样均匀地分为三等份，操作手法同上。
05 边缘轮廓要鲜明，碎发要处理干净。
06 将后发区剩余发尾向上拧包固定。
07 佩戴上别致的蝴蝶结饰品。
08 发型完成图侧面。
09 发型完成图后面。

01

02

03

04

05

06

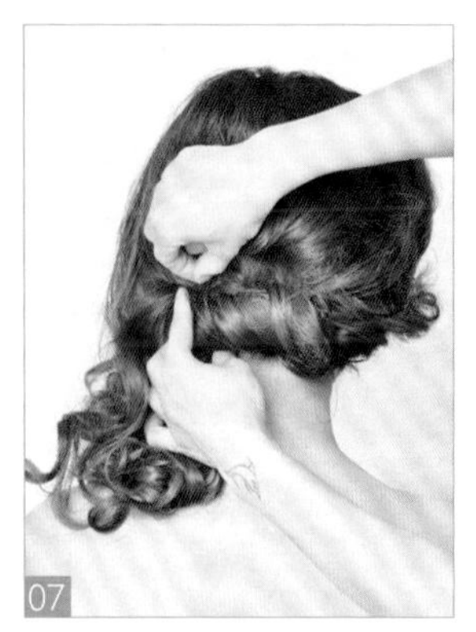
07

08

09

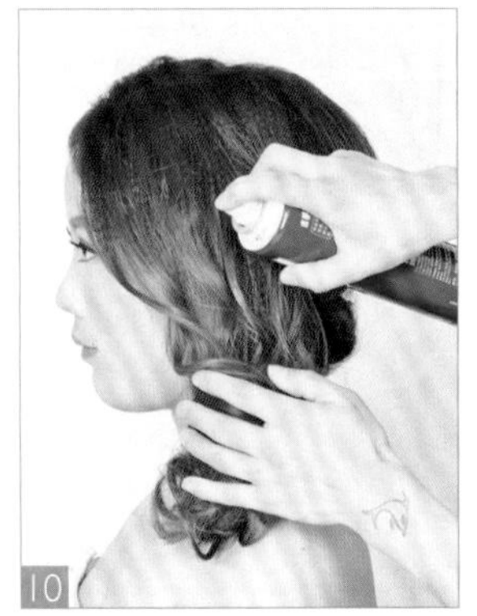
10

11

此款造型运用烫发、打毛、拧绳续发手法操作完成。重点需掌握整体造型轮廓的饱满度，同时注意偏侧发髻与拧绳发髻的自然衔接。蓬松饱满的浪漫卷发搭配别致的缎面饰品点缀，整体造型完美地突显出了模特妩媚风情的气质。

01 将头发在前额处一分为二，分区线要直。
02 用玉米夹将头发根部进行卷曲，使其蓬松饱满。
03 取中号电卷棒将头发以外翻内扣手法全部烫卷。
04 取尖尾梳将顶发区头发根部进行打毛，使其蓬松饱满。
05 将打毛的头发表面向后梳理干净。
06 将右侧头发由右至左进行拧绳续发。
07 拧绳续发至后发区左侧下方，下暗卡固定。
08 将左侧头发顺着发卷的纹理向后翻转。
09 下暗卡固定发尾，做成偏侧发髻。
10 喷发胶定型。
11 将饰品点缀在前额左上方。

此款造型运用烫发、打毛、拧包手法操作完成。个性张扬的偏侧卷发蓬松饱满，搭配上独特的手套饰品点缀，整体造型烘托出了模特时尚野性、个性妩媚的气质。

01 用玉米夹将头发根部进行卷曲，使其蓬松饱满。
02 取中号电卷棒将头发进行外翻内扣烫卷。
03 用尖尾梳将头发根部进行打毛，使其蓬松饱满。
04 将打毛的头发表面向后梳理干净。
05 将头发由后发区左侧处开始做拧包处理。
06 将拧包固定在后发区右侧下方。
07 将刘海区头发向一侧轻轻做拧包，固定在耳上方。
08 提拉少许发丝，向上固定在耳尖延长线处。
09 用尖尾梳将发尾进行打毛处理，使其蓬松饱满。
10 调整出发型的轮廓及发丝纹理，喷发胶定型。
11 佩戴白色手套饰品进行点缀。

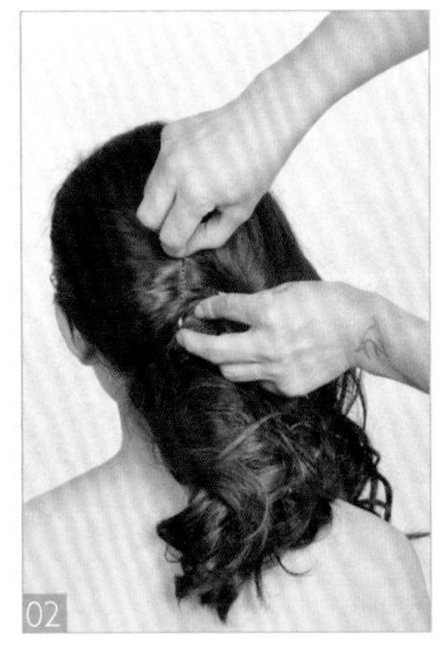

此发型利用烫发、拧包等手法操作完成。重点需掌握拧包的手法，应根据发型轮廓准确地控制提拉发片的角度及方向。同时要注意下卡子的方法，要贴近头发根部进行固定。浪漫的偏侧卷发搭配仿真的鲜花，整体造型突显出了模特唯美浪漫的气质，同时又增添了一份清新亮丽的气息。

01 取一中号电卷棒将头发全部烫卷。
02 将左侧头发向后进行拧包，固定至后发区中部位置。
03 在后发区左下方取发片，向上提拉并进行拧包，固定至右侧耳后方。
04 将右侧头发向后提拉，进行拧包处理。
05 下暗卡将其固定在后发区右侧耳后方。
06 佩戴仿真鲜花进行点缀。
07 在仿真鲜花的花梗处佩戴白色头纱，修饰整体造型的饱满度。

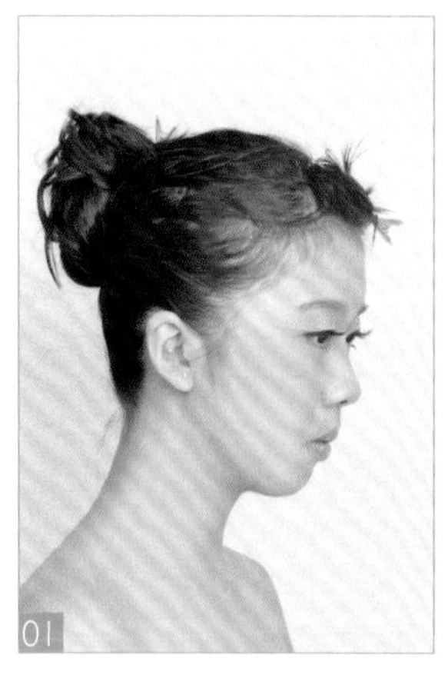
01

02

03

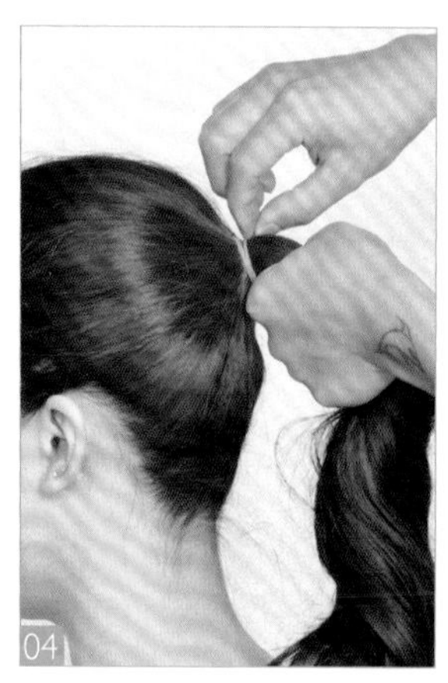
04

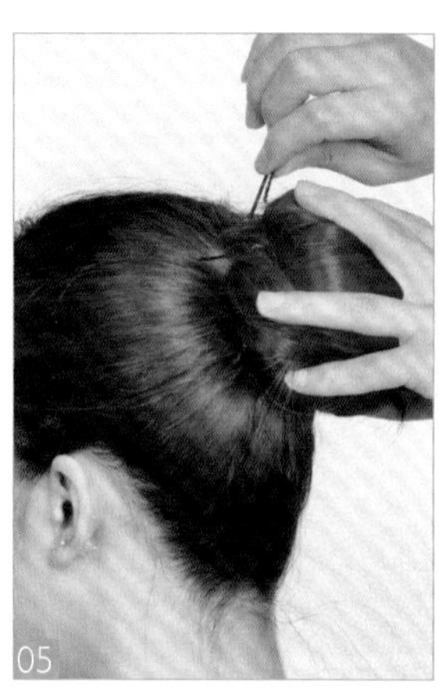
05

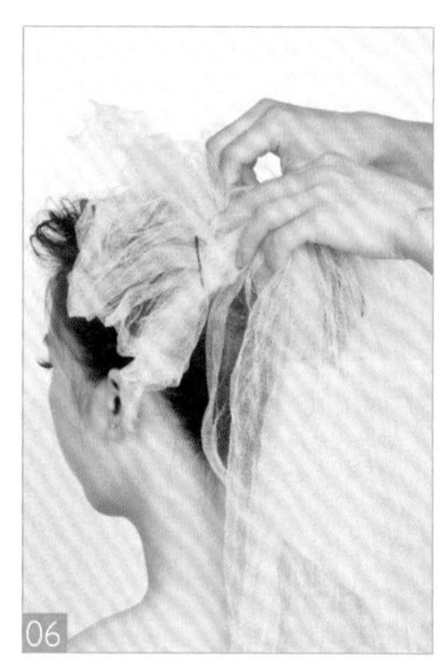
06

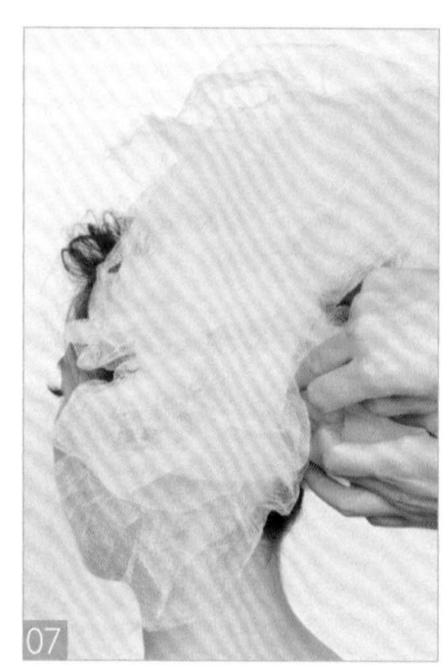
07

08

此造型通过束马尾、打毛、抓纱手法操作完成。重点需掌握抓纱的技巧，抓纱时，头纱要有层次感，卡子要固定牢固，卡子不宜暴露在外。简洁的发髻通过抓纱的手法营造出蓬松饱满的整体轮廓感，洁白素雅的头发搭配紫色头纱的点缀，整体造型突显出了模特唯美浪漫、清纯靓丽的气质。

01 将头发分为刘海区、后发区。
02 用尖尾梳将刘海区头发进行打毛。
03 调整好刘海区头发的纹理，喷上发胶定型。
04 将后发区头发束高马尾扎起。
05 将马尾头发进行缠绕，做成发髻。
06 取一白纱，抓出层次后，将其固定在马尾发髻处。
07 依次固定白纱至尾端。
08 在白纱的前侧佩戴紫色头纱，烘托造型的层次感。

当日新娘发型

唯美的童话式婚礼是很多女生都喜爱的婚礼形式。在梦幻般的婚礼上，新娘发型会起到关键的作用！新娘当日的发型应以简洁、自然为主。随意的线条、简单的轮廓都能体现新娘的本色之美，在设计发型时要避免复杂。在风格上应以高贵、清新、浪漫为主，但是具体的风格要以每个新娘独有的气质进行调节。

共 12 款

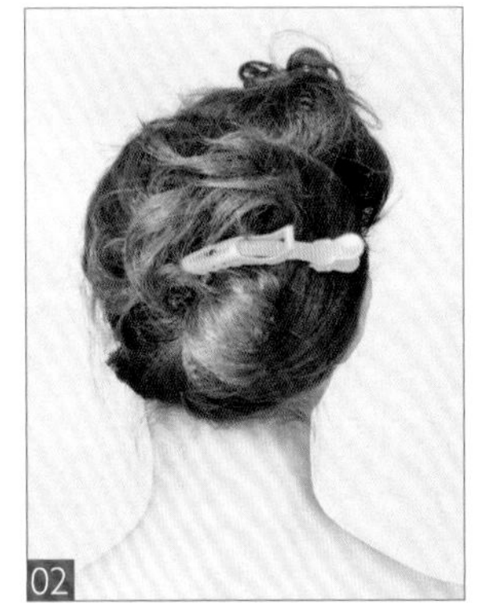

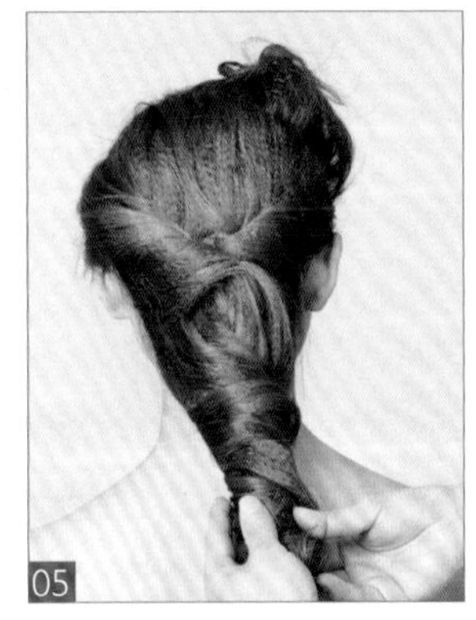

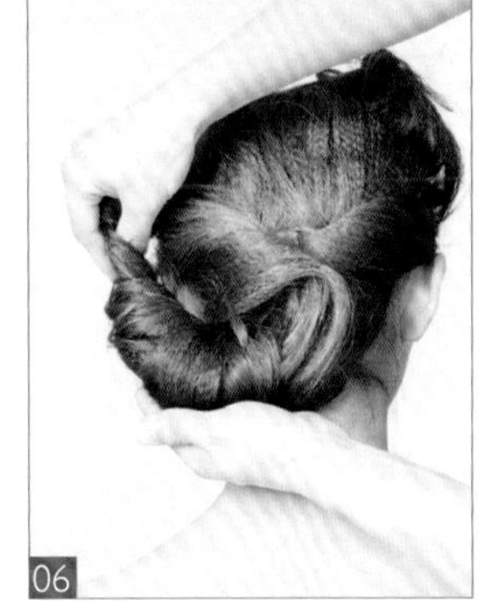

此发型利用烫发、拧包、打毛、手打卷等手法操作完成。重点需掌握后发区卷筒提拉的角度及位置，同时要注意头纱与皇冠的完美衔接。具有线条感的高耸刘海结合偏侧发髻的盘发，通过网状头纱的点缀，整体造型突显出了模特俏丽多姿、巧笑倩兮的韵味。

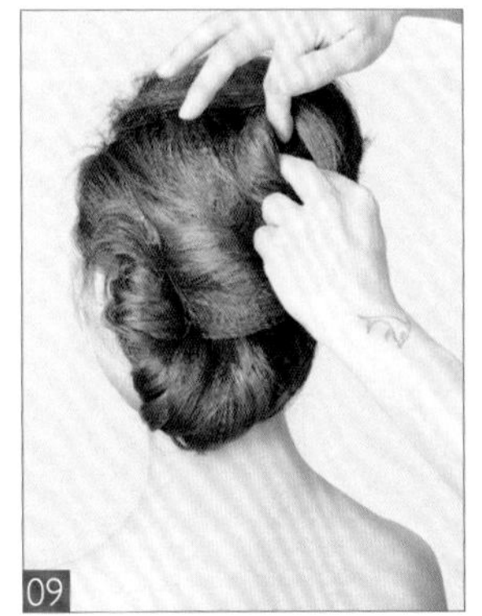

01 将所有头发用中号电卷棒烫卷。
02 将头发分为刘海区及后发区。
03 放下后发区头发，在右侧耳后方取一束发片，由右至左拧包，下暗卡将其固定。
04 在左侧耳后方取一束发片，由左至右进行拧包，下暗卡固定。
05 将剩余头发沿着发卷的纹理做卷筒。
06 将卷筒向左侧提拉旋转。
07 下暗卡将其固定在左侧耳上方。
08 将刘海区头发进行打毛处理。
09 将打毛的头发表面向后梳理干净，做手打卷收起，下暗卡固定。
10 选择网状头纱，在左侧前额上方抓出层次，下暗卡进行固定，并在头纱下方佩戴皇冠饰品进行点缀。

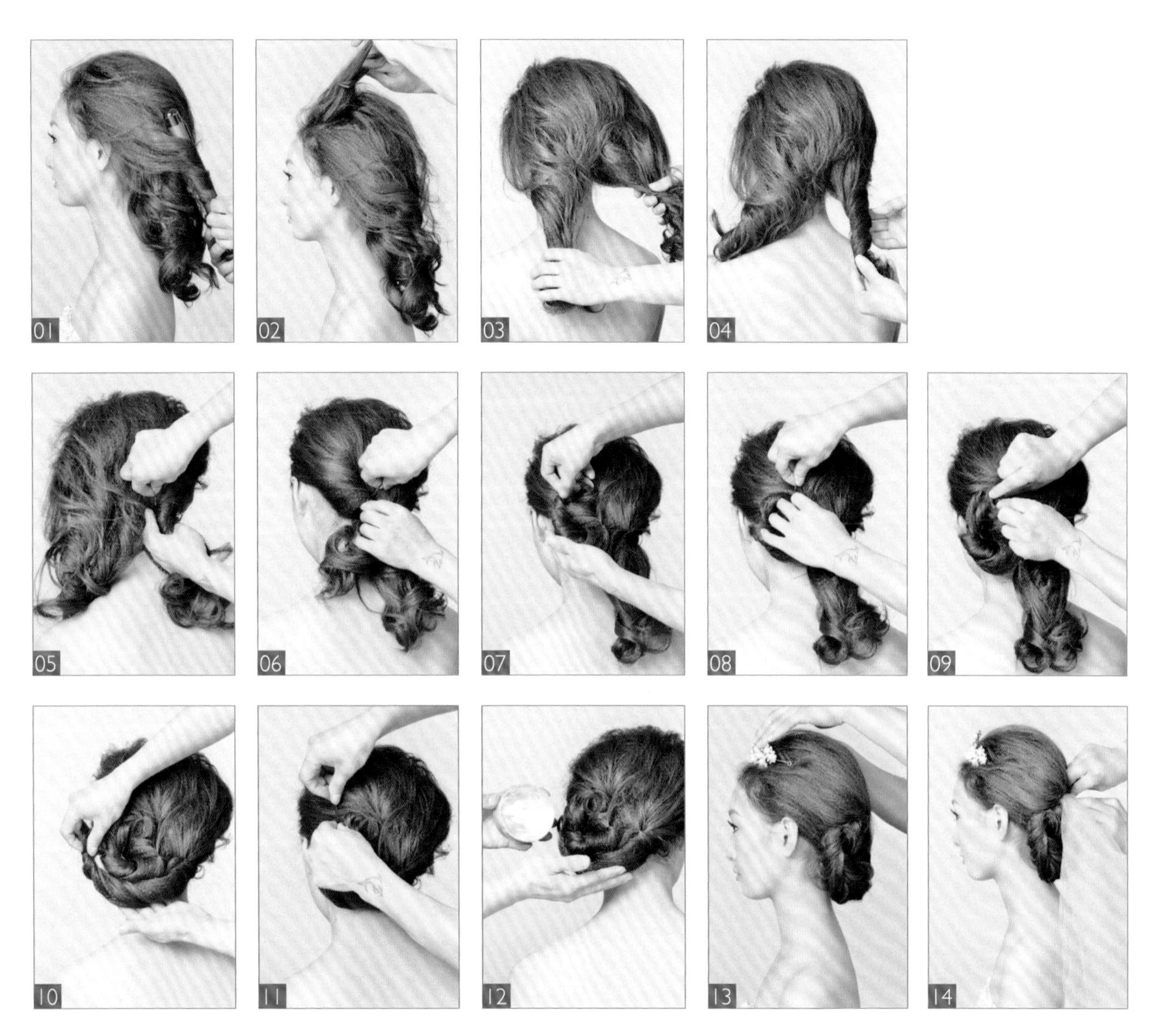

此发型利用烫发、拧绳、打毛等手法操作而成。重点需掌握整体造型的协调感及饱满度，发包与发包之间的衔接要牢固并自然。时尚的拧包盘发搭配上复古的皇冠头饰，整体造型突显出了模特典雅浪漫、秀而不媚的气质。

01 用中号电卷棒将头发以外翻内扣手法进行交错烫卷。
02 将顶发区头发的根部进行打毛处理，使其蓬松饱满。
03 将头发分为左右两个均等发区。
04 将右侧发区头发沿着发卷纹理做成卷筒。
05 将卷筒靠近根部的位置向内拧转，下暗卡进行固定。
06 另一侧操作手法同上。
07 将左侧卷筒状发卷进行拧转。
08 发尾向上提拉，做手打卷收起。
09 下暗卡固定手打卷。
10 将右侧卷筒状发卷由右向左沿着左侧发髻边缘进行缠绕。
11 下暗卡固定发尾。
12 取少量发蜡，将边缘碎发处理干净。
13 在顶发区佩戴复古的皇冠头饰进行点缀。
14 取 2 米白纱抓出层次，将其固定在后发区的发髻处。

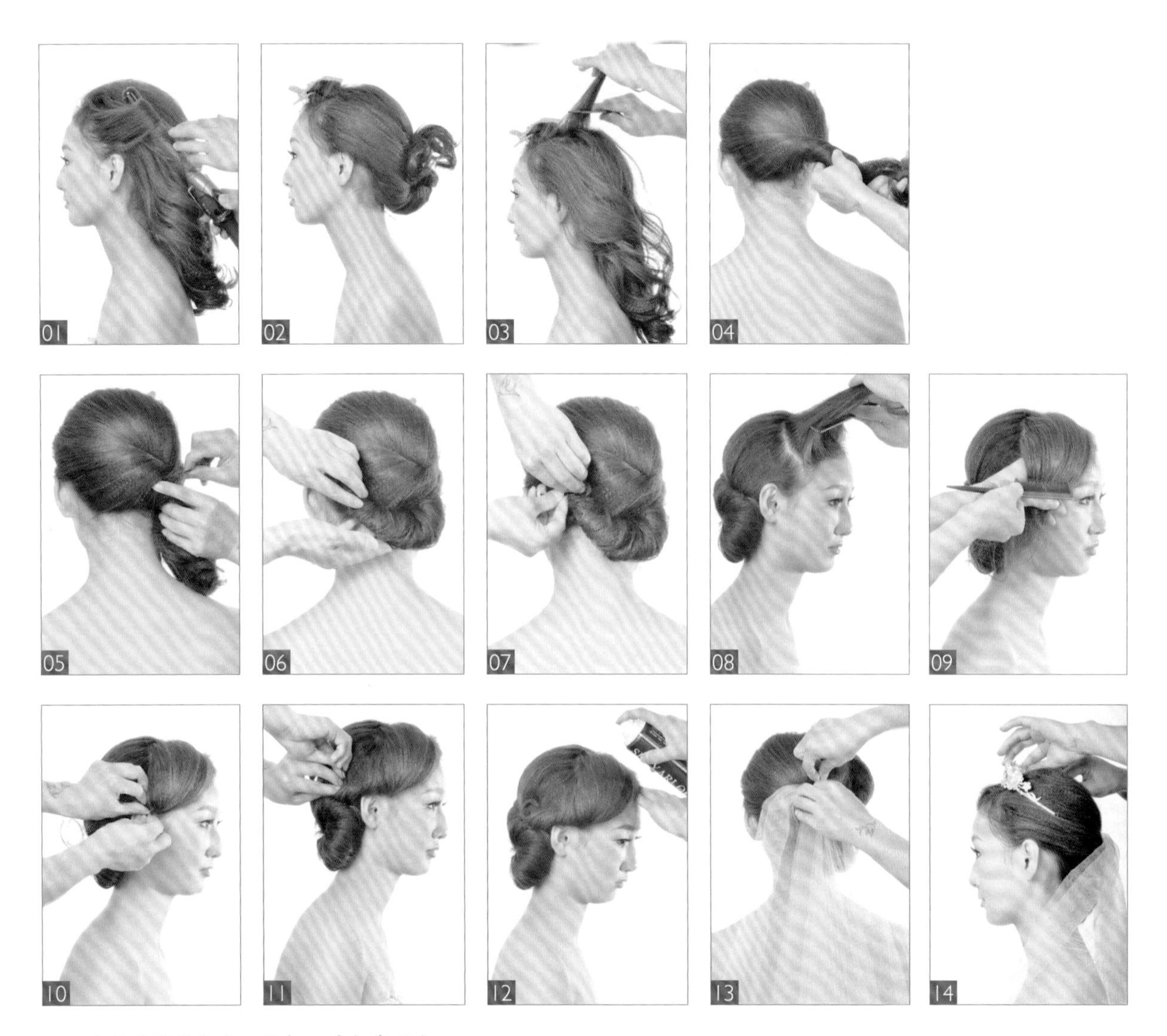

此发型利用烫发、拧包、手打卷及打毛手法操作而成。重点需掌握内扣刘海的打造技巧，在操作中，打毛的方向至关重要，另外一定要打到头发的根部，才能使头发更加蓬松饱满，易于塑型。优雅含蓄的拧包盘发结合复古婉约的内扣刘海造型，通过大气的皇冠与白纱的点缀，整体造型突显出了模特秀丽婉约、优雅大方的气质。

01 用中号电卷棒将所有头发进行烫卷。
02 将所有头发分为刘海区及后发区。
03 放下后发区头发，将头发进行打毛处理，使其蓬松饱满。
04 将打毛的头发表面向后梳理干净，做拧包处理。
05 将拧包向右侧提拉，下暗卡进行固定。
06 再将剩余发尾向反方向提拉，下暗卡固定。
07 发尾做手打卷收起，下暗卡固定。
08 将刘海区头发向前提拉，进行打毛处理。
09 将打毛的头发表面向前梳理干净。
10 将头发做内扣，向后提拉，下暗卡将其固定在耳上方。
11 发尾向后提拉，做手打卷收起，下暗卡固定。
12 喷发胶定型，并将边缘碎发处理干净。
13 取头纱抓出层次后，将其固定在后发区发髻处。
14 在顶发区佩戴亮钻皇冠进行点缀。

此发型利用烫发、拧包等手法操作而成。偏侧的卷发造型甜美俏丽，搭配上浪漫洁白的头纱，整体造型突显出了模特俏丽娇美、娉婷婉丽的气质。

01 取中号电卷棒将所有头发进行烫卷。
02 用包发梳将头发向右侧耳后方梳理。
03 在左右两侧各取一束发片。
04 将两束发片进行缠绕打结。
05 将两侧发尾头发合并，向上翻转拧包固定。
06 继续以同样的手法处理第二束发片。
07 下暗卡固定第一个发结与第二个发结，使其合二为一。
08 将剩余头发做打结收起，提拉固定在右侧耳后方。
09 喷发胶定型。
10 取一发卡皇冠，佩戴在顶发区点缀造型。
11 取一质地柔软的白纱，抓出层次后，将其固定在后发区。

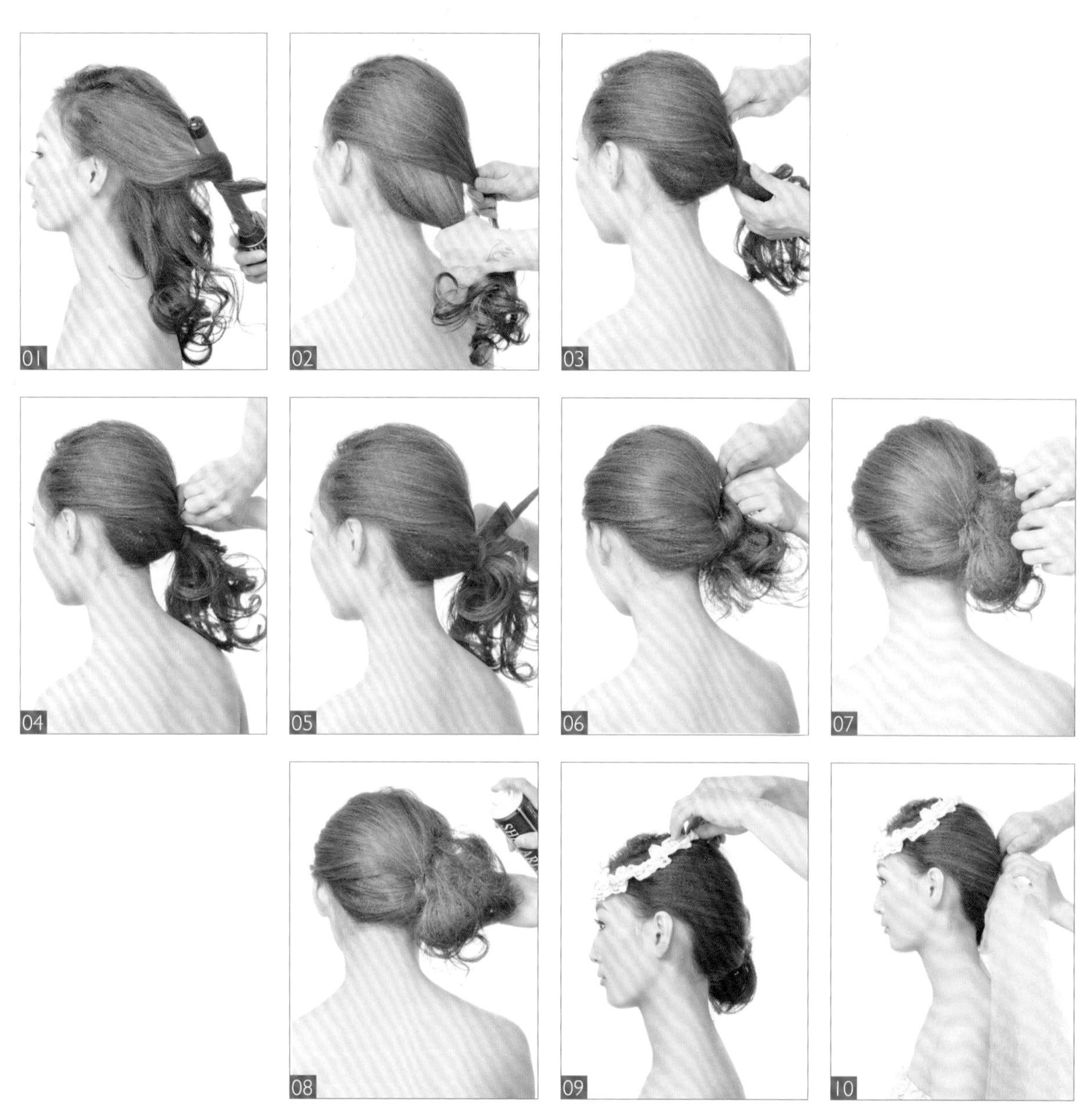

此发型利用烫发、束马尾、打毛手法操作而成。重点需掌握偏侧发髻的轮廓及发丝的纹理，发丝要乱中有序，并有透气性。蓬松饱满的偏侧发髻时尚而不失俏丽感，搭配上复古典雅的珍珠蕾丝头饰，整体造型极好地突显出了模特华丽甜美、娇柔浪漫的气质。

01 将头发用电卷棒全部烫卷。
02 以耳垂为基准线分出顶发区发片，由左至右提拉。
03 将后发区头发向右侧提拉，用顶发区发片缠绕后发区头发，束侧马尾扎起。
04 下暗卡进行固定。
05 将发尾头发进行打毛处理，使其蓬松饱满。
06 将打毛的发尾向上提拉，下暗卡固定。
07 将剩余发尾向一侧提拉，下暗卡固定，做成饱满蓬松的偏侧发髻。
08 喷发胶定型。
09 在顶发区佩戴白色蕾丝珍珠项链点缀造型。
10 取 2 米白纱抓出层次，将其固定在后发区。

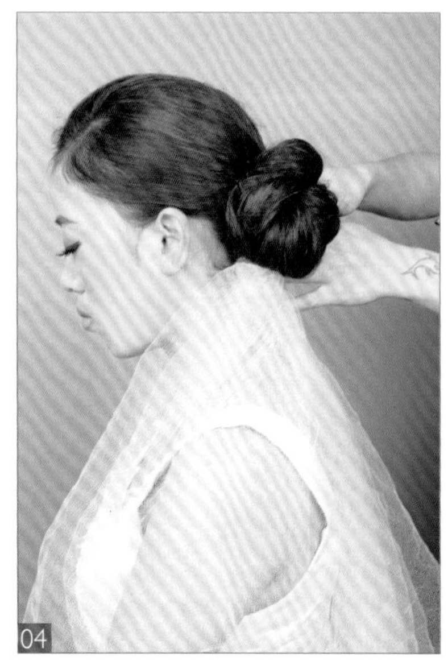

此发型利用烫发、束马尾、拧绳手法操作而成。在打造过程中，重点需掌握束马尾的高度及发型边缘的光洁度。在束马尾时，可涂抹少量发蜡，将边缘碎发处理干净。简洁优雅的低马尾发髻造型通过洁白的头纱点缀，整体造型突显出了模特时尚简洁、高贵优雅的气质。

01 将头发用电卷棒进行烫卷后，束马尾扎起。

02 将发尾头发进行拧绳处理至发尾。

03 将拧绳的头发沿着马尾的发髻进行缠绕，做成优雅清爽的发髻。

04 取质地柔软的白纱，抓出层次后，将其固定在后发区的发髻下方。

05 取精美别致的饰品，在发髻边缘进行点缀。

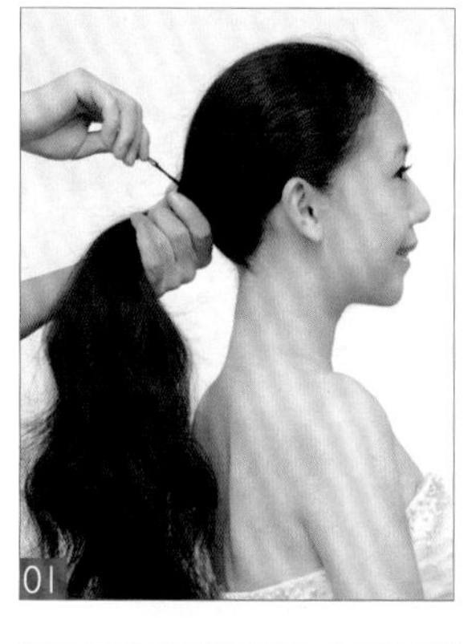

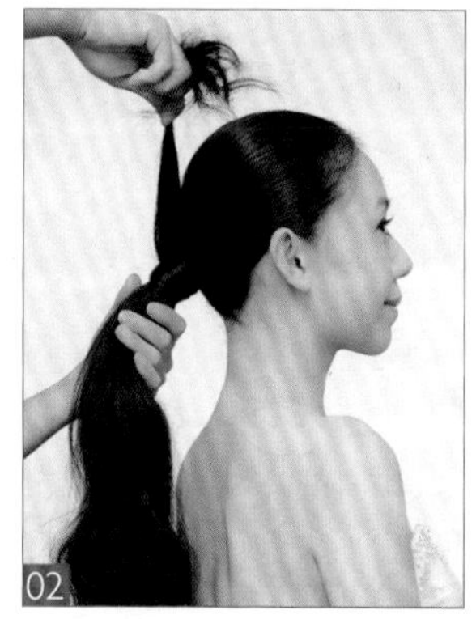

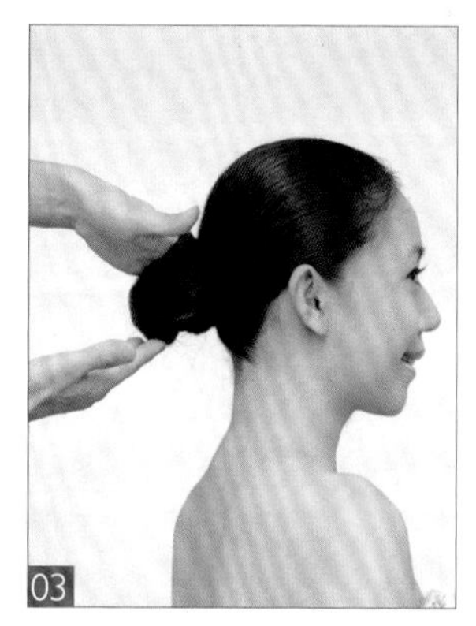

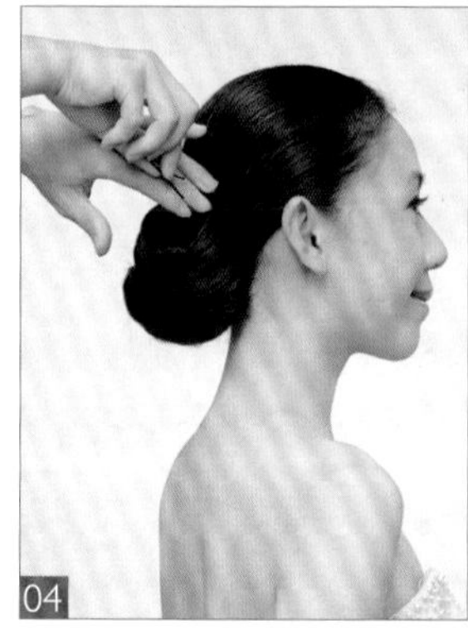

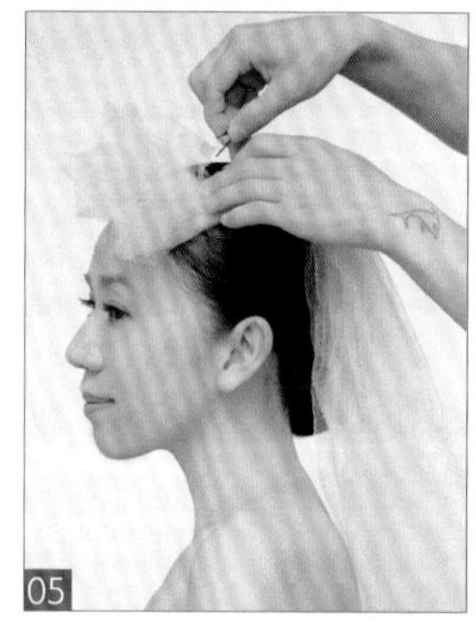

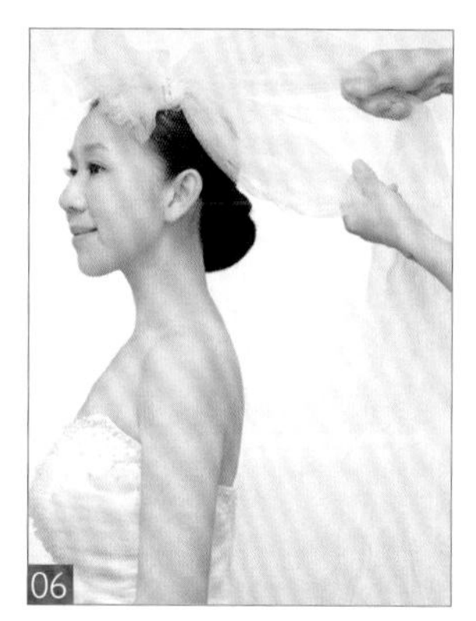

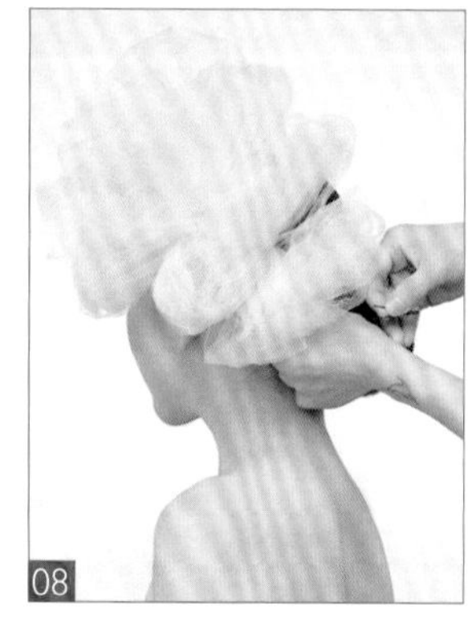

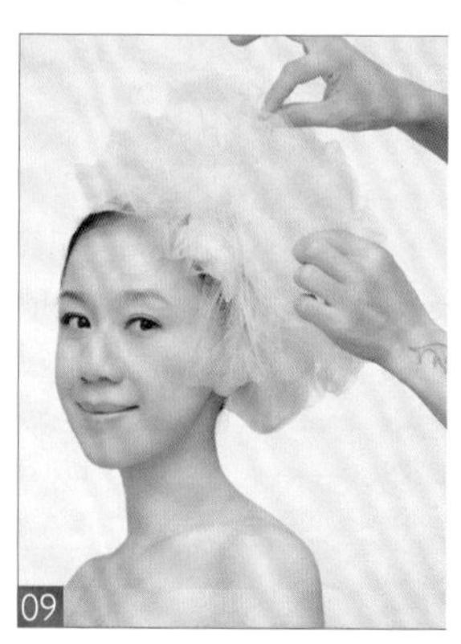

此款造型运用烫发、拧绳续发、打毛手法操作完成。重点需掌握拧绳续发的手法，同时拿捏好左右发包的对称度及轮廓感。简洁的拧绳盘发搭配上具有层次感的头纱，整体造型突显出了新娘甜美清新、纯洁端庄的气质。

01　将头发梳理干净，束马尾收起。
02　在发尾处取一缕发丝，缠绕马尾。
03　剩余发尾进行手打卷处理。
04　下暗卡将其固定在侧耳后方。
05　取细网头纱，抓出层次，将其固定在眉峰正上方。
06　由两侧向内抓出头纱的层次感。
07　将其叠加在第一层头纱之上，下横卡固定。
08　剩余头纱以同样手法向上叠加。
09　全方位地调整出头纱的层次感及饱满度。

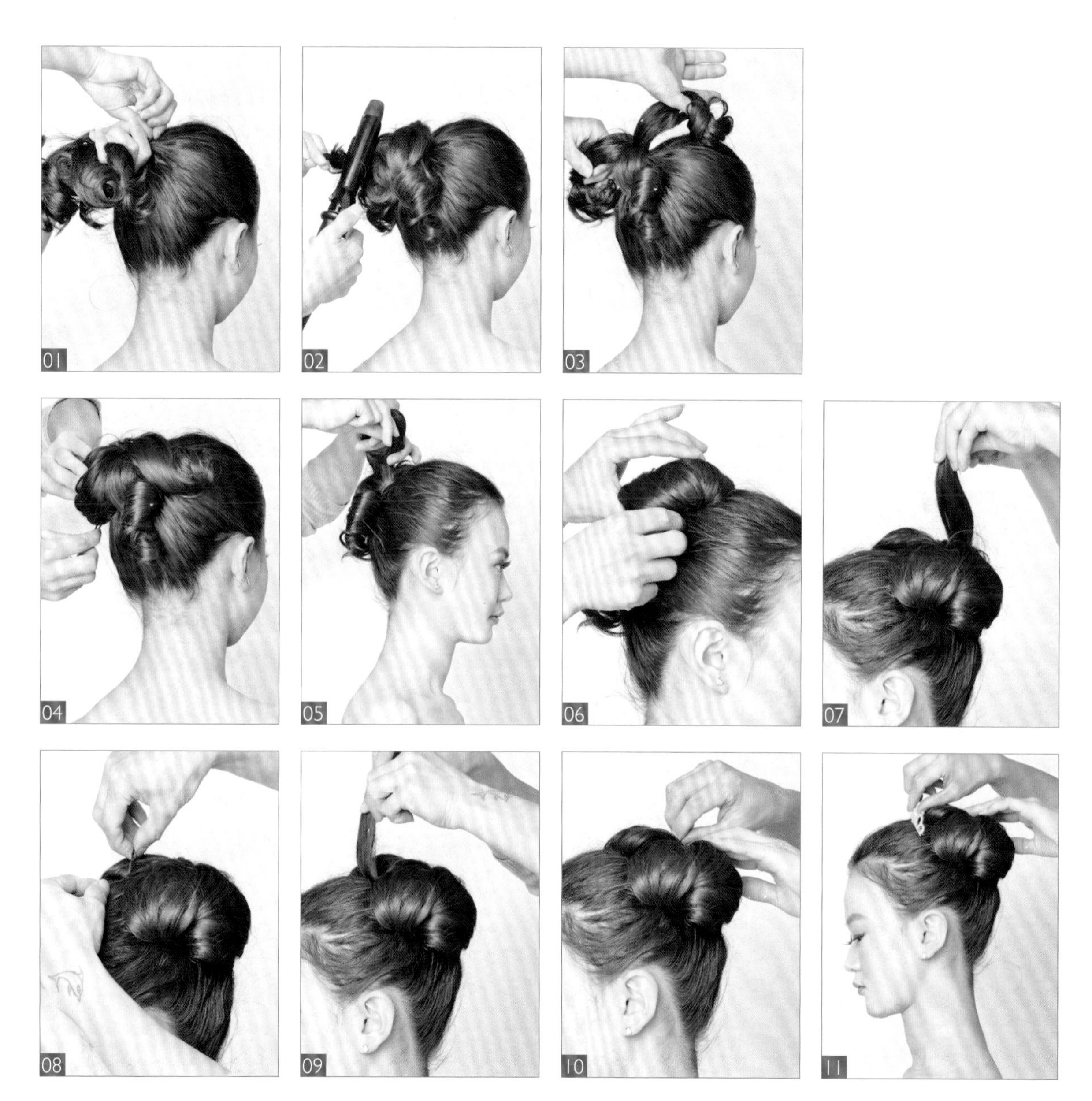

此款造型运用束马尾、烫发、手打卷手法操作完成。重点需掌握束马尾的高度，以及手打卷的光洁度与饱满度。简洁的马尾结合蝴蝶结发包，整体造型突显出了模特高贵雅致、清新靓丽的气质。

01 将头发束高马尾扎起。
02 取电卷棒将马尾头发烫卷。
03 将头发分为均匀的三等份。
04 取一等份发片，沿着发卷的纹理向左侧提拉并拧转固定。
05 取第二个发片，做手打卷向上提拉。
06 下暗卡进行固定。
07 将剩余发片向上提拉。
08 下横卡固定发片。
09 再将发片向后对折提拉。
10 将发尾向后收起，下暗卡固定。
11 佩戴小巧精致的皇冠点缀造型。

此款造型运用烫发、拧绳续发、打毛手法操作完成。重点需掌握拧绳续发的手法，同时拿捏好左右发包的对称度及轮廓感。简洁的拧绳盘发搭配上吊坠式的头饰点缀，整体造型突显出了新娘甜美清新、纯洁端庄的气质。

01 取一电卷棒将头发全部烫卷。
02 从左侧耳上方的头发开始，向后做拧绳续发至后发区中间位置。
03 将发尾向上提拉，下暗卡固定。
04 另一侧头发操作手法同上。
05 将刘海区头发进行打毛，使其蓬松饱满。
06 将打毛的头发表面向后梳理干净，喷发胶定型。
07 在前额处佩戴饰品点缀造型。
08 取一白色头纱，将其对折后抓处层次。
09 将其固定在后发区的发髻之上。

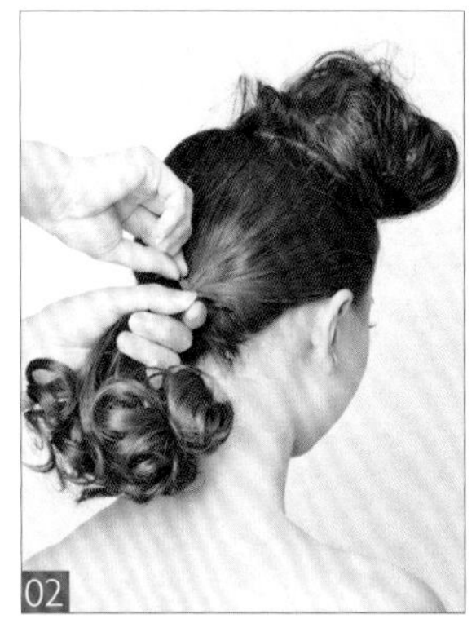

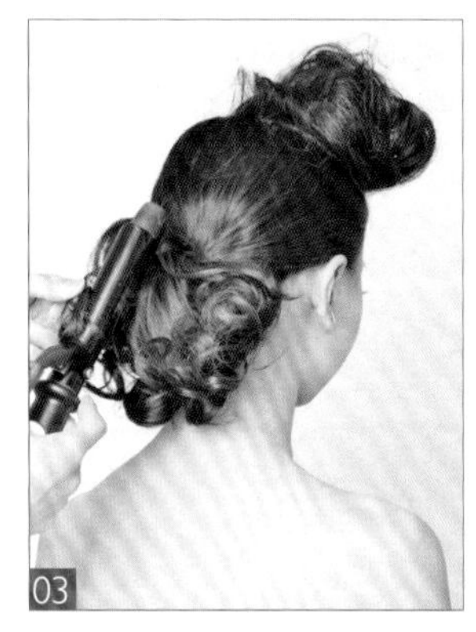

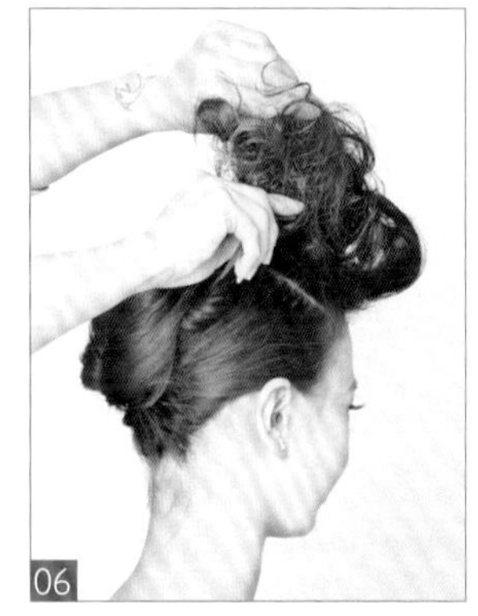

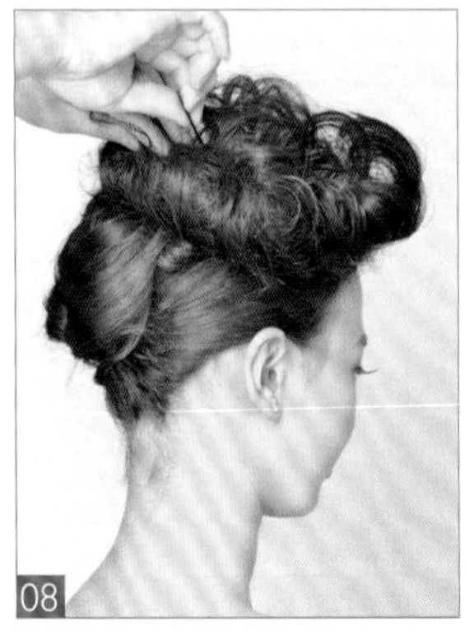

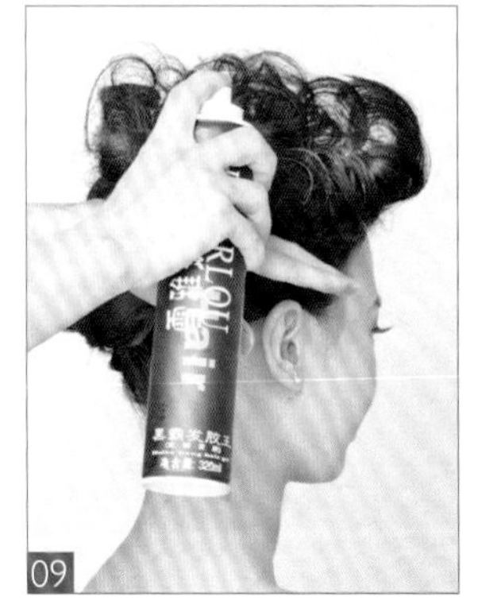

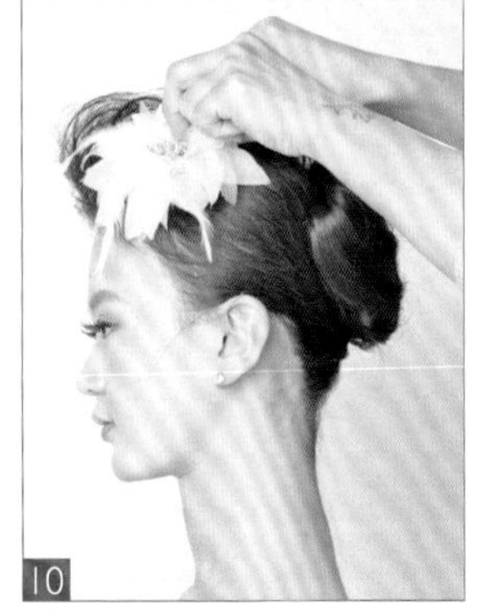

此款造型运用烫发、拧包、打毛手法操作完成。重点需掌握刘海的打造，蓬松饱满且纹理清晰的发型轮廓与打毛手法有直接的关系。打毛时，发片要分配均匀，打毛的方向要跟随发型轮廓的走向来确定。高耸蓬松的刘海发型搭配上浪漫的白纱点缀，整体造型极好地突显出了模特时尚高雅、纯洁靓丽的气质。

01　将头发分为刘海区、后发区。
02　取皮筋将后发区头发束低马尾扎起。
03　取电卷棒将马尾头发烫卷。
04　将马尾头发分数个发片，向上提拉拧转固定。
05　将马尾剩余头发以同样的手法操作。
06　将刘海区头发向后进行打毛处理，使其蓬松饱满。
07　将打毛的头发表面调整出纹理，将发尾向后做拧包收起。
08　下暗卡将其固定在顶发区。
09　喷发胶定型。
10　在左侧前额上方佩戴饰品点缀造型。
11　在后发区发髻下方佩戴头纱。

此款造型运用烫发、打毛、拧包手法操作完成。重点需掌握刘海发包的打造手法，以及发包与发包之间的无缝衔接。复古的拧包盘发搭配上白色头纱的点缀，整体造型突显出了模特古典华美、娴静雅致的气质。

01 用中号电卷棒将头发烫卷，并将头发分为刘海区、左侧发区及后发区。

02 取一尖尾梳，将刘海区头发进行打毛。

03 将打毛的头发向右前方梳理。

04 将头发由外向内续发并进行固定。

05 摆放出圆润的轮廓弧度后，将发尾向后提拉固定。

06 将后发区头发进行拧包并收起固定。

07 将左侧头发进行打毛处理。

08 将发尾做手打卷收起，将头发向右侧提拉。

09 下暗卡将其固定在右侧顶发区处。

10 在发包与发包的衔接处佩戴饰品点缀造型。

11 取白色头纱固定在顶发区处。

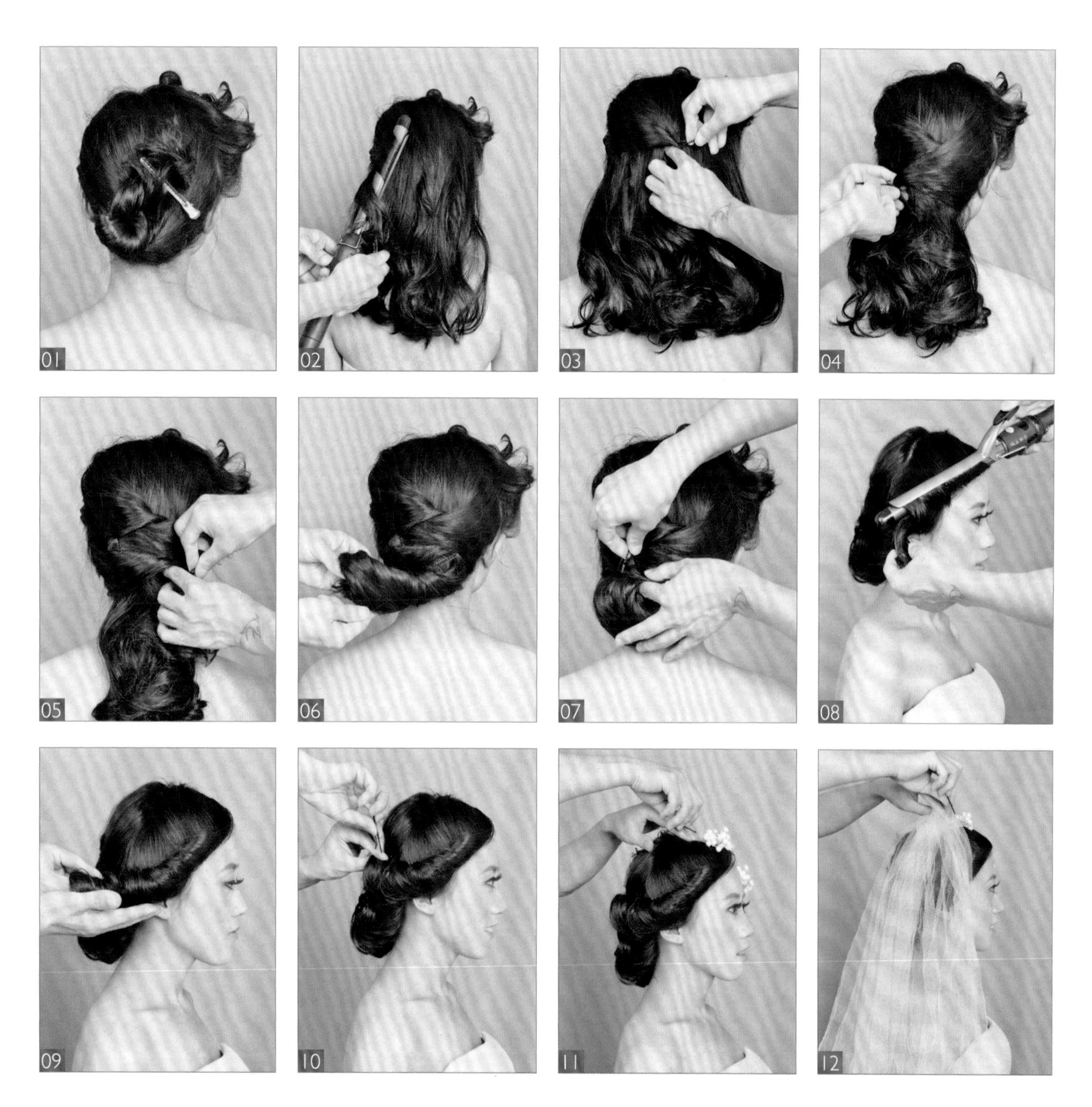

此造型通过烫发、外翻烫发及拧包手法操作完成。重点需掌握后发区拧包盘发的技巧，左右发片要交错叠加固定，下卡子时，卡子要与头发呈90° 角方可牢固。简洁的拧包盘发结合外翻的刘海，搭配上白色小花饰品，整体造型突显出了模特唯美浪漫、清新可人的气质。

01 将头发分为刘海区及后发区。
02 取中号电卷棒将后发区的头发烫卷。
03 在左侧耳上方取一束发片，由左至右拧包并固定在后发区处。
04 在右侧耳上方取一束发片，由右至左拧包并固定在后发区处。
05 继续以同样的手法操作。
06 将发尾头发梳理干净，向左侧提拉。
07 发尾向上翻转，拧包固定在后发区处。
08 用电卷棒将刘海区头发进行外翻卷曲。
09 将头发顺着发卷的纹理向后提拉。
10 将发尾固定在后发区右侧。
11 在左侧前额上方佩戴饰品点缀造型。
12 取白色头纱在顶发区固定。

百变短发发型

看惯了华丽而唯美的长发新娘发型，短发新娘发型同样也可以靓丽俏皮、百变妩媚。短发新娘虽然在发型设计上受一定的约束，但是只要掌握造型感，再加上巧妙的发饰搭配，一样可以不输长发新娘。短发新娘发型体现的是另一种美，如有气质的、可爱的、甜美的等。简约的短发可以打造出不简单的发型，从而在婚礼上成为众人瞩目的焦点。

共16款

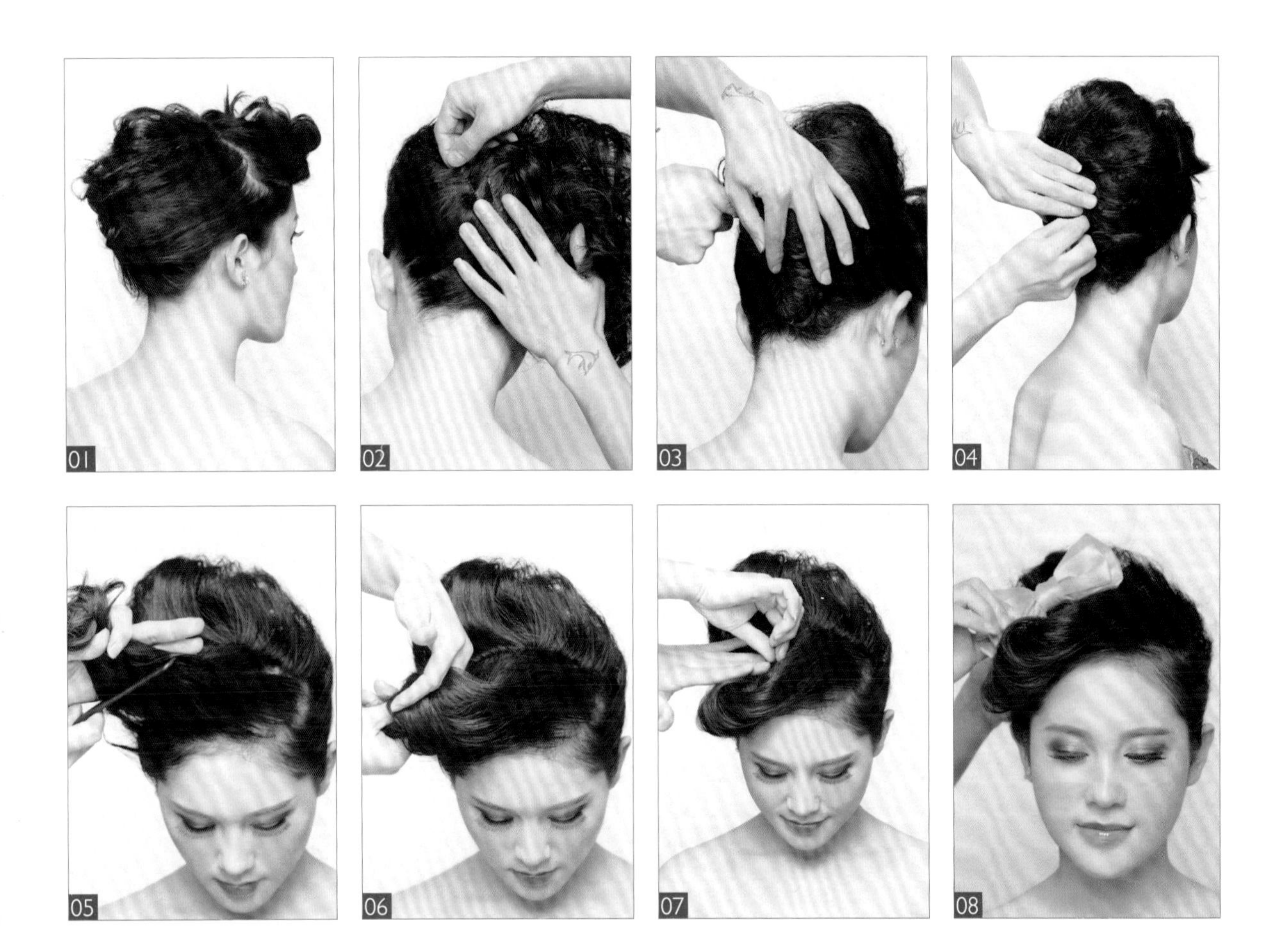

此发型利用打毛、单包手法操作完成。重点需掌握单包包发的技巧。在处理单包时，打毛是关键，蓬松饱满的头发更易于操作。清爽的盘发结合外翻有弧度的刘海，再搭配上可爱的蝴蝶结饰品点缀，整体造型突显出了模特俏丽、甜美的风格。

01 将头发分为刘海区、后发区。
02 将后发区头发打毛，梳光表面，左侧头发向右侧梳理，下暗卡固定。
03 再将右侧头发向左侧翻转，覆盖下卡子的位置并进行固定，做成单包。
04 调整后发区顶部发包的轮廓，将碎发处理干净。
05 放下刘海区头发，将其进行打毛处理。
06 将打毛的刘海区头发表面梳理干净，由外向内翻转。
07 下卡子进行固定。
08 在刘海区与后发区交界处佩戴蝴蝶结饰品进行点缀。

此发型利用烫发、打毛、手推波纹及拧包手法操作而成。关键需注意烫发的技巧，烫发时要烫到头发的根部。复古的手推波纹结合偏侧外翻的发髻，整体造型突显出了模特雅致、复古的古典韵味。

01 将头发进行二八分区，用电卷棒将头发以外翻手法进行卷曲。
02 将右侧的头发沿着外翻发卷的纹理进行打毛。
03 将刘海区头发做手推波纹。
04 下卡子固定手推波纹。
05 右侧头发沿着发卷的纹理向上翻转，做卷筒收起固定。
06 将左侧头发进行拧绳，向上提拉固定。
07 后发区头发以同样的手法进行操作，使左右两侧头发自然衔接。
08 在波纹的凹陷处佩戴珍珠发卡进行点缀，烘托发型的层次感。

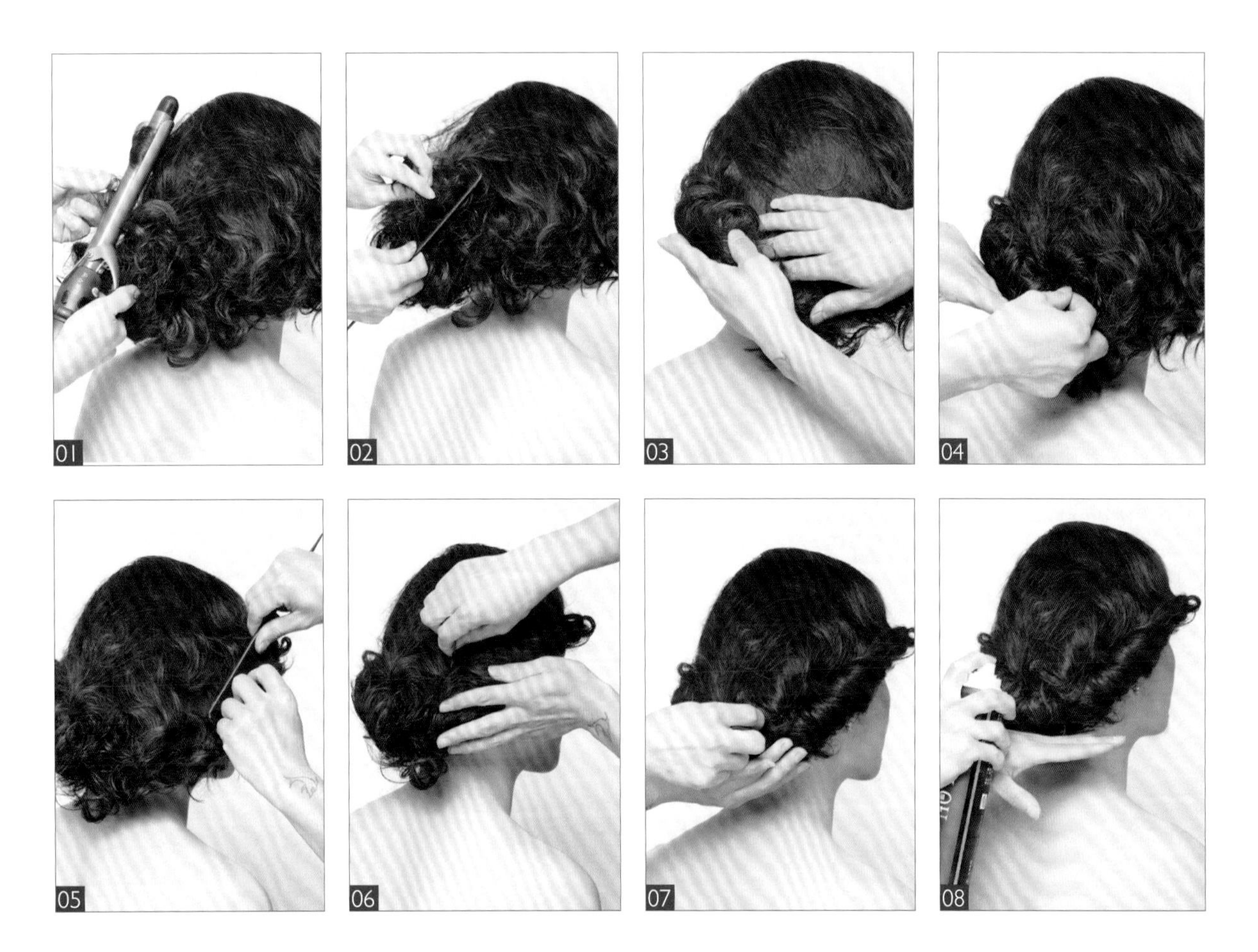

此款造型运用烫卷、打毛、拧包手法操作完成。打造此发型时，需重点掌握烫发与打毛的技巧。简单的拧包盘发搭配上时尚外翻的造型，烘托出了模特复古优雅、成熟贵气的风格。

01 取中号电卷棒将头发全部烫卷。
02 用尖尾梳将头发全部打毛。
03 将左侧头发向后进行外翻拧包。
04 拧包至后发区中部下暗卡固定。
05 用尖尾梳将右侧头发进行打毛处理。
06 将右侧头发向后进行外翻拧包。
07 将左右两侧拧包的发尾衔接固定。
08 喷发胶定型。

01

02

03

04

05

06

07

此款造型运用烫卷、外翻烫发、打毛手法操作完成。打造此发型时，重点需掌握烫发与打毛的技巧。烫发时，发卷的走向要根据发型整体轮廓的走向来定。偏侧蓬松的卷发造型搭配上别致的饰品点缀，整体造型烘托出了模特恬静温柔、唯美时尚的风格。

01 将后发区头发全部烫卷，进行打毛处理，使其蓬松饱满，易于塑型。

02 用卡子由左至右一字排开固定头发。

03 用中号电卷棒将刘海区头发进行外翻烫卷。

04 用尖尾梳将烫完的刘海区头发向后打毛，整理出发丝纹理与层次。

05 将后发区头发的发尾用尖尾梳打毛，使发型整体轮廓饱满自然。

06 喷上发胶定型。

07 在前额左上方佩戴碎花发饰进行点缀。

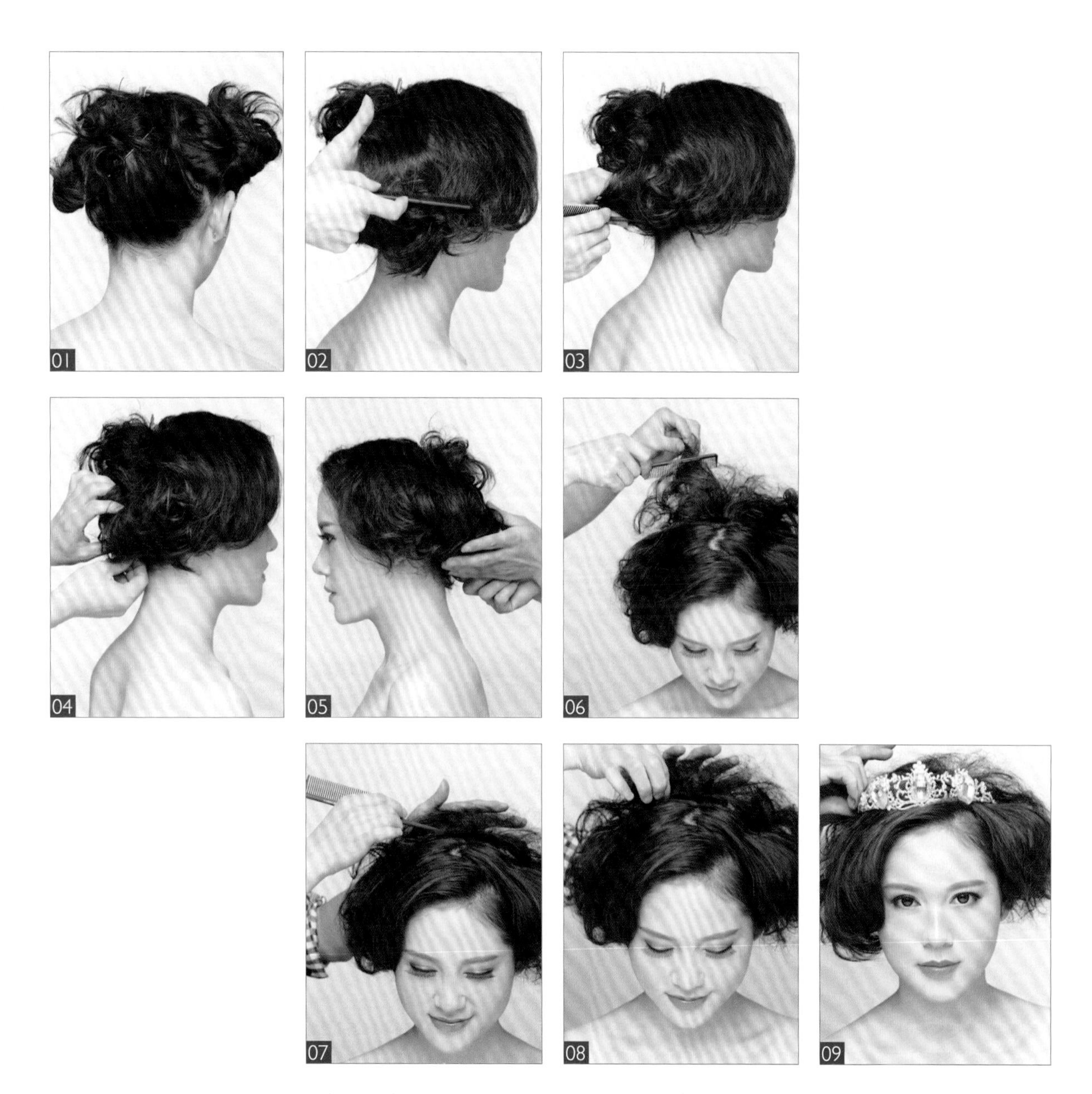

此款造型运用烫发、打毛手法操作完成。打造此发型的关键在于掌握内扣烫发的技巧，脸颊两侧的内扣发卷能起到修饰脸型的作用。蓬松饱满的 BOBO 发型搭配上华丽的皇冠饰品点缀，整体造型烘托出了模特甜美俏丽的公主范儿。

01 用中号电卷棒将头发卷曲，两侧头发以内扣手法卷曲，再将头发分为左右侧发区及后发区。
02 将右侧发区的头发根部进行打毛，使其蓬松，再将打毛的头发表面梳理干净。
03 整理出蓬松饱满的轮廓。
04 将发尾向后提拉，下暗卡固定。
05 另一侧操作手法同上。
06 将后发区头发向上提拉，进行打毛处理。
07 将打毛的头发用尖尾梳的尖端调整出轮廓及发丝纹理。
08 将后发区顶部的头发与左右两侧顶部的头发衔接固定。
09 在顶发区佩戴华丽的皇冠点缀造型的整体效果。

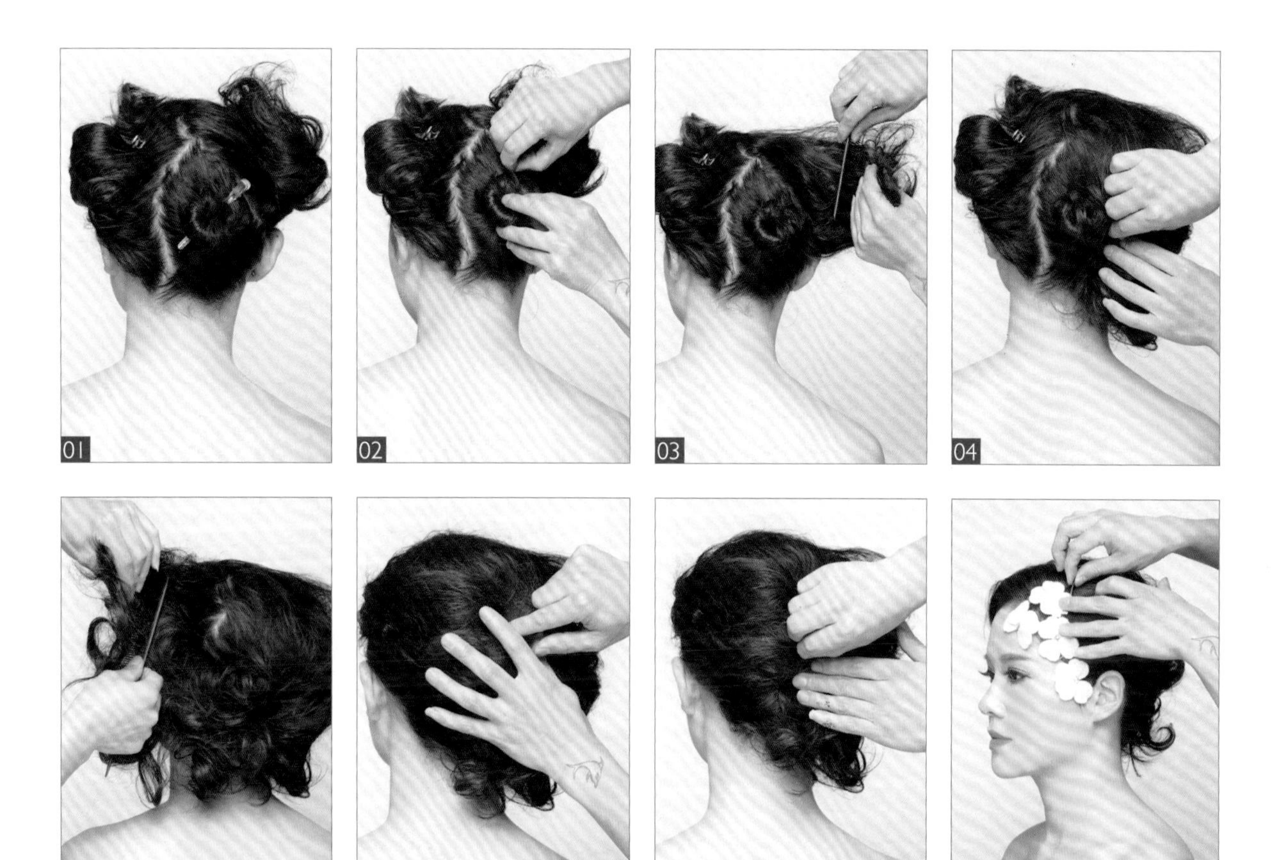

此款造型运用烫发、打毛手法操作完成。重点需掌握右侧刘海区头发的轮廓，要饱满圆润，并与后发区的发包自然衔接。简单的拧包造型结合发尾微卷的发丝，再搭配上别致的饰品点缀，整体造型突显出了模特雅致温婉的气质。

01 用中号电卷棒将头发进行卷曲，再将头发分为左右侧发区及后发区。
02 将后发区的头发做发髻固定。
03 将右侧发区头发进行打毛。
04 将打毛的头发表面梳理干净，向后做拧包收起，固定在后发区的发髻之上，发尾自然垂下，刘海右侧头发要有蓬松饱满的轮廓。
05 将左侧发区头发向后进行打毛。
06 将打毛的头发表面梳理干净，向右侧提拉。
07 将其固定在后发区的发髻之上，发尾自然垂下。
08 在前额左侧贴近发际线边缘佩戴上别致的饰品点缀造型。

此款造型运用打毛、手打卷及拧包手法操作完成。重点需掌握发包与发包之间的无缝衔接，同时要根据模特脸型的特点来控制顶发区发包的高度。简单的拧包盘发结合别致的卷筒刘海，再通过珍珠发卡的点缀，发型更具层次感，完美地烘托出了模特复古优雅的气质。

01 将头发分为刘海区、左右侧发区及后发区。
02 将刘海区的头发打毛，再将表面头发梳理干净，发尾向内做内扣卷筒。
03 下暗卡将卷筒固定在前额右侧。
04 取右侧发区头发打毛，梳光表面打毛的头发，向前翻转拧包。
05 下暗卡将其固定在耳前方。
06 将剩余的发尾向上提拉。
07 将发尾与刘海卷筒衔接固定。
08 将后发区头发向右侧提拉，将表面头发梳理干净。
09 发尾向内翻转，衔接固定在右侧发髻处。
10 将左侧头发打毛，使发丝之间衔接，并将打毛头发的表面梳理干净。
11 向顶发区提拉，发尾进行拧转固定。
12 检查修饰发包与发包之间的衔接。
13 佩戴别致的珍珠发卡进行点缀。

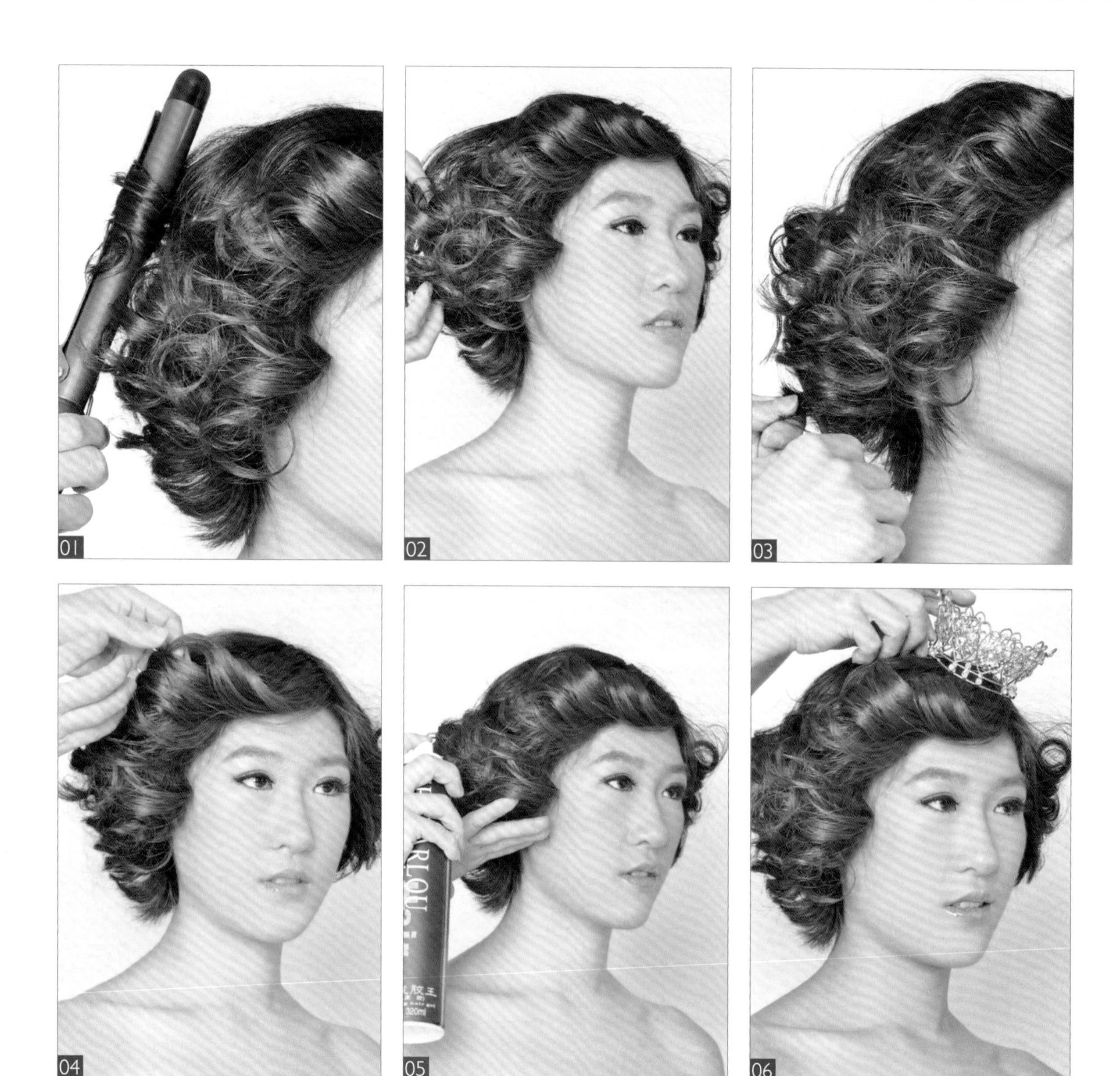

此款造型运用烫卷、打毛手法操作完成。重点需掌握外翻烫发的技巧，左右对称的外翻烫发决定着整体发型最终呈现的效果。外翻的短款卷发造型搭配上极具公主范儿的皇冠饰品点缀，整体造型极好地烘托出了模特时尚个性的甜美风格。

01 取中号电卷棒将头发以外翻的手法全部烫卷。
02 用手指将发卷自然打开，使发卷自然蓬松。
03 用尖尾梳将头发进行打毛，使发卷与发卷之间衔接。
04 调整出刘海区头发的发丝纹理与层次。
05 喷发胶定型。
06 佩戴华丽、具有公主范儿的皇冠点缀造型。

此款发型利用烫发、手打卷、打毛手法操作完成。打造此造型的关键是掌握烫发的技巧，烫发时，发片要分得薄一些，少一些，同时要烫到头发的根部，这样才能使整体造型蓬松饱满。凌乱的卷发造型搭配上个性刘海，整体造型极好地突显出了模特时尚个性的甜美公主气质。

01 取一电卷棒将头发全部烫卷。
02 将头发分为刘海区、后发区。
03 将刘海区头发做拧绳处理。
04 将拧绳的头发旋转盘绕并固定在前额中间处。
05 取尖尾梳将顶发区头发根部进行打毛，使其蓬松饱满。
06 将发卷进行打毛，使发卷与发卷之间完美衔接，并使发型整体轮廓更为饱满圆润。
07 喷发胶定型。
08 佩戴精美别致的珍珠皇冠点缀造型。

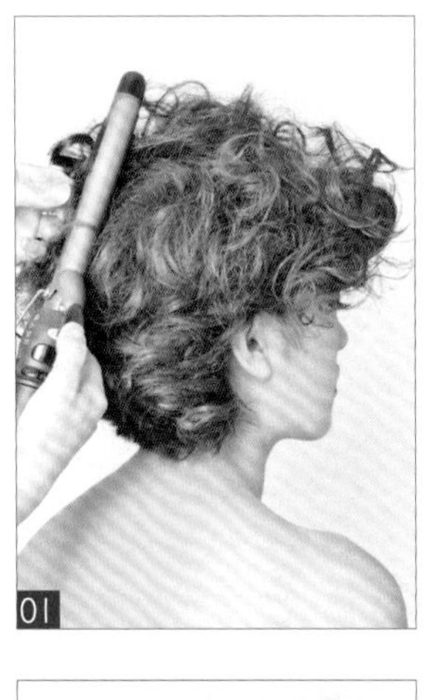

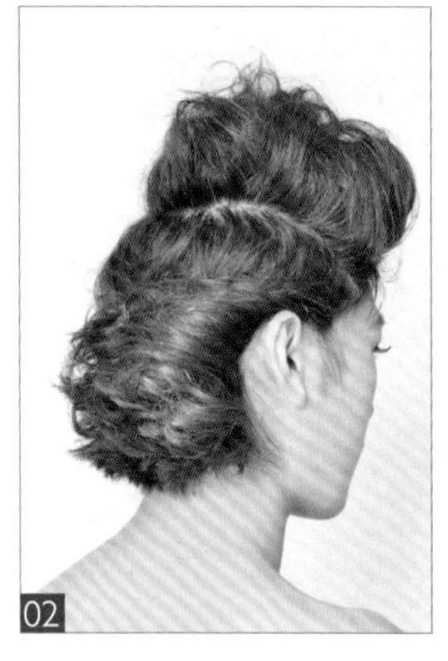

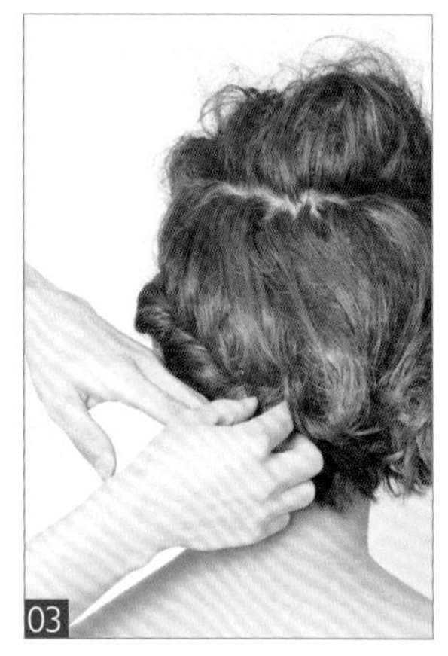

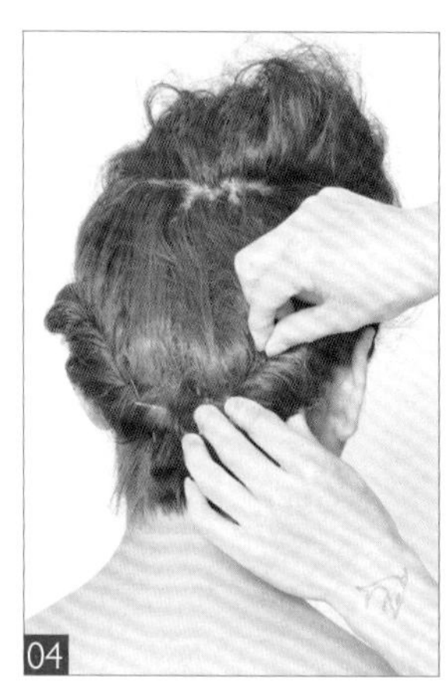

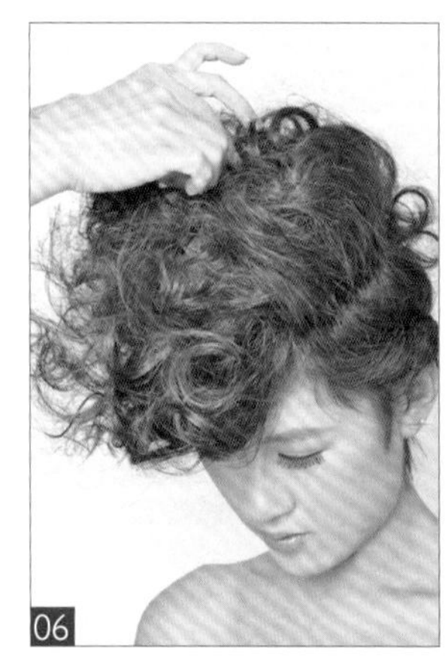

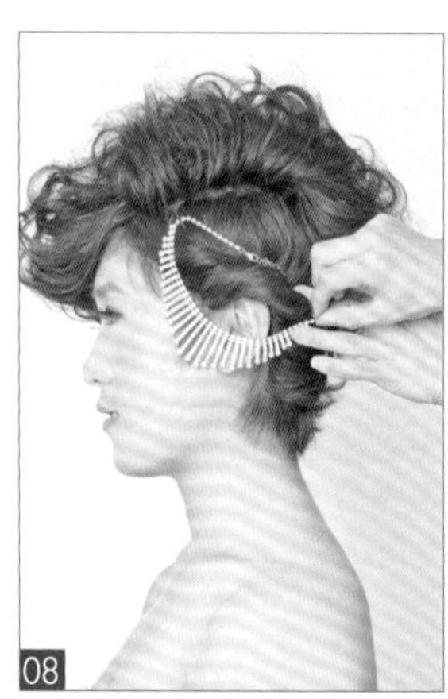

此款造型通过烫发、打毛、拧绳续发手法操作完成。造型重点需掌握后发区拧绳续发的手法，续发时发片分配要均匀一致，拧绳边缘要干净。高耸饱满的刘海结合清爽简洁的拧绳盘发，整体造型完美地营造出了模特时尚摩登、华美大气的风格。

01 取一中号电卷棒将头发全部烫卷。
02 将头发分为顶发区、后发区。
03 在左侧耳后方开始取一缕头发，向后做拧绳续发至后发区，下暗卡固定。
04 另一侧操作手法同上。
05 将顶发区头发进行打毛处理，使其蓬松饱满。
06 将顶发区头发调整出轮廓，下卡子固定发丝。
07 喷发胶定型。
08 在左侧佩戴饰品进行点缀。

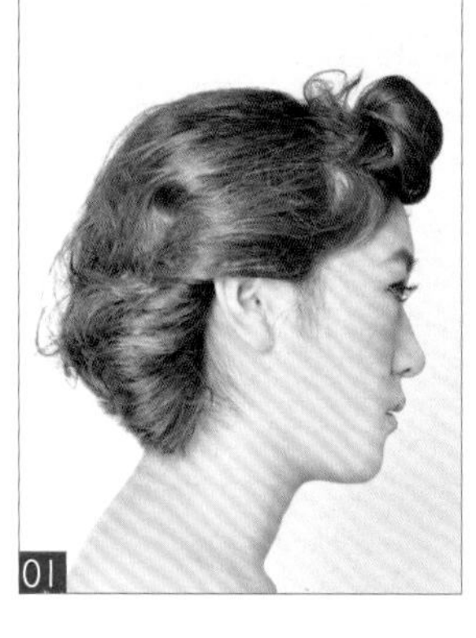

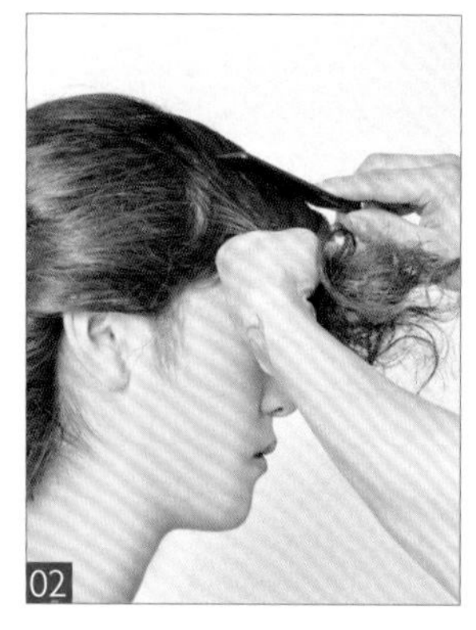

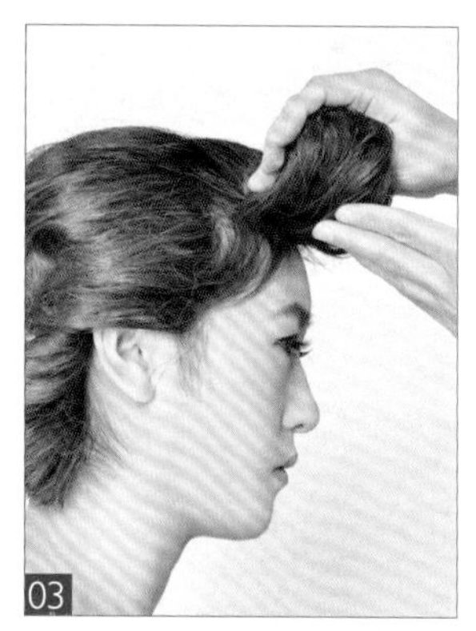

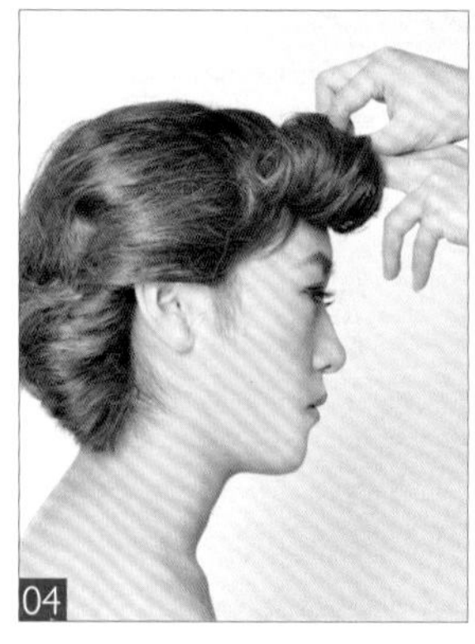

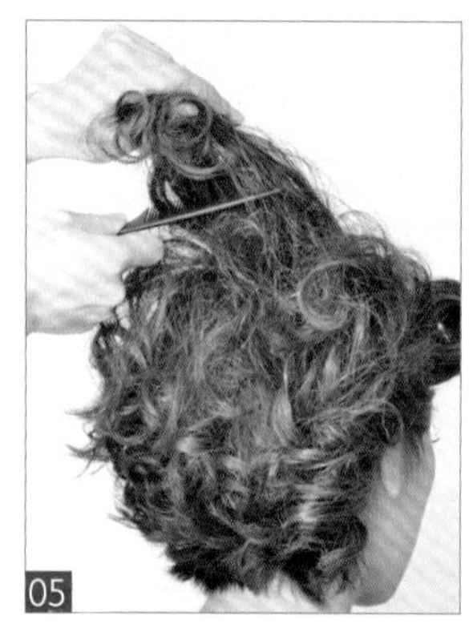

此款造型运用打毛、外翻拧包手法操作完成。重点需掌握打毛的技巧，在打毛时，要打到头发的根部，这样才能使头发蓬松饱满，易于塑型。时尚个性的外翻刘海搭配上大气的包发，整体造型烘托出了模特典雅别致、时尚复古的气质。

01 将头发分为刘海区、后发区。
02 取尖尾梳将刘海区头发进行打毛，梳光表面。
03 用手将刘海区头发向上做外翻卷筒收起。
04 下暗卡固定。
05 取尖尾梳将顶发区头发打毛，使其饱满、蓬松。
06 将打毛的头发表面向后梳理干净。
07 将耳后方两侧的头发向内收起，下卡子固定，再用尖尾梳的尖端调整顶发区发包的轮廓。
08 喷发胶定型。
09 佩戴上精致的绢花饰品点缀造型。

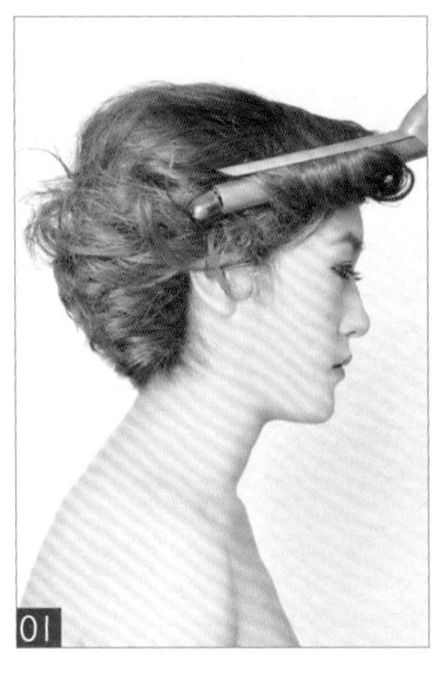

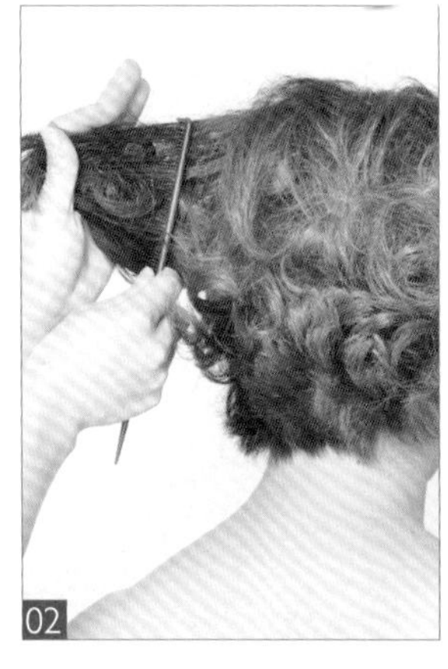

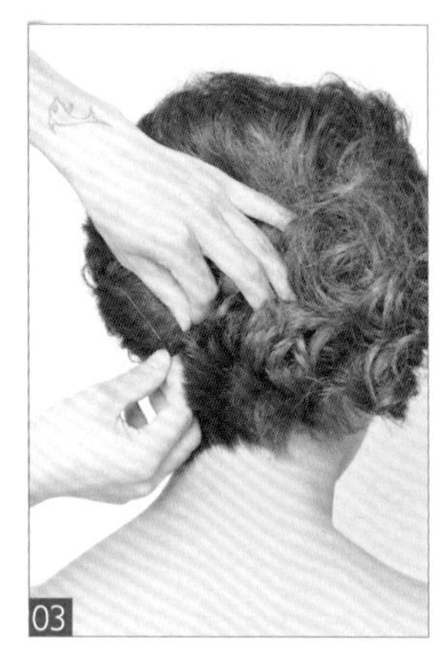

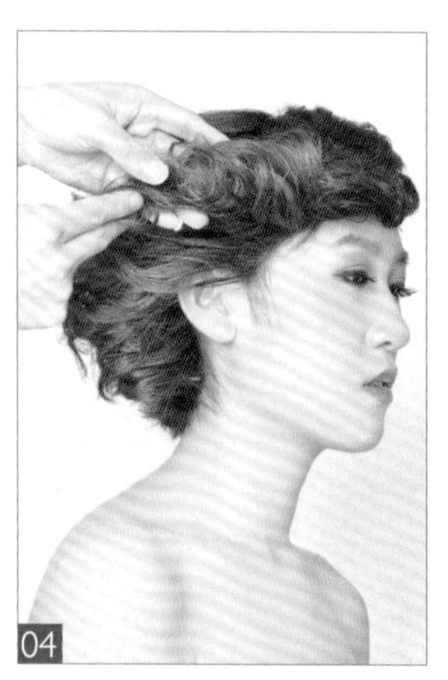

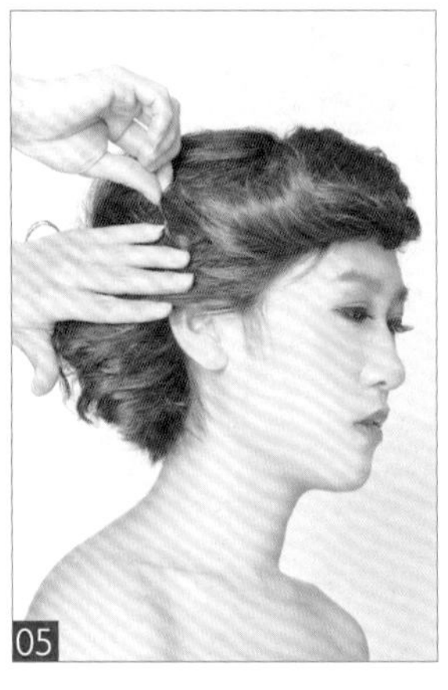

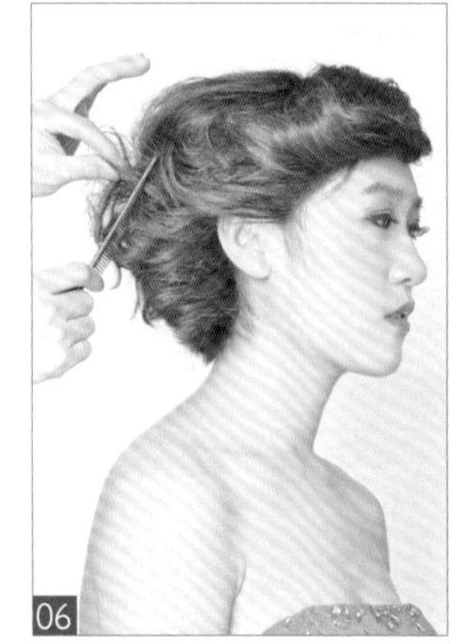

此款造型运用烫发、打毛手法操作完成。重点需掌握烫发与打毛的技巧，饱满圆润的发型轮廓是此造型的关键。饱满圆润的包发造型结合时尚外翻的刘海。整体造型完美地突显出了模特端庄妩媚的韵味。

01 取中号电卷棒将所有头发进行烫卷，刘海区头发要进行外翻烫卷。
02 将后发区左侧头发进行打毛处理。
03 将打毛的头发表面梳理干净，向右侧提拉并收起固定。
04 将后发区头发调整出圆润饱满的轮廓后，将刘海区头发顺着发卷的纹理向后提拉。
05 将其固定在耳上方位置。
06 修饰发型的整体轮廓。
07 喷发胶定型。
08 在右侧佩戴饰品点缀造型。

此款造型运用打毛、编发、拧绳续发手法操作完成。重点需掌握拧绳续发的技巧。偏侧式的刘海纹理清晰，线条自然，搭配上纱帽的点缀，整体造型极好地烘托出了模特古典高贵的优雅气质。

01　将头发用电卷棒进行卷曲，取尖尾梳将顶发区头发根部进行打毛。
02　将打毛的头发表面梳理干净，在左侧发区进行三股编辫。
03　编至发尾，下暗卡固定。
04　从刘海区开始将头发进行外翻拧绳续发至后发区。
05　将左右发尾衔接后，下暗卡固定。
06　取一块红纱固定到左侧顶发区，进行抓纱造型。
07　在头纱的下方佩戴精致的小皇冠进行点缀。

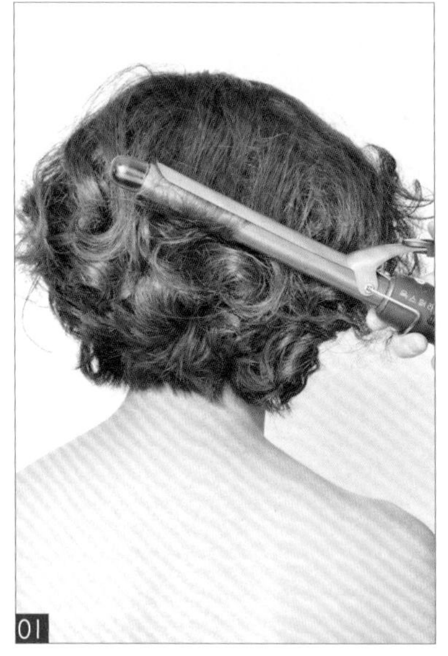

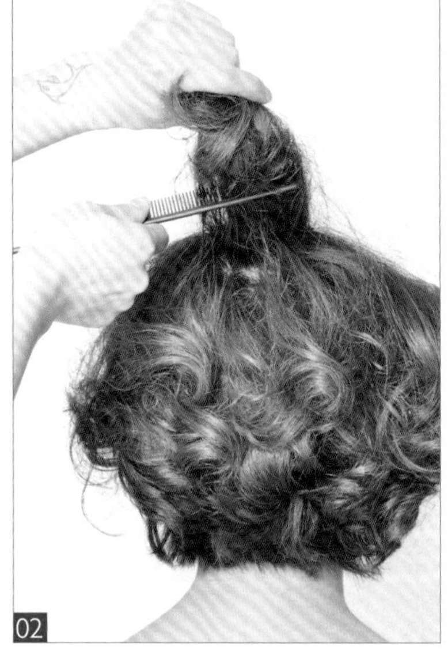

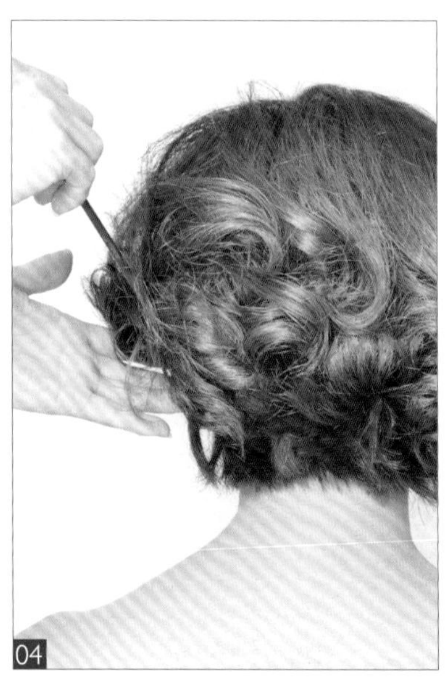

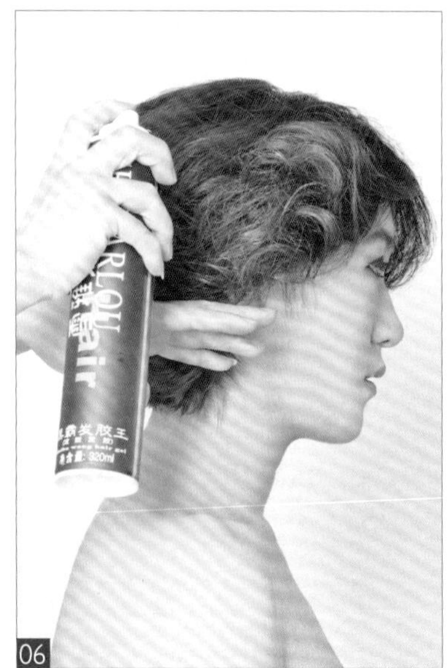

此造型运用烫发、打毛手法操作完成。打造此发型时，烫发时发片提拉的角度、高低及发卷的卷曲度是关键。浪漫的卷发造型自然随意，极好地体现了模特优雅、时尚的气质。

01 取中号电卷棒将头发烫卷，左右两侧头发以外翻手法烫卷。
02 将顶发区头发根部进行打毛。
03 向后梳理干净，整理出圆润的轮廓。
04 调整左右两侧头发的纹理与轮廓。
05 将边缘的头发进行适当的打毛处理，使发丝与发丝之间自然衔接。
06 喷发胶定型。

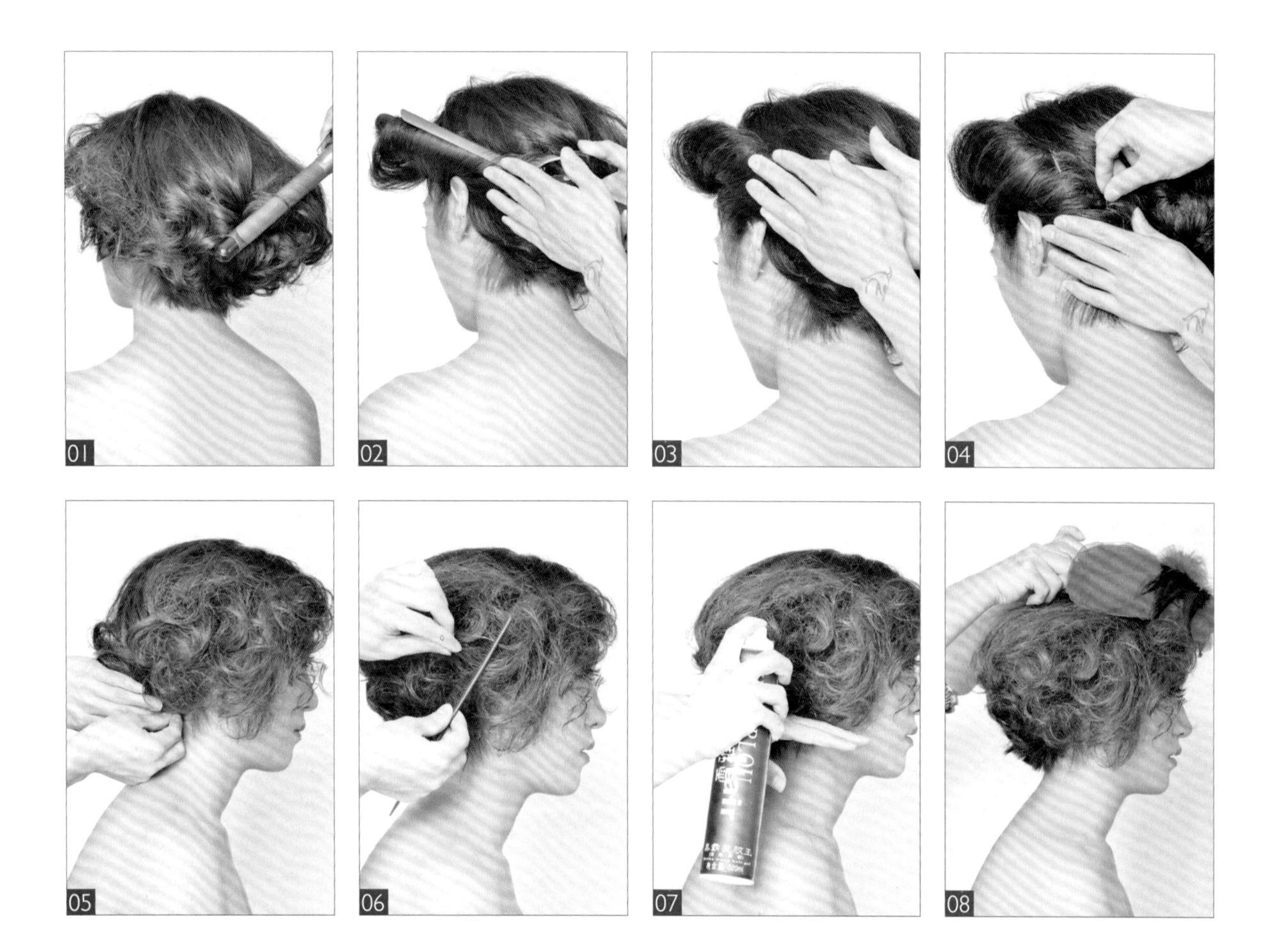

此款造型运用烫发、外翻烫发及打毛手法操作完成。重点需掌握左侧外翻烫发时发片提拉的高度，以耳尖为基准线进行外翻烫卷最为适合。凌乱自然的偏侧卷发造型搭配上红色纱帽的点缀，整体造型突显出了模特时尚摩登、高贵典雅的气质。

01 取一中号电卷棒，将头发全部烫卷。
02 将左侧头发以外翻手法烫卷。
03 将烫好的头发顺着发卷的纹理向后拧转。
04 将其固定在后发区左侧下方。
05 将后发区右侧极短的头发用卡子固定收起。
06 将右侧头发进行打毛处理，使其蓬松饱满。
07 整理轮廓，喷发胶定型。
08 佩戴红色纱帽进行点缀。

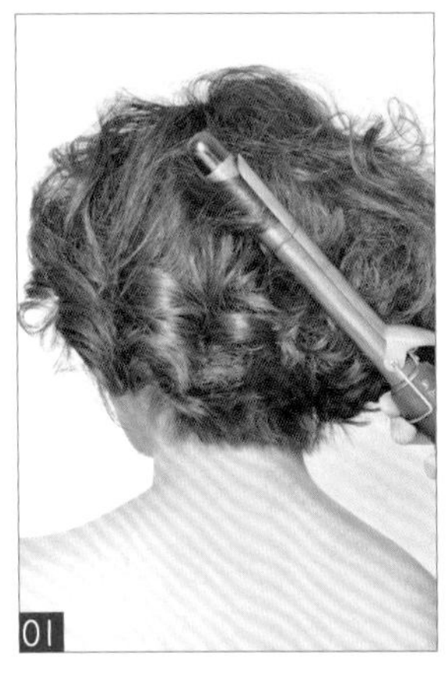
01

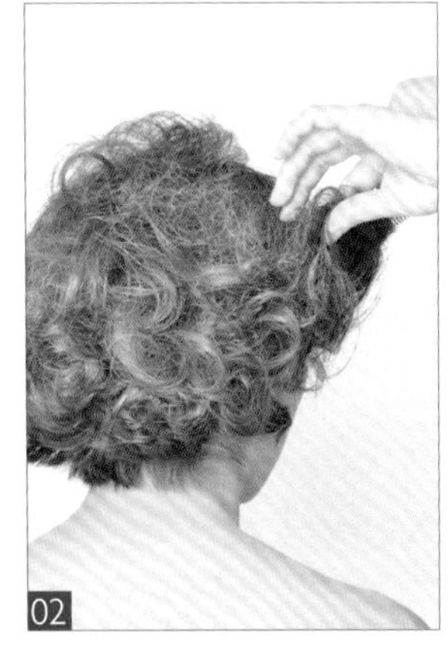
02

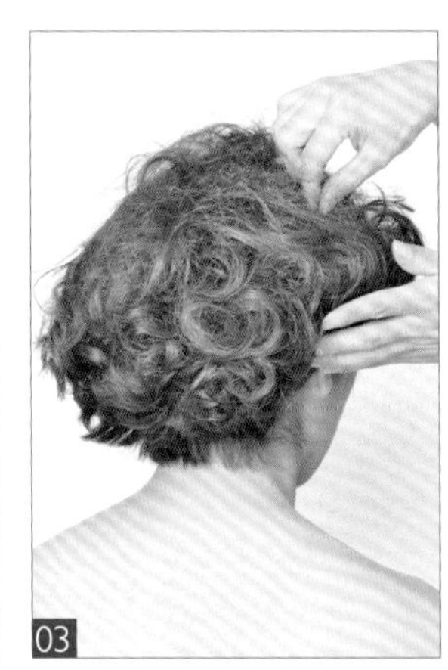
03

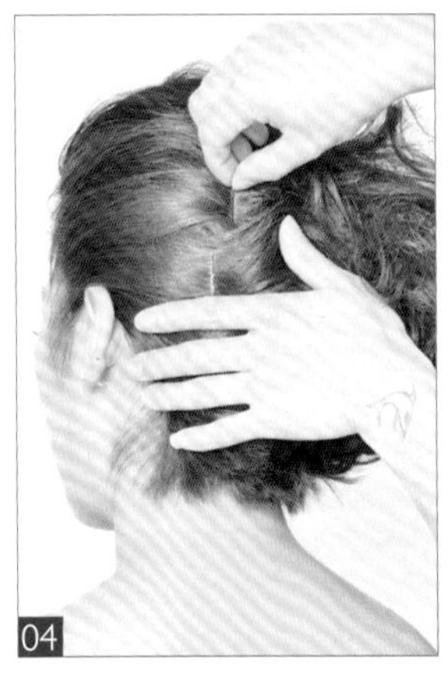
04

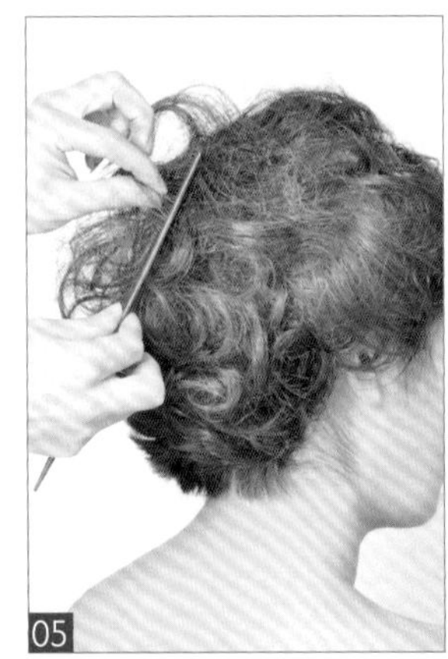
05

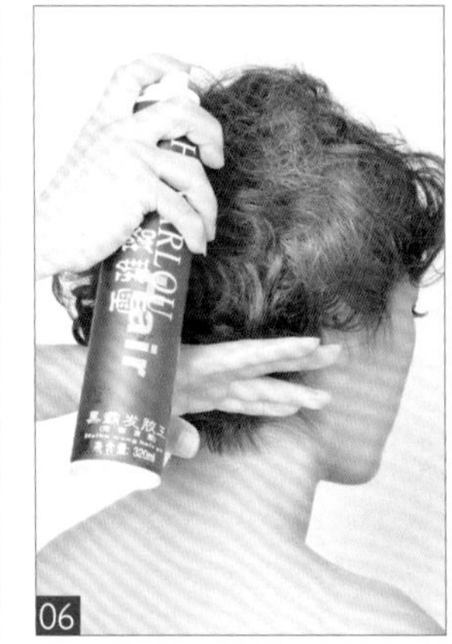
06

07

此款造型运用烫发、打毛手法操作完成。打造此发型时，需根据模特脸型的特点来控制发包的走向。长脸的模特，发包应向两侧处理；反之，方脸型模特则往上处理。简洁的包发造型结合有线条感的刘海，搭配上红色蝴蝶饰品的点缀，整体造型烘托出了模特可爱、温婉的气质。

01 取一中号电卷棒将头发全部烫卷。
02 将右侧头发向上提拉进行打毛。
03 将打毛的头发表面梳理干净，由外向内提拉固定。
04 将左侧头发向后梳理干净，下卡子固定。
05 将后发区头发进行打毛处理。
06 调整出饱满的轮廓，喷发胶定型。
07 佩戴上精美的蝴蝶结饰品进行点缀。

百变刘海发型

刘海对于发型的设计起着关键的作用。出色的刘海造型不但能营造出发型的独特个性，还能为双眸增添神秘的性感。刘海是修饰脸型的法宝，百变的刘海造型能变化出不同的气质，从斜刘海的轻盈飘逸，到中分刘海的优雅妩媚，从齐刘海的可爱甜蜜，到超短刘海的古灵精怪，每一款刘海发型都别具风格，不但可以重塑年轻而又美丽柔和的面部线条，还能轻松演绎百变风情的女人味！

共8款

此发型以烫发、玉米烫、拧包、手打卷手法操作完成。打造此发型重点需掌握后发区拧包之间的层次感，发片与发片之间要交错叠加固定。同时在处理刘海时，手打卷的弧度要圆润，轮廓边缘要干净整齐。精致的拧包搭配上高耸的刘海，整体造型突显出了模特婉丽高贵、时尚个性的气质。

01 将所有头发用电卷棒进行卷曲。
02 取玉米夹将头发根部进行卷曲，使头发根部蓬松饱满。
03 将头发分为刘海区与后发区。
04 放下后发区头发，在左侧耳上方取一束发片，由左至右提拉做拧绳固定。
05 再取右侧耳上方一束发片，以同样的手法进行操作。
06 在左侧耳下方取一束发片，由左至右、由下向上提拉，做拧绳固定。
07 将右侧耳后方发片向上提拉，做拧绳固定。
08 将剩余发尾头发向上翻转，做拧包处理。
09 下暗卡固定。
10 将发尾头发梳理干净，顺着发卷的纹理摆放固定。
11 将刘海区头发中部进行打毛处理，使发丝之间相衔接。
12 将打毛的头发表面梳理干净，做手打卷向上收起。
13 下暗卡固定头发。
14 在前额处佩戴精美的头饰进行点缀。

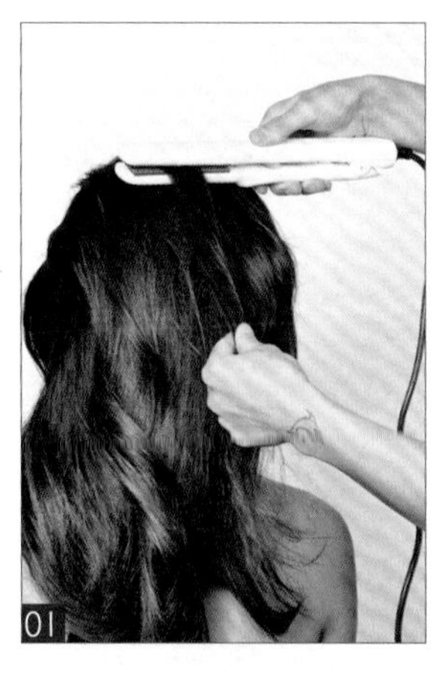

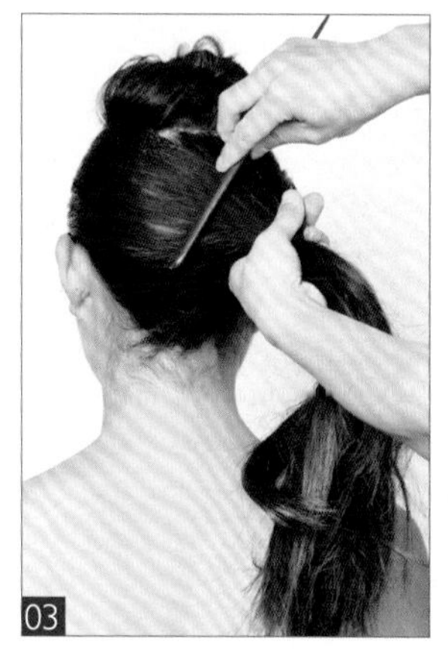

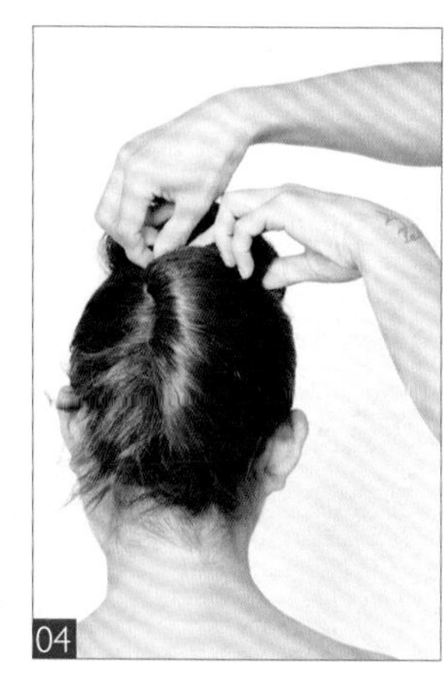

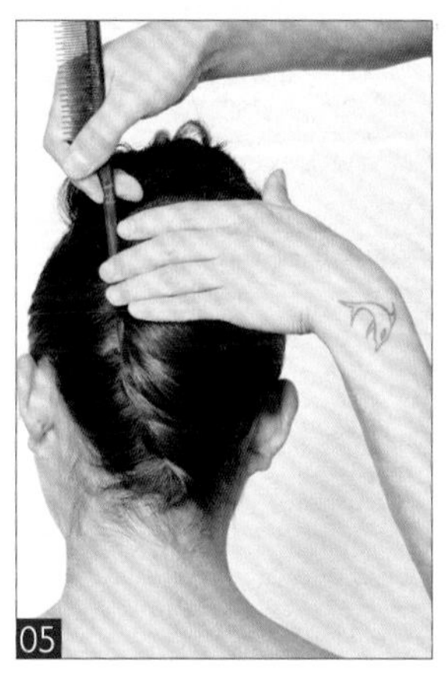

此造型通过玉米烫、拧包、手打卷手法操作完成。重点需掌握拧包的技巧，拧包的头发提拉角度不可低于90°，同时在拧包时，让模特的脑袋微微向后倾斜，这样拧出的发包才会紧致有型。传统的盘发搭配上个性十足的卷筒刘海，整体造型突显出了模特妩媚复古、个性时尚的气质。

01 将头发用玉米夹将头发根部进行卷曲，使其蓬松饱满。
02 将头发分为刘海区、后发区。
03 将后发区的头发用尖尾梳梳光表面。
04 用拧包的手法将头发盘起固定。
05 将发尾头发向发包内侧藏起，下暗卡固定。
06 将刘海区头发表面梳理干净，由右至左做手打卷收起。
07 卷筒朝外摆放，下暗卡固定。
08 在左侧佩戴羽毛饰品进行点缀。

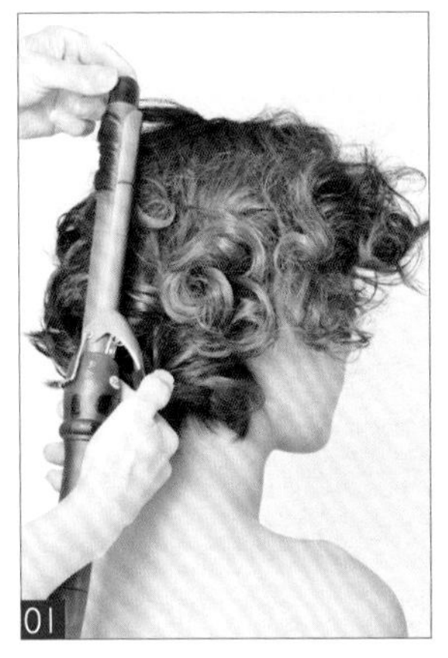
01

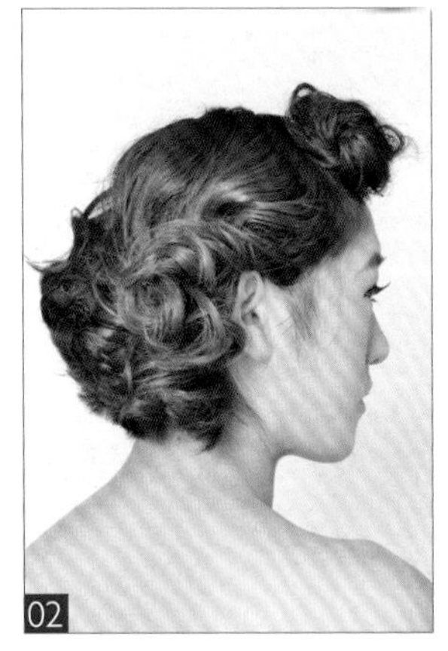
02

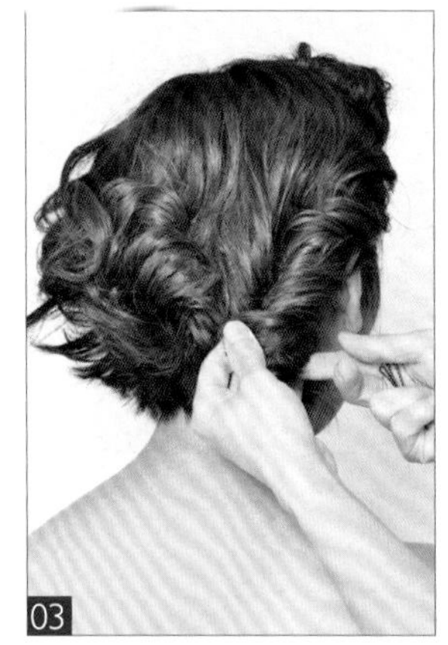
03

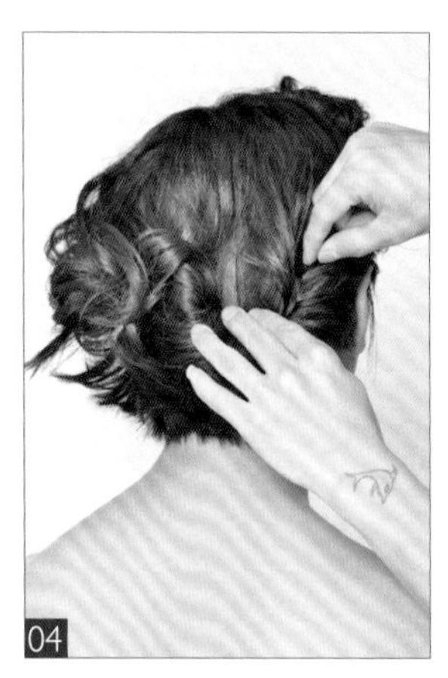
04

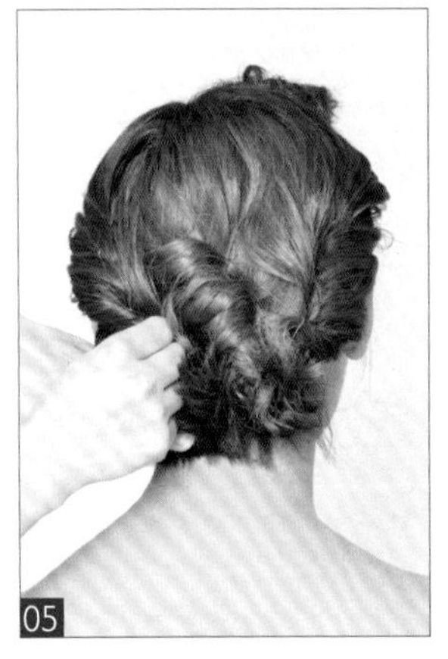
05

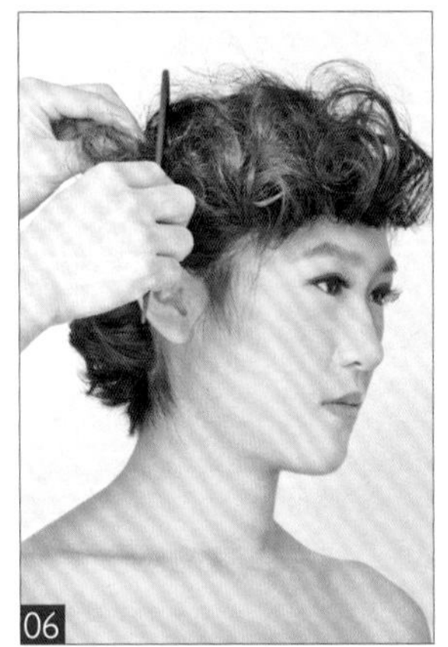
06

07

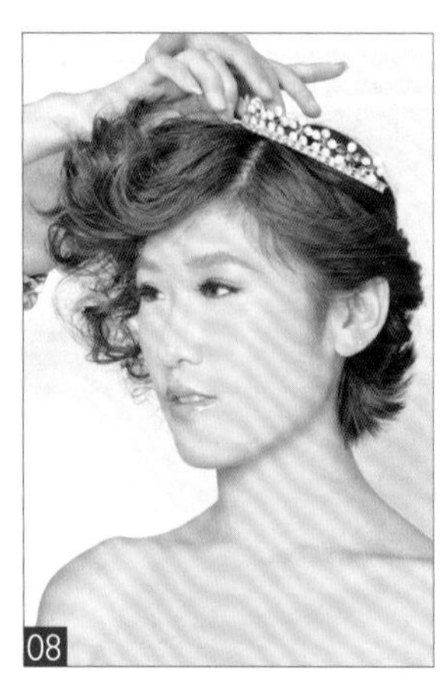
08

此款造型运用了烫发、拧包、打毛手法操作完成。重点需掌握刘海的打造技巧，刘海区头发要做到动感随意，发卷要有透气性。自然随意的卷发刘海搭配上简洁的拧包盘发，整体造型烘托出了模特时尚、随性的风格。

01 取一中号电卷棒将头发全部烫卷。

02 将头发分为刘海区及后发区。

03 放下后发区头发，在右侧沿着发卷的纹理向内拧转。

04 下暗卡将其固定在右侧耳后方。

05 在后发区中部竖向取发片，向右侧拧转固定，再将左侧剩余头发向右侧拧转固定。

06 将刘海区头发进行打毛处理，使其蓬松饱满。

07 调整刘海区头发的轮廓及发丝的层次，喷发胶定型。

08 佩戴钻饰皇冠进行点缀。

此款造型运用烫发、拧绳、拧包、打毛、手打卷手法操作完成。重点需掌握漩涡状刘海打造的技巧，打毛手法是关键之处。打毛的方向要与制作漩涡刘海的方向一致。简洁的拧包盘发搭配上个性十足的漩涡刘海，整体造型完美地突显出了模特时尚摩登、潮流前卫的风格。

01 将头发分为刘海区、后发区。
02 取一中号电卷棒，将后发区头发进行烫卷。
03 将后发区头发梳理干净，向上做拧包收起。
04 下暗卡固定。
05 将发尾头发做拧绳处理后，盘旋在后发区的发髻处，下暗卡固定。
06 取刘海区头发进行打毛处理。
07 将头发向右侧梳理干净，在顶发区中间位置下卡子固定。
08 将发尾旋转，做手打卷收起。
09 将其固定在前额处，用尖尾梳的尖端调整发型的纹理与线条。
10 取绢花饰品在左侧发髻之上进行点缀。

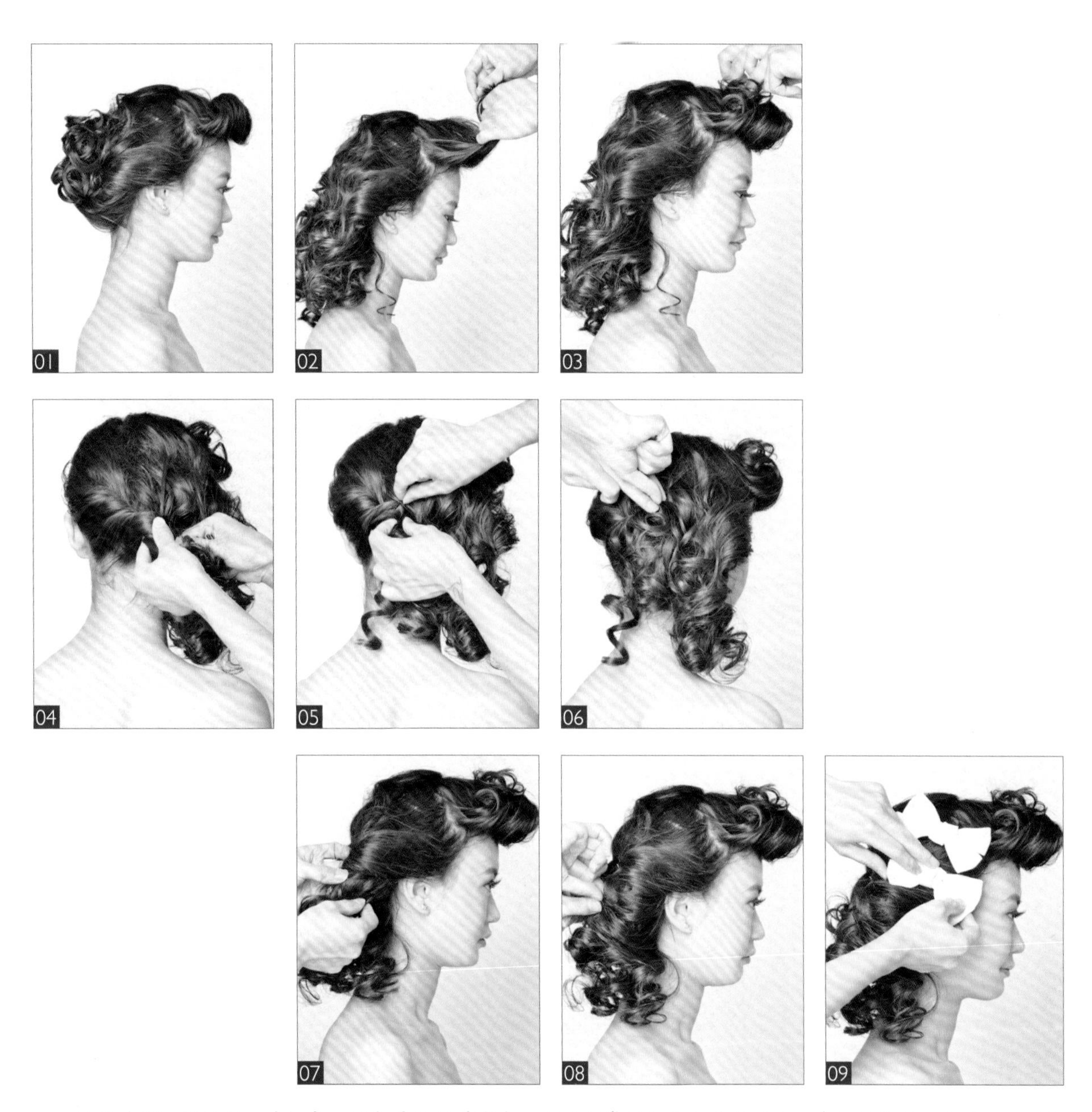

此款造型运用烫发、手打卷、拧包手法操作完成。重点需掌握刘海打造的技巧，在做刘海手打卷时，不可收得过紧，要沿着发卷的纹理自然蓬松地向上收起固定。个性的卷筒刘海结合偏侧的卷发，整体造型完美地突显出了模特时尚俏丽、温婉可人的气质。

01 用电卷棒将所有头发烫卷，再将头发分为刘海区及后发区。
02 将刘海区头发梳理干净，向上做手打卷收起。
03 将发卷下暗卡固定在前额处。
04 将后发区头发由左至右拧包。
05 下暗卡固定。
06 将发尾随意地向上提拉，固定在拧包的发髻处。
07 将右侧头发做拧绳续发处理。
08 下暗卡将其固定在后发区右侧下方位置。
09 佩戴上蝴蝶结饰品点缀造型。

此款造型通过烫发、束马尾、拧包手法操作完成。重点需掌握外翻刘海的塑造，在优雅的外翻刘海的制作过程中，烫发手法尤为关键，烫发时发片提拉的角度应控制 90° 以上。圆润的外翻刘海搭配上仿真鲜花的点缀，整体造型烘托出了模特清新自然、甜美俏丽的气质。

01 取中号电卷棒将头发进行烫卷，并将头发分为刘海区及后发区。
02 取电卷棒将刘海区头发进行外翻烫卷。
03 将烫完的发卷沿着纹理向上翻转提拉。
04 下暗卡进行固定。
05 将发尾向后提拉至中间位置，下暗卡固定。
06 将后发区头发束马尾扎起。
07 将发尾头发梳理干净后，向上做内扣拧包处理。
08 将发尾向内收起，下暗卡固定。
09 佩戴仿真鲜花进行点缀。

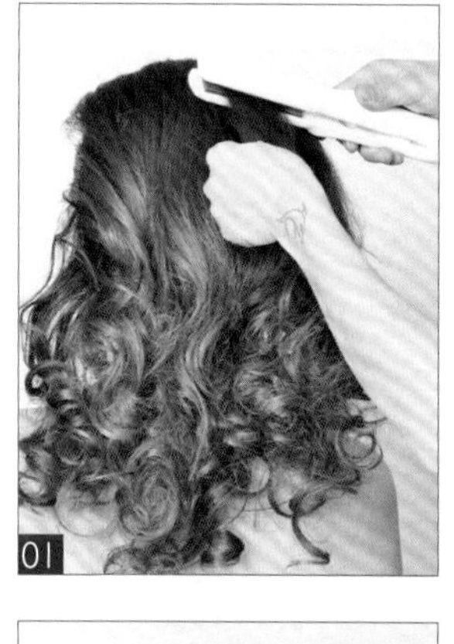

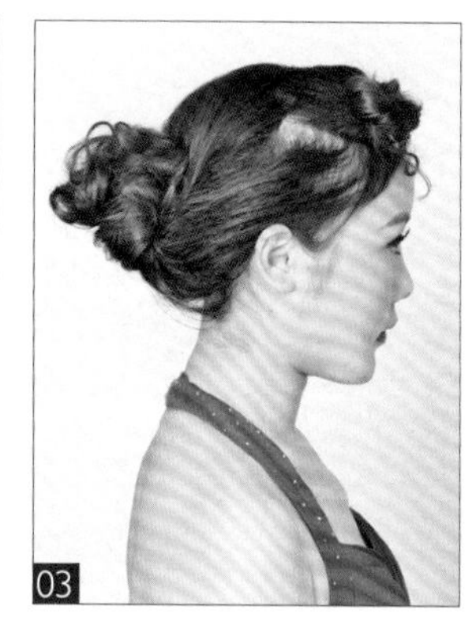

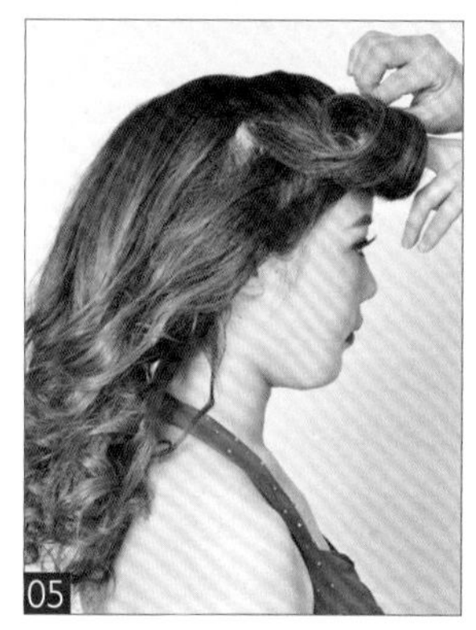

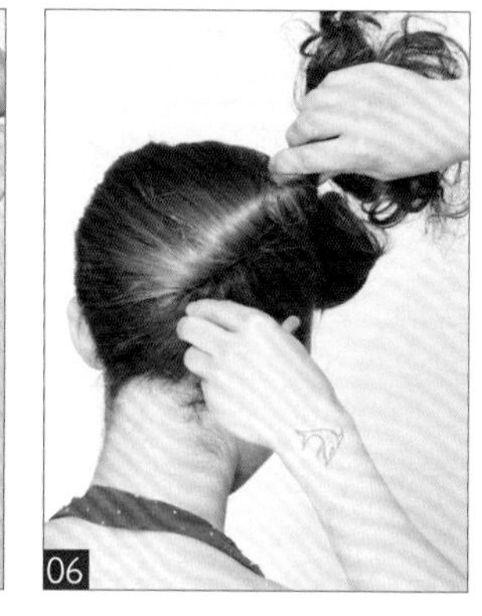

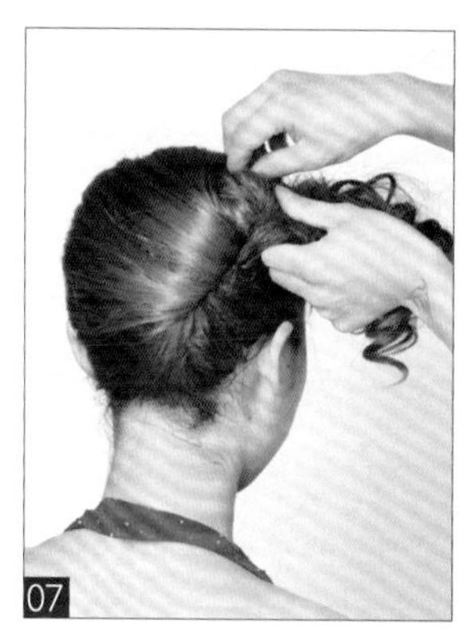

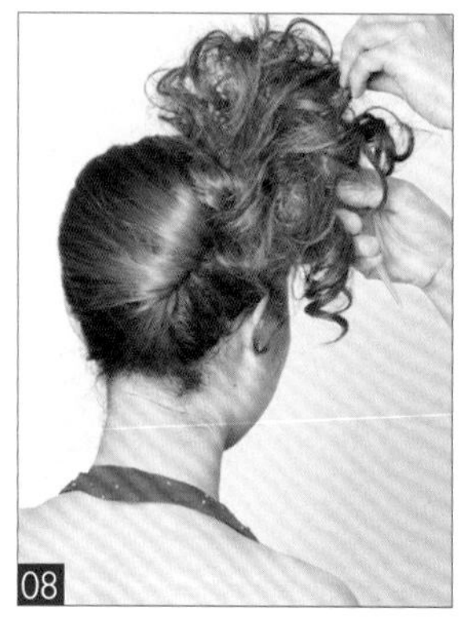

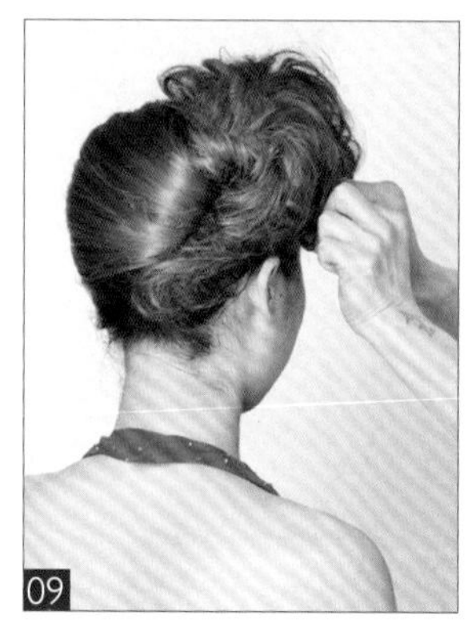

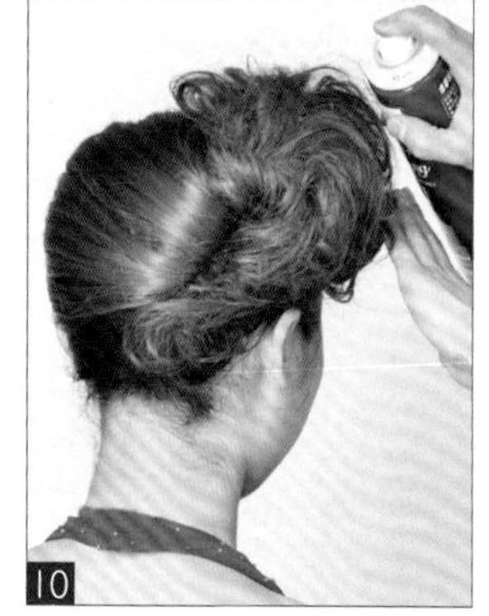

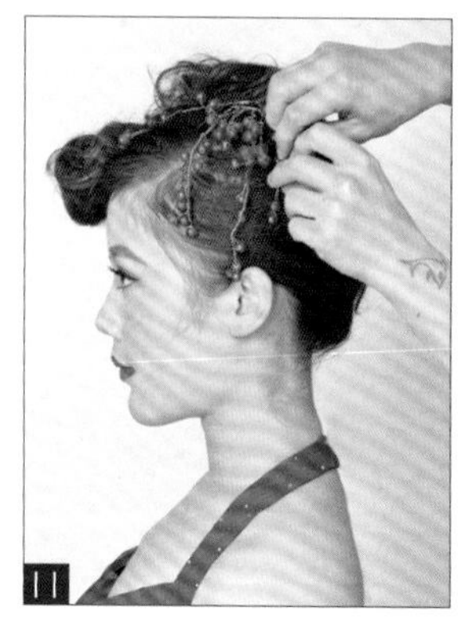

此款造型运用烫发、手打卷、拧包、打毛手法操作完成。重点需掌握刘海发卷与后发区拧包发髻的自然衔接，中间不可有空缺。时尚高耸的蓬松发髻结合个性外翻的刘海，整体造型完美地突显出了模特个性、张扬、喜庆的气息。

01　用玉米夹将头发根部进行卷曲，使其蓬松饱满。
02　用中号电卷棒将头发进行烫卷。
03　将头发分为刘海区及后发区。
04　将刘海区头发向前梳理干净后，做外翻手打卷。
05　下卡子固定卷筒。
06　将后发区头发进行拧包处理。
07　下卡子固定拧包。
08　用尖尾梳将发尾头发进行打毛处理。
09　将发丝向前梳理，调整出轮廓后，将发尾向内收起，下暗卡固定。
10　喷发胶定型。
11　佩戴别致的红色珠花饰品点缀造型。

此发型利用烫发、打毛、手打卷手法操作完成。重点需掌握刘海区头发的处理，在打造刘海蓬松饱满的效果时，打毛是关键，打毛的发丝要做到乱中有序。蓬松饱满的刘海搭配上别致的绢花饰品，整体造型将模特甜美可人、田园风情的气息体现得淋漓尽致。

01 取玉米夹将头发根部进行卷曲，使其蓬松饱满，增加发量。
02 用中号电卷棒将头发进行烫卷。
03 将头发分为刘海区、右侧发区及后发区。
04 将刘海区头发向后进行打毛处理。
05 将打毛的刘海区头发由前向后翻转，发尾向中间收起。
06 下卡子将头发固定在前额处。
07 将右侧头发进行打毛处理。
08 将打毛的头发表面梳理干净，向上提拉并拧转固定。
09 发尾做手打卷收起固定。
10 将后发区头发向上提拉，做手打卷收起。
11 将其向前提拉并固定在顶发区。
12 在刘海与后发区的交界处佩戴饰品进行点缀。

娇媚礼服发型

穿上合身的晚礼服，搭配一个与之相称的发型，可以让女性别具一番风韵。每位女性都有一种不可抗拒的娇媚气质，在打造娇媚礼服造型时，要认清模特本身的气质、脸型、身材等因素，从而塑造相符合的礼服造型，让她展现无限的娇媚韵味和高雅的贵气质感。

共 16 款

此款造型运用了烫发、打毛、拧绳手法操作完成。重点需掌握顶发区发包的高度及左右拧绳的松紧度。偏侧式的卷发造型搭配上精致的绢花饰品，烘托出了模特优雅贤淑、端庄大方的气质。

01 取一中号电卷棒将头发全部烫卷。
02 将顶发区头发根部进行打毛处理，使其蓬松饱满。
03 将打毛的头发表面梳理干净，将头发向后梳理。
04 在左侧耳后方取一束发片。
05 将发片向内拧转并进行固定。
06 将右侧头发由右至左拧绳后，向左侧提拉。
07 下暗卡进行固定。
08 从右侧发尾头发中取少量发片，向上提拉。
09 固定在后发区偏左侧处。
10 将发尾用尖尾梳进行打毛。
11 喷发胶定型，同时将边缘碎发处理干净。
12 在左侧耳后方位置佩戴绢花饰品进行点缀。

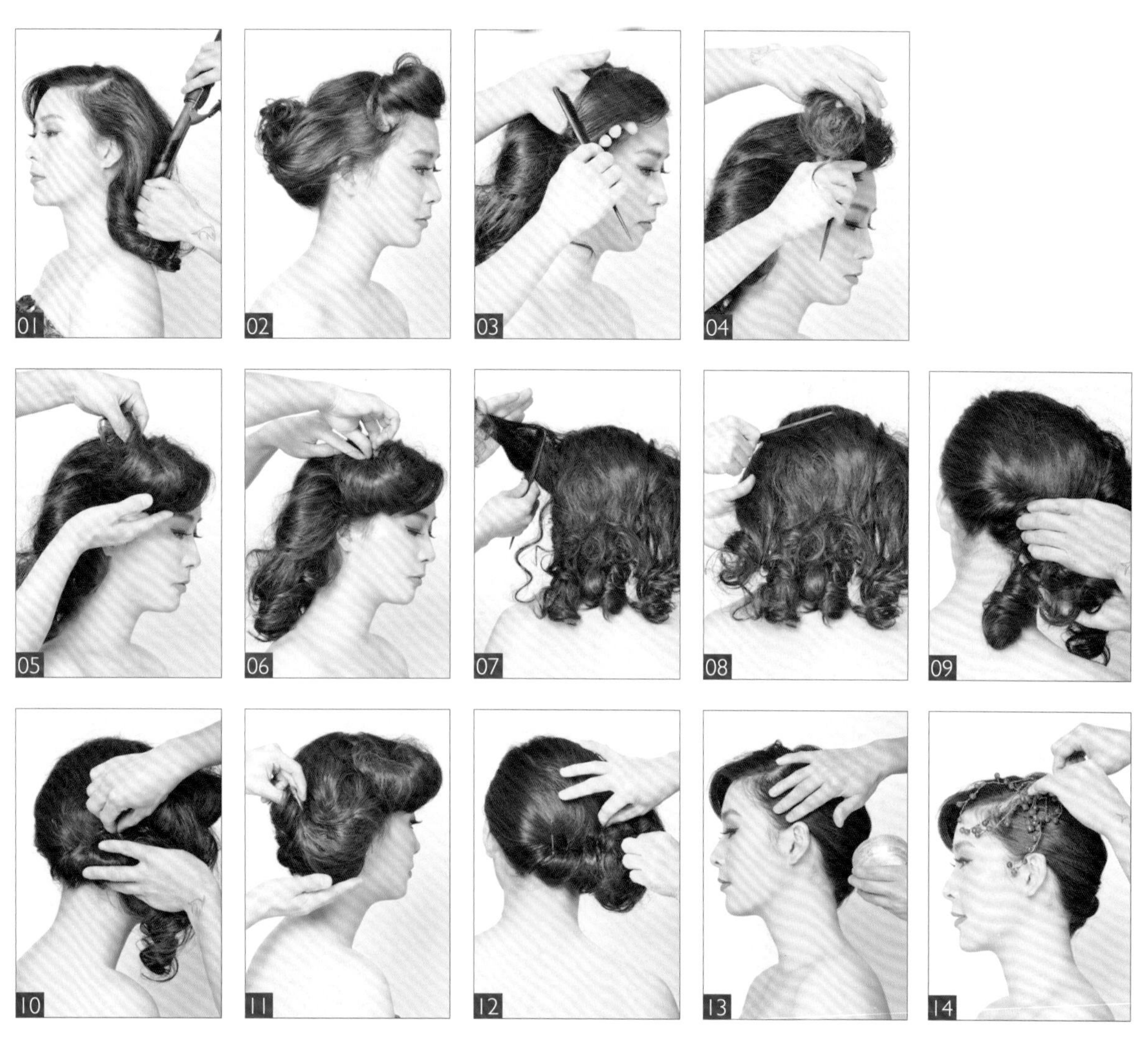

此款造型运用了烫卷、打毛、拧绳续发等手法操作完成。时尚的偏侧式发髻搭配上弧度优美的外翻刘海，整体造型完美地突显出了模特妩媚娇柔的气质。

01 取一中号电卷棒将头发全部烫卷。
02 将头发分为刘海区及后发区。
03 将刘海区头发表面梳光。
04 用尖尾梳将刘海区头发向后进行打毛处理，使其蓬松饱满。
05 将打毛后的头发做外翻卷向上收起。
06 下暗卡固定。
07 用尖尾梳将后发区的头发根部进行打毛处理，使其蓬松饱满。
08 将打毛的头发表面向后梳理干净。
09 从左侧后发区开始取一束发片，进行拧绳续发处理。
10 拧绳续发至右侧，下暗卡固定。
11 将剩余头发由下向上翻转提拉。
12 下暗卡将其固定在后发区右侧。
13 取少量发蜡将边缘碎发处理干净。
14 佩戴上喜庆的红色珠花进行点缀。

此款造型运用拧包、打毛手法操作完成。打造此款造型时，需注意发尾头发打毛的方式，发丝要有透气性及纹理性。偏侧蓬松的造型搭配上精致俏丽的蝴蝶结饰品，整体造型端庄妩媚又不失小女人的甜美可人气息。

01 取一中号电卷棒，将头发以外翻内扣手法全部烫卷。
02 在刘海区取一束发片，向后做拧包处理。
03 下暗卡固定。
04 在右侧耳上方取一束头发，由后向前进行拧包处理。
05 将其固定在耳外侧。
06 在左侧耳上方取一束头发，向后进行拧包处理。
07 下暗卡将其固定在后发区。
08 取尖尾梳将后发区头发进行打毛，使其蓬松饱满。
09 将打毛的头发表面梳理干净，由下向上收起固定。
10 剩余发尾自然垂下。
11 将发尾头发进行打毛处理，使其蓬松饱满。
12 喷发胶定型。
13 取蝴蝶结饰品进行点缀。

此款造型运用打毛、烫发手法操作完成。打造此发型时，需掌握好烫发的技巧及发卷的纹理与线条，发卷要做到乱中有序。偏侧式的卷发造型妩媚风情，再搭配上可爱的饰品点缀，整体造型突显出了新娘时尚、妩媚、俏丽的气息。

01 取一电卷棒将头发全部烫卷。
02 取尖尾梳将后发区头发进行打毛处理。
03 用包发梳将头发由前至后、由右至左梳理干净。
04 将右侧后发区发际线处的发片向左提拉固定。
05 将所有头发向一侧梳理后，有尖尾梳的尖端调整出发丝的纹理。
06 将发尾头发下暗卡衔接固定。
07 喷发胶定型。
08 在前额处佩戴别致的饰品进行点缀。

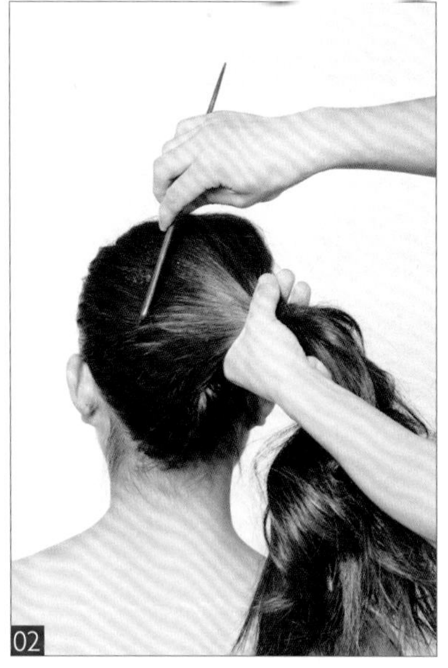

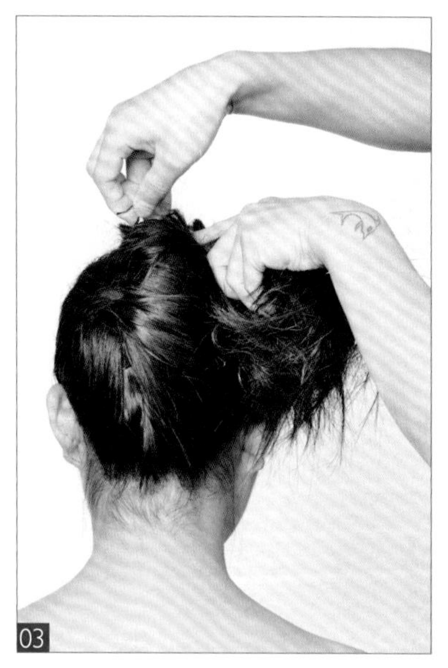

此造型通过打毛、拧包手法操作完成。打造此发型时，需掌握拧包提拉的高度，以及固定拧包时下卡子的位置，在下卡子时，卡子要贴近头发根部。纹理清晰的拧包搭配上羽毛饰品的点缀，整体造型烘托出了模特时尚动感、简洁优雅的风格。

01 用玉米夹将头发根部进行卷曲。
02 将所有头发表面梳理干净。
03 向上提拉做拧包处理后，下暗卡固定。
04 将发尾头发用尖尾梳进行打毛。
05 将发尾用尖尾梳的尖端调整出发丝纹理，下暗卡固定。
06 配上羽毛饰品进行点缀。

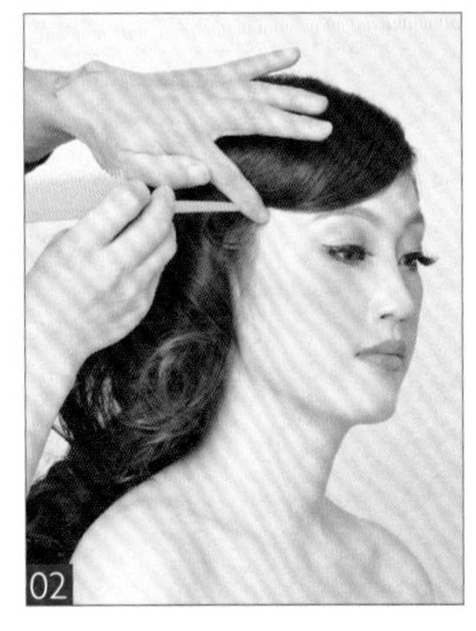

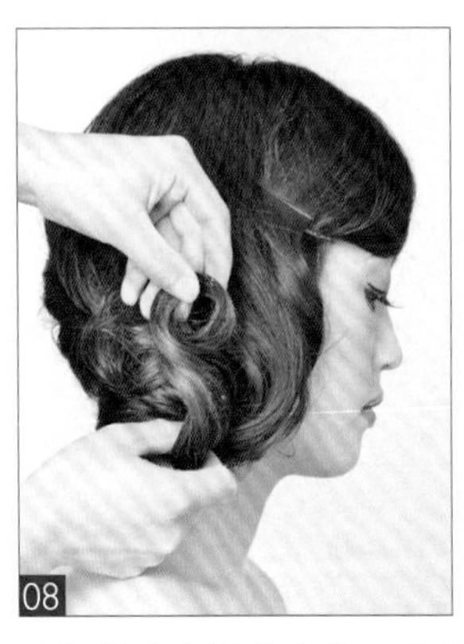

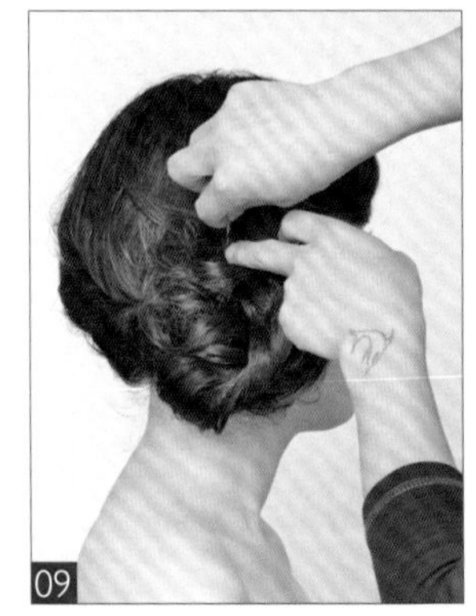

此款造型运用烫发、拧绳、手打卷手法操作完成。重点需掌握烫发的技巧，烫发过程中，所有头发要统一用一种手法进行卷曲，要么内扣要么外翻，切不可外翻内扣交错烫发。圆润自然的半圆形刘海结合简洁的拧包盘发，整体造型极好地烘托出了模特娇媚、优雅的温柔气质。

01 取一中号电卷棒将头发全部烫卷。
02 取尖尾梳将刘海调整出弧状轮廓。
03 下暗卡固定。
04 取左侧发区一缕头发，由左至右做拧绳续发。
05 下暗卡将其固定在后发区右侧下方。
06 将发尾剩余头发分为两个发片，将其中一个发片顺着发卷的纹理做卷筒。
07 将卷筒由前向后、由下向上提拉固定在后发区右侧。
08 将剩余发片沿着发卷的纹理向上摆放。
09 下暗卡将其衔接固定在后发区右侧。
10 佩戴上别致的饰品进行点缀。

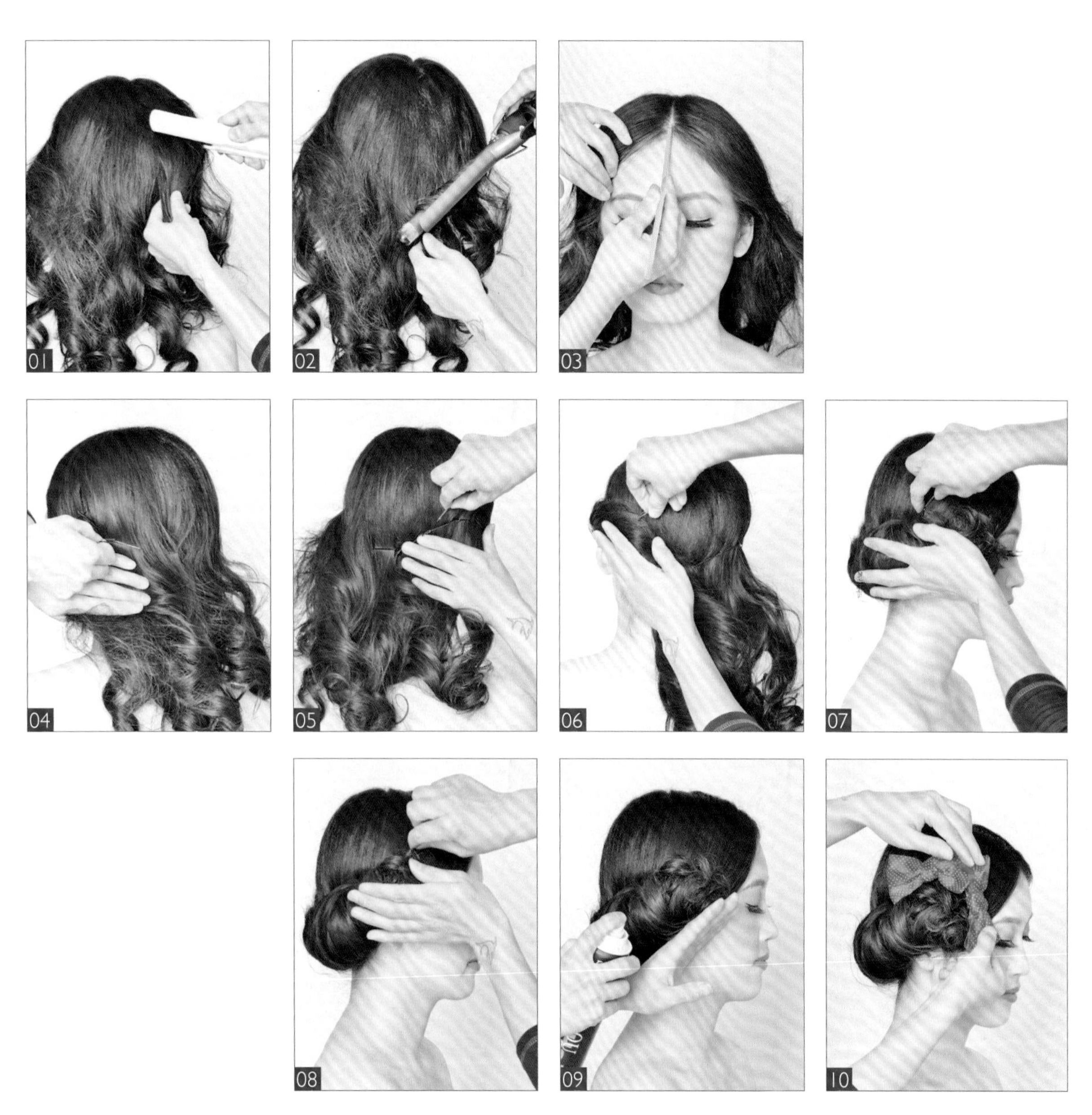

此款造型运用烫发、外翻拧包手法操作完成。重点需掌握发卷内侧的横卡固定位置，应以两侧耳尖为基准线，在后发区处呈半圆形弧度下卡固定。简洁的外翻拧包造型时尚大气，搭配上粉紫色的蝴蝶结饰品点缀，整体造型烘托出了模特优雅娴静、活泼俏丽的气息。

01 用玉米夹将头发根部进行卷曲，使其蓬松饱满，增加发量。
02 取电卷棒将头发进行卷曲。
03 用尖尾梳的尖端将刘海中分。
04 将左侧头发向后梳理干净，在耳上方下横卡向后进行固定。
05 另一侧操作手法同上。
06 将左侧发尾头发向上提拉并翻转固定，覆盖内侧发卡。
07 翻转拧包至右侧耳上方处。
08 将发尾向内卷曲收起，下暗卡固定。
09 喷发胶定型，将边缘碎发处理干净。
10 在右侧发髻边缘佩戴上蝴蝶结饰品进行点缀。

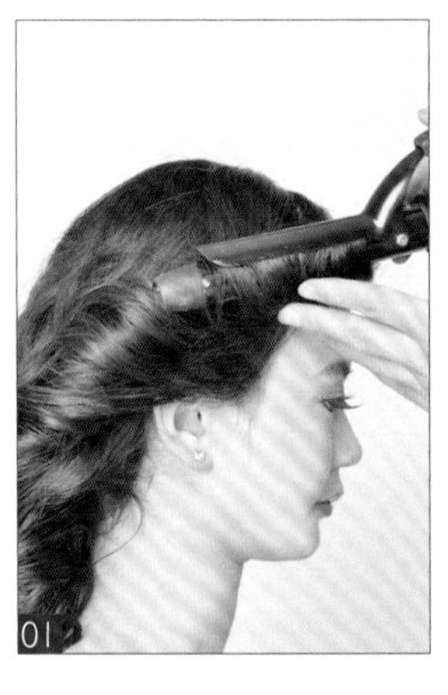

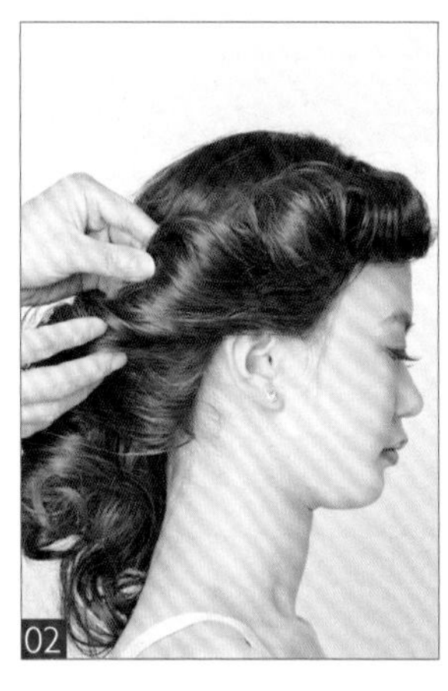

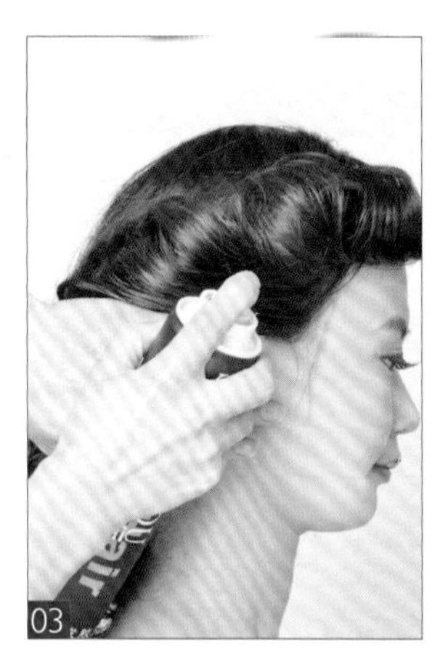

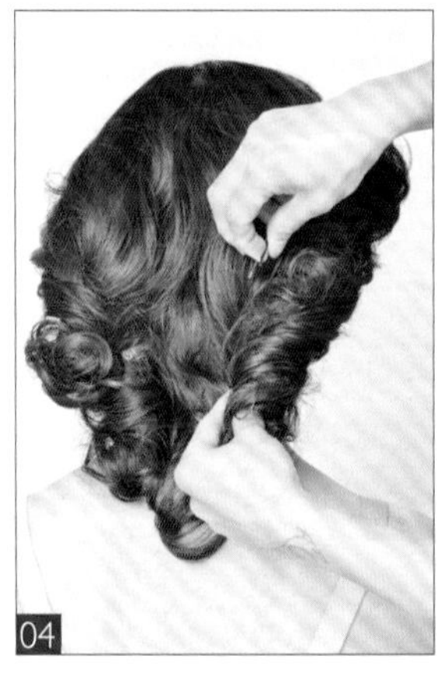

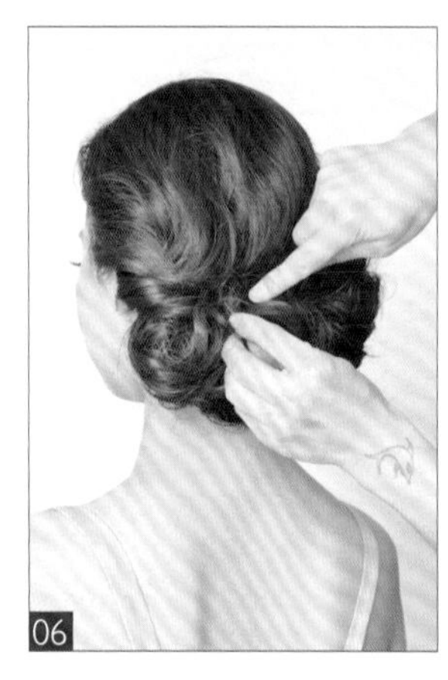

此款造型运用外翻烫发、拧包手法操作完成。重点需掌握外翻烫发的技巧，烫发时发片提拉的角度与卷曲度是打造此款造型的关键。外翻动感的盘发搭配精美的绢花饰品，整体造型完美地突显出了模特时尚、优雅的气质。

01 将左右两侧头发进行外翻烫卷。
02 将右侧外翻发卷调整出层次与纹理。
03 喷发胶将边缘的碎发处理干净。
04 沿着发卷的方向由外向内轻轻拧转，下暗卡固定衔接。
05 将发尾头发向上提拉，固定在后发区中间位置。
06 另一侧操作手法同上。
07 佩戴精美的饰品进行点缀。

此款造型运用烫发、打毛、拧绳续发手法操作完成。重点需掌握拧绳续发的手法与技巧，拧绳续发时，发片要分配均匀，拧绳边缘要光洁紧致。偏侧的浪漫卷发搭配上俏丽的波点头饰，整体造型突显出了模特清新淡雅、烂漫柔美的气质。

01 取一中号电卷棒将头发全部烫卷。
02 用玉米夹将头发根部进行卷曲，使其蓬松饱满，增加发量。
03 取顶发区头发，向后进行打毛处理，并将打毛头发的表面梳理干净。
04 将头发由右侧耳后方开始向左侧提拉，做拧绳续发处理。
05 拧绳至后发区左侧下方，下暗卡固定。
06 将左侧发卷用尖尾梳调整出纹理，并与后发区拧绳发卷自然衔接。
07 喷发胶定型。
08 在右侧前额处佩戴波点缎面头饰点缀造型。

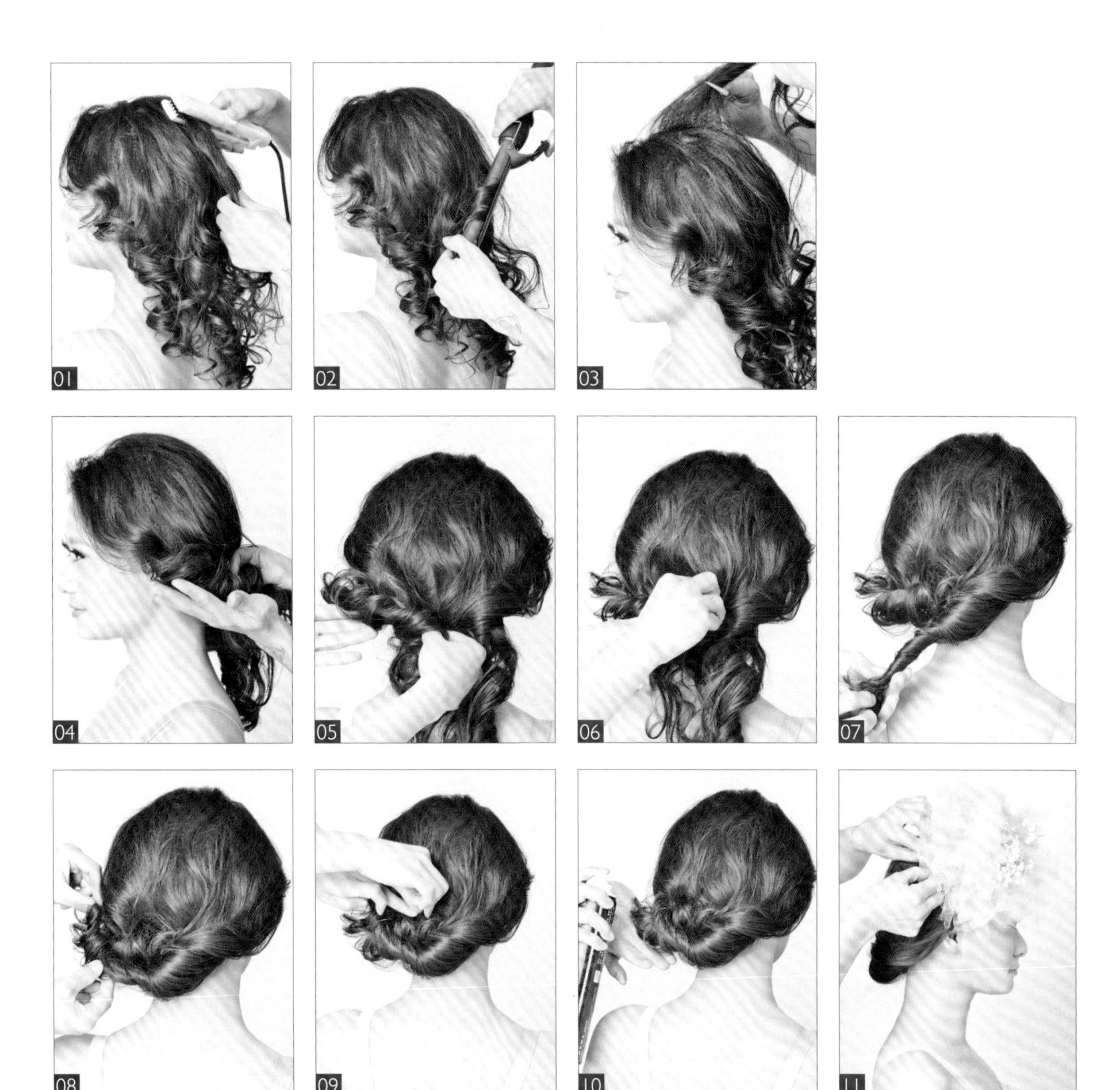

此造型通过烫发、打毛、拧绳手法操作完成。重点需掌握拧绳手法，应根据发型轮廓的特点来控制拧绳的松紧度及提拉角度。偏侧随意的拧包盘发搭配纱帽饰品的点缀，整体造型突显出了模特简约时尚、清新婉约的气质。

01 取玉米夹将头发根部进行卷曲，使其蓬松饱满，增加发量。

02 取一中号电卷棒将头发全部烫卷。

03 将头发进行打毛处理，使其蓬松饱满，易于塑型。

04 将打毛的头发表面向后梳理干净，将左侧头发沿着发卷的纹理由外向内翻转收起。

05 将头发向后提拉至后发区中间位置。

06 下暗卡进行固定。

07 将另一侧头发沿着发卷的纹理做拧绳处理。

08 将发尾向左侧提拉。

09 下暗卡进行固定。

10 喷发胶定型，并将边缘的碎发处理干净。

11 在前额上方佩戴纱帽饰品进行点缀。

此发型利用烫发、玉米烫、拧包手法操作而成。重点需掌握每个发包拧转的方向，同时注意发包与发包之间的衔接固定。简洁的拧包盘发结合自然蓬松的卷发，整体造型突显出了模特时尚唯美、俏丽娴静的气质。

01 用玉米夹将头发根部进行卷曲，使其蓬松饱满，增加发量。
02 用中号电卷棒将所有头发进行烫卷。
03 将头发分为左右侧发区及刘海区。
04 将刘海区头发向后做拧包处理。
05 下暗卡将其固定。
06 将左侧头发向上提拉做拧包收起。
07 下暗卡将其固定。
08 将右侧头发向上提拉，做拧包处理。
09 将其固定在顶发区位置，留出发尾。
10 将发尾头发用尖尾梳进行打毛。
11 调整发型轮廓及发丝纹理，喷发胶定型。
12 在左侧前额上方佩戴饰品进行点缀。

此款造型运用烫卷、打毛、拧包手法操作完成。重点需掌握后发区交错拧包的层次及下卡子的技巧，在下卡子时，卡子与头发要呈90° 直角，方可使头发牢固紧致。简洁的拧包盘发结合自然随意的卷发，整体造型极好地烘托出了模特端庄优雅的气质。

01 用玉米夹将头发根部进行卷曲。
02 取中号电卷棒将头发进行外翻内扣烫卷。
03 将顶发区头发根部进行打毛，并将打毛的头发表面向后梳理干净。
04 取左侧耳上方一束发片，由外向内做拧包固定。
05 另一侧操作手法同上。
06 继续以同样的手法将剩余头发进行交错拧包并固定在后发区。
07 将所有头发向上提拉，做拧包至后发区发际线处，留出发尾。
08 用尖尾梳将发尾头发进行打毛，使发丝与发丝之间自然衔接。
09 用尖尾梳的尖端调整出发丝的纹理与线条。
10 在前额处佩戴饰品进行点缀。

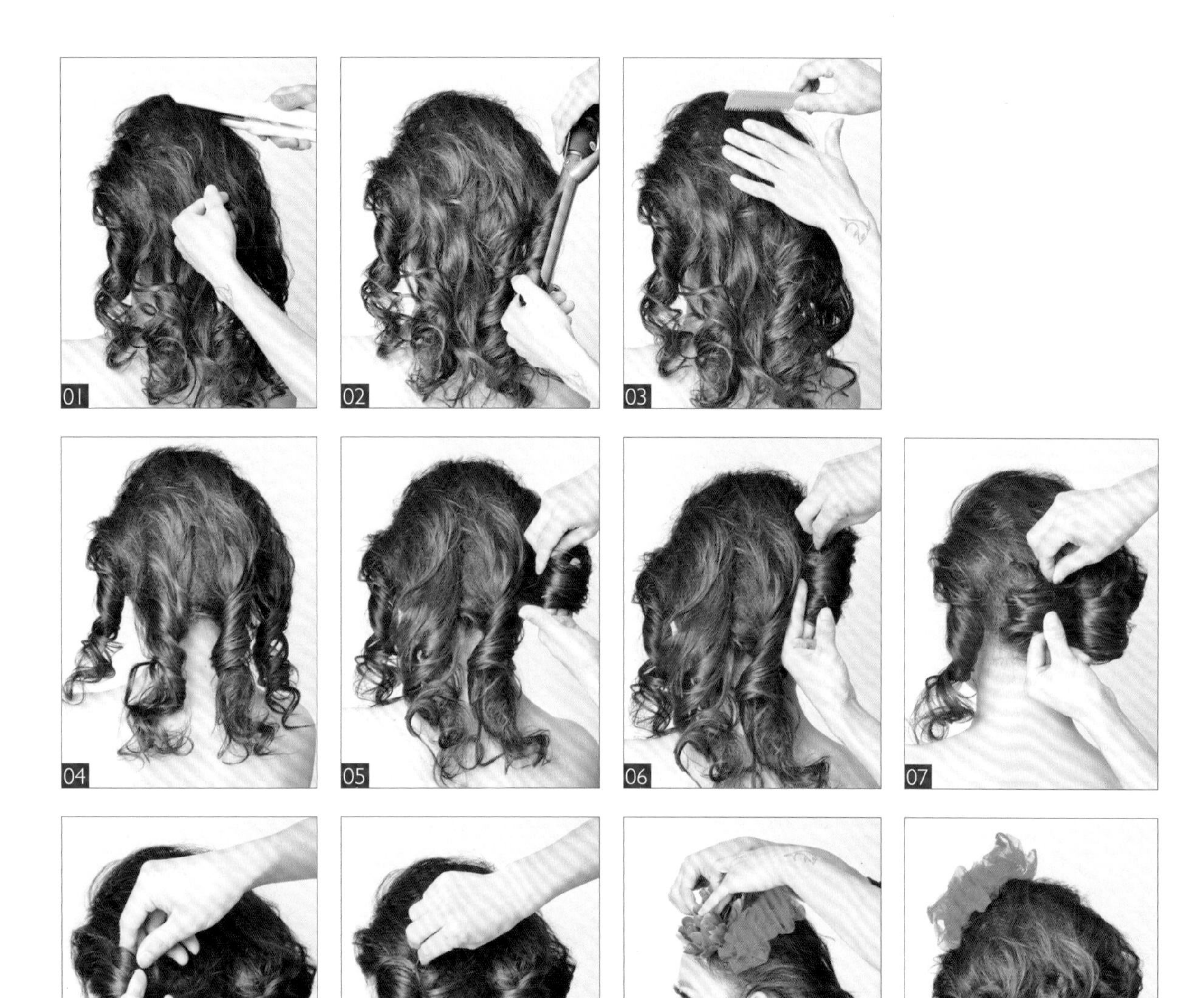

此发型利用烫发、打毛、手打卷手法操作完成。重点需掌握手打卷的制作手法，同时要做到发卷与发卷之间的无缝衔接。精致复古的手打卷发型搭配上华丽的绢花饰品点缀，整体造型烘托出了模特古典优雅的独特气质。

01 用玉米夹将头发根部进行卷曲，使其蓬松饱满，增加发量。
02 再取一中号电卷棒将头发进行烫卷。
03 将顶发区头发根部进行打毛，并向后梳理干净。
04 将所有头发分为均匀的四个发片。
05 将右侧第一个发片由外向内做手打卷收起。
06 并竖向地将其固定在后发区右侧。
07 以同样的手法继续处理第二个与第三个发片，发卷与发卷之间要衔接固定。
08 最后将左侧发片向后提拉，做手打卷收起。
09 使其与后发区的手打卷自然衔接并固定。
10 在前额处佩戴饰品进行点缀。
11 背面造型。

此款造型运用打毛、烫发、手打卷、三股编辫手法操作完成。重点需掌握刘海手打卷的制作，在做手打卷之前，发片要梳理干净，并将发片提拉90° 角以上。复古个性的手打卷刘海结合简单的编发，整体造型突显出了模特个性时尚又不乏古典娴静的气质。

01 用玉米夹将头发根部进行卷曲，使其蓬松饱满，增加发量。
02 用电卷棒将头发做外翻烫卷。
03 将顶发区头发根部进行打毛，使其蓬松饱满。
04 在右侧耳上方分出刘海区头发。
05 将发片由右至左做手打卷提拉。
06 下暗卡将手打卷固定在前额发际线处。
07 将所有头发分出均匀的三等份发片。
08 将三束发片编三股辫至发尾，用卡子固定。
09 将发辫向上缠绕，提拉至右侧耳上方。
10 下卡子固定发尾。
11 在左侧前额处佩戴饰品进行点缀。

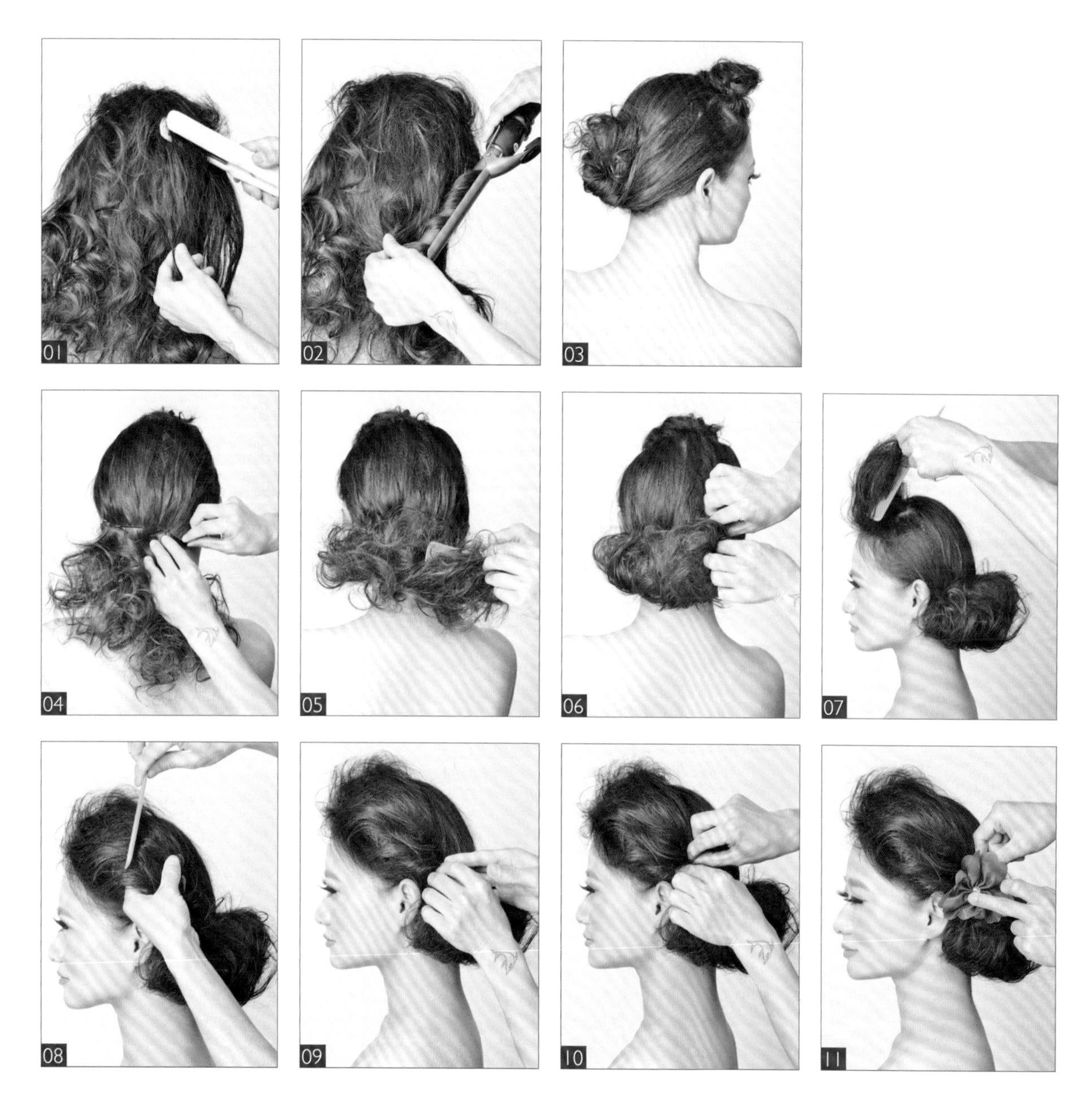

此款造型运用烫发、打毛、拧包手法操作完成。重点需掌握后发区下横卡的位置，要以后发际线为基准线。饱满的偏侧发髻搭配上高耸自然的刘海，整体造型烘托出了模特优雅知性、低调含蓄的气质。

01　取一玉米夹将头发根部进行卷曲，使其蓬松饱满，增加发量。
02　再取一中号电卷棒将头发进行烫卷。
03　将头发分为刘海区及后发区。
04　将后发区头发沿着后发际线下横卡固定，留出发尾。
05　用尖尾梳将发尾头发进行打毛。
06　将打毛后的发尾向上收起，做成发髻，下暗卡固定。
07　用尖尾梳将刘海区头发向后打毛。
08　将打毛的头发表面向后梳理干净。
09　将其向左侧提拉，做成高耸的包发刘海。
10　下暗卡固定发尾头发。
11　在左侧耳后方的发髻交界处佩戴饰品进行点缀。

此造型利用烫发、打毛、拧绳续发手法操作而成。重点需掌握左侧发区的发丝纹理与层次。浪漫的偏侧式卷发搭配上别致的饰品点缀，整体造型极好地烘托出模特时尚动感、清新浪漫的气质。

01 用玉米夹将头发根部进行卷曲，使其蓬松饱满，增加发量。
02 取电卷棒将所有头发进行烫卷。
03 将顶发区头发根部做打毛处理，使其蓬松饱满。
04 将打毛的头发表面梳理干净，用尖尾梳调整出发丝的纹理与线条。
05 将右侧发区头发由耳后方开始向后做拧绳续发至后发区左下方。
06 下暗卡进行固定。
07 将左侧发卷与右侧拧绳发髻衔接固定。
08 喷发胶定型。
09 佩戴淡雅的针织饰品点缀造型。

红毯发型

明星总是走在潮流的最前端，她们的发型也成为粉丝们模仿的焦点。女明星在走红毯时，不仅需要华服和精致妆容，更需要与之相呼应的发型。明星走红毯的时候，发型就一定是那么复杂夸张吗？答案是否。优雅的盘发凭借其精致的特点，一直深受女星们的爱戴。披散蓬松的浪漫卷发同样是红毯上长盛不衰的一款发型，凌乱的发丝和发卷形成自然的纹理，更增添了一份高贵妩媚的气质。

共17款

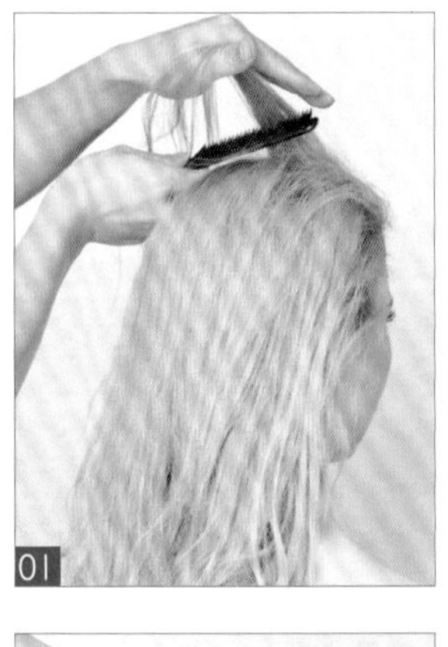

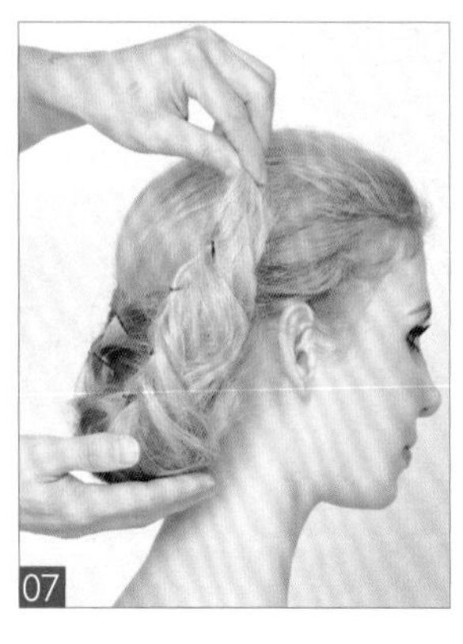

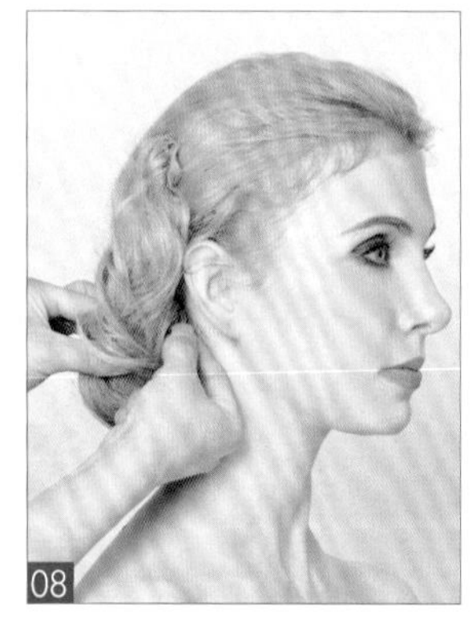

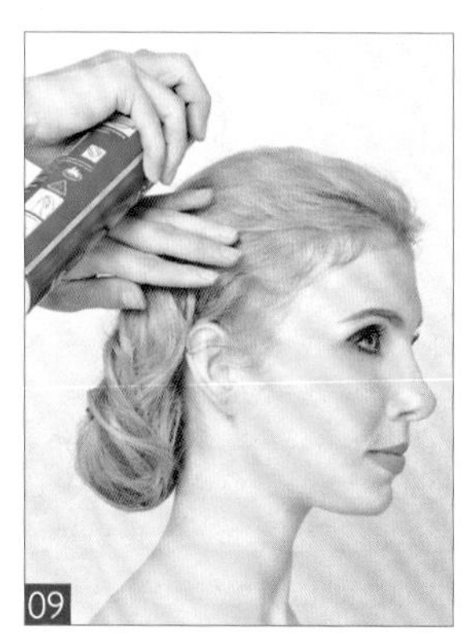

此款造型运用打毛、拧绳手法操作完成。重点要根据模特脸型的特点来控制顶发区头发的高度，同时后发区发片分配要均匀一致。时尚大气的盘发造型简约有型，再加上服装、首饰的装饰，整体造型突显出了模特时尚个性、唯美大方的气质。

01 用尖尾梳将顶发区头发根部进行打毛处理，使其蓬松饱满。
02 将打毛的头发表面梳理干净，用尖尾梳的尖端调整其高度及弧度。
03 在左、右耳上方各取一缕发片，向后发区中间位置提拉。
04 下卡子将两缕发片衔接固定在后发区中间位置。
05 继续以同样的手法将剩余头发收起固定。
06 收至发尾，左、右发片分配要均匀一致。
07 将发尾由下向上提拉。
08 将发辫与右侧发际线边缘头发衔接固定。
09 检查发型整体轮廓，修饰碎发，喷发胶定型。

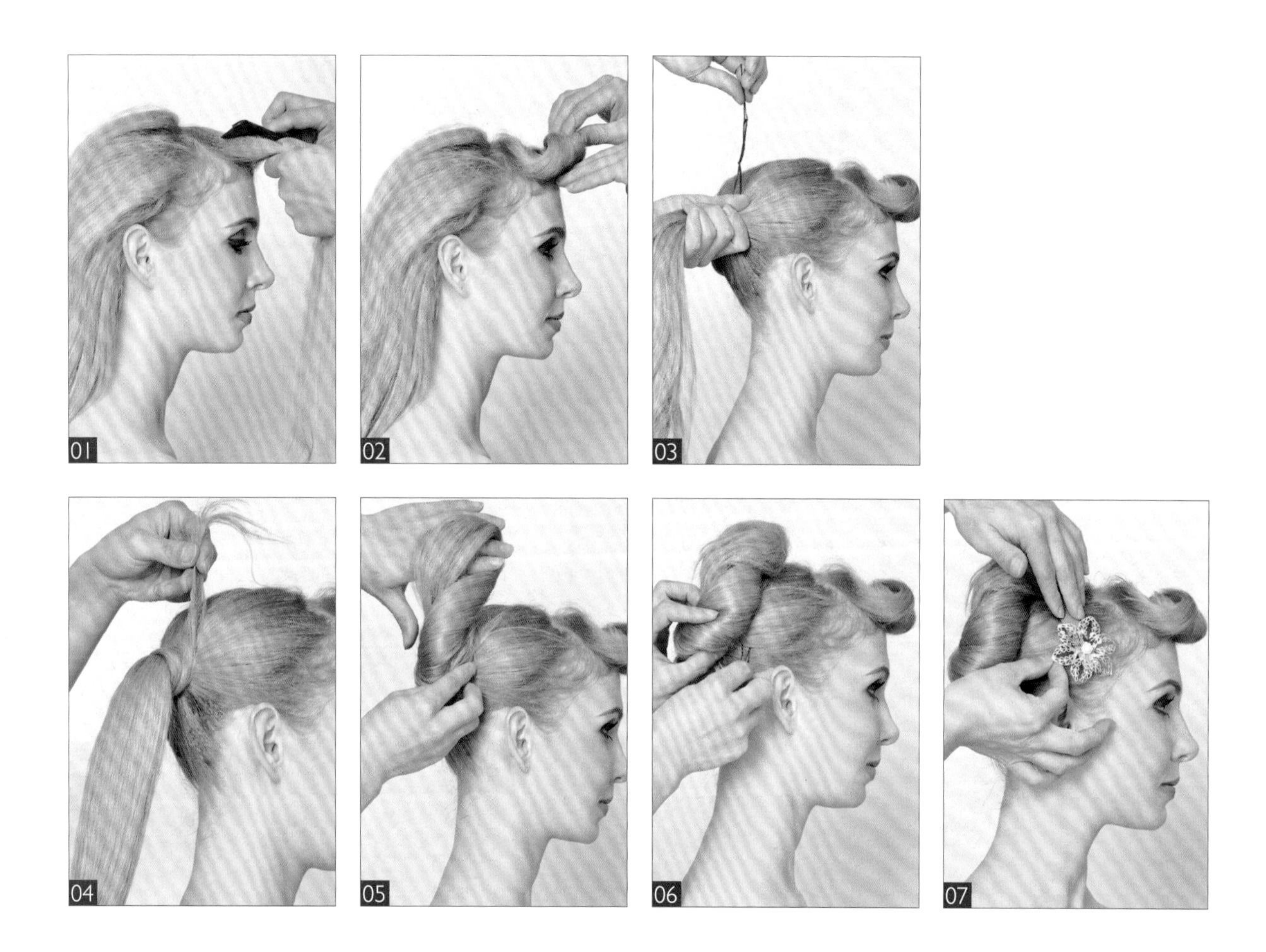

此款造型运用打毛、外翻、拧绳手法操作完成。重点在于刘海造型的打造，应根据模特脸型及额头的大小来控制刘海外翻的高度，脸型较长或额头偏高的模特应将刘海高度降低，反之则升高。个性时尚的赫本发包搭配上精致的外翻刘海，整体造型烘托出了模特俏丽可人、端庄典雅的气质。

01 取一尖尾梳将刘海区头发进行打毛处理，使其蓬松饱满，易于塑型。
02 再将刘海向上做外翻卷筒收起，下暗卡固定。
03 将后发区头发束马尾扎起。
04 从马尾上取一缕头发，将马尾皮筋缠绕覆盖并下暗卡固定。
05 再将发尾头发对折向上做拧绳收起，固定在顶发区。
06 将拧绳边缘的缝隙贴合固定。
07 取一精致的饰品点缀在右侧发区。

此款造型运用拧绳、手打卷手法操作完成。重点需掌握后发区拧绳时下卡子的技巧，要贴合头皮下暗卡才能使头发牢固。大气的组合式盘发搭配上精致的饰品，整体造型突显出了模特典雅高贵、端庄复古的气质。

01 将刘海区头发进行根部打毛处理，使其蓬松饱满。将打毛的头发向右侧梳理干净，轻推出波纹弧度，下卡子进行固定。

02 将发尾头发向耳后方做外翻提拉并固定。

03 在左侧耳上方取一缕发片，向右侧提拉固定。

04 在右侧耳上方取一缕发片，由右向左提拉并固定在左侧。

05 在左侧耳下方处取一缕发片，由左向右提拉并固定在右侧。

06 以同样的手法继续处理剩余头发，至后发区发际线下方。

07 将剩余发尾做拧绳手打卷收起。

08 将其向内收起，固定在后发区发际线处。

此款造型运用了烫卷、打毛、拧包、手打卷等手法操作完成。重点需要掌握后发区拧包的光洁度，以及刘海与后发区的自然衔接。简洁的包发组合上圆润饱满的刘海，整体造型烘托出了模特古典优雅的气质。

01 取一中号电卷棒将头发全部烫卷。
02 将头发分出刘海区。
03 取尖尾梳将后发区及顶发区打毛。
04 将顶发区头发做拧包，下暗卡固定。
05 从右侧后发区发尾中取一束发片，向上做拧转。
06 下暗卡进行固定。
07 以同样的手法操作，取左侧后发区发片向上做拧转，进行交错拧包。
08 将剩余发尾梳理干净，向右侧拧包固定。
09 喷发胶定型，将边缘碎发处理干净，调整发型整体轮廓。
10 从刘海区取头发向后打毛。
11 将打毛的头发表面梳理干净，由前向后、由左至右梳理，做拧包处理。
12 将其固定在耳上方位置。
13 将剩余发尾做手打卷，向后提拉固定。
14 喷发胶定型。

此款造型运用烫卷、打毛、拧绳、拧包手法操作完成。重点需要掌握打毛的技巧，打毛的目的是使头发根部饱满。简洁的盘发组合加上外翻的圆形刘海，在通过别致礼帽的点缀，整体造型烘托出了模特个性时尚、复古端庄的气质。

01 取一中号电卷棒将所有头发烫卷。
02 将头发分为刘海区及后发区。
03 取尖尾梳将刘海区头发打毛，使其蓬松饱满。
04 将打毛好的刘海进行拧绳旋转。
05 将拧绳的头发向上提拉。
06 摆放出半圆弧度，下暗卡固定。
07 取顶发区头发进行打毛，使其蓬松饱满。
08 将打毛头发的表面梳理干净，向左侧梳理。
09 将其进行拧包并收起。
10 下暗卡将其固定在后发区左侧。
11 将剩余发尾进行拧绳处理至发尾。
12 将拧绳由左至右向上提拉，固定在后发区右侧。
13 喷发胶定型。
14 佩戴别致的礼帽饰品进行点缀。

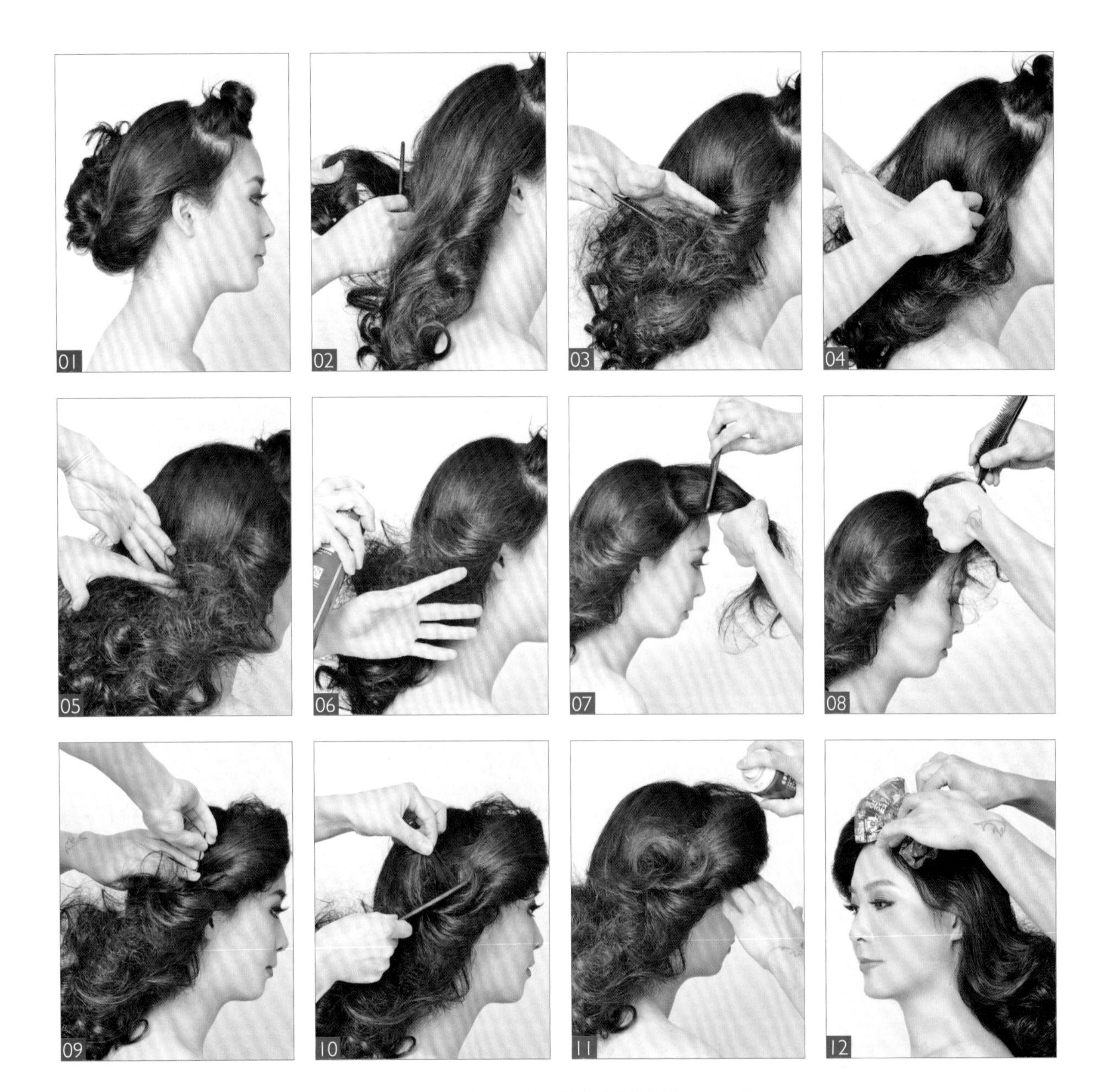

此款造型运用烫发、打毛、拧包手法操作完成。重点需掌握烫发与打毛的技巧，两侧头发要以外翻手法进行卷曲，使整体发型更富有张力。打毛时，要将头发处理得乱中有序，切不可将头发打毛得过于凌乱。

01 将头发分为刘海区及后发区。
02 取尖尾梳将后发区头发进行打毛，使其蓬松饱满。
03 将打毛的发丝进行整理，使其纹理清晰，乱中有序。
04 在耳后方由右至左下横卡固定头发。
05 将发尾头发向上提拉调整，在后发区有卡子的位置进行遮盖。
06 喷发胶定型，整理并修饰后发区发尾的轮廓。
07 将刘海区头发进行打毛处理后，将头发向前梳理干净。
08 再将刘海区头发由前向后翻转，做成发包。
09 将其固定在耳上方位置。
10 将发尾头发做打毛处理，使其与后发区头发自然衔接。
11 喷发胶将刘海定型，同时将边缘碎发处理干净。
12 在右侧前额处佩戴饰品进行点缀。

01

02

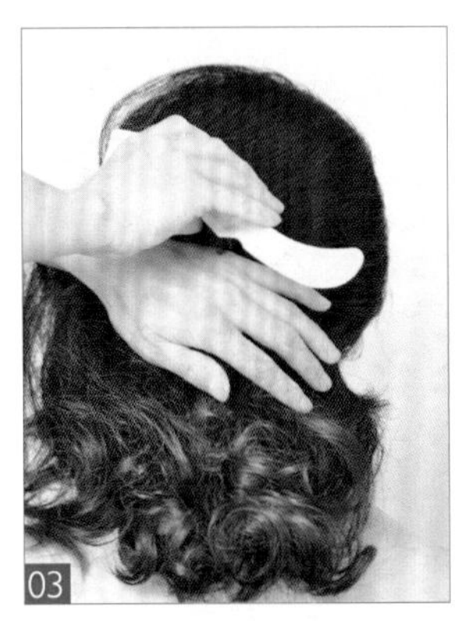
03

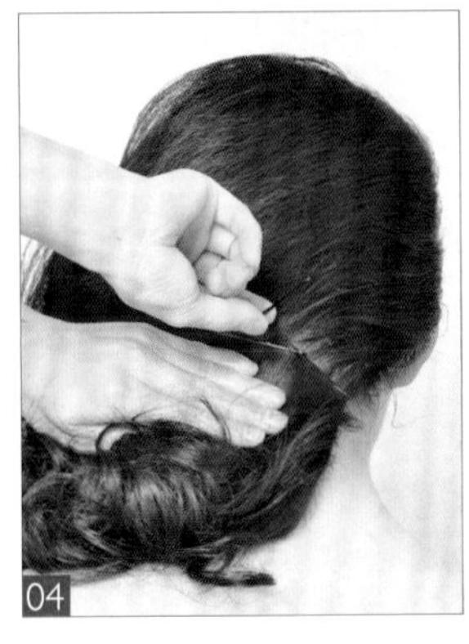
04

05

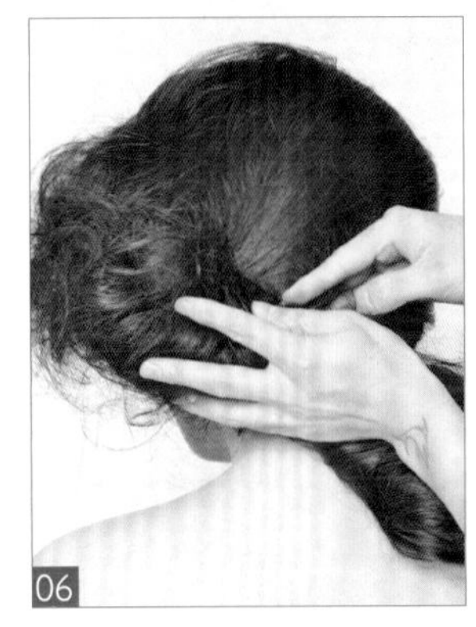
06

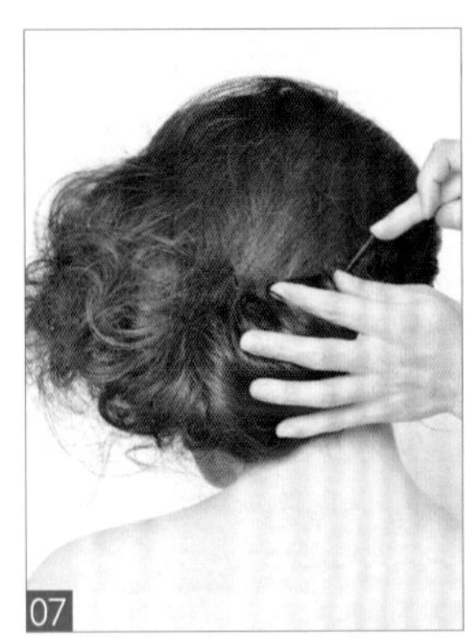
07

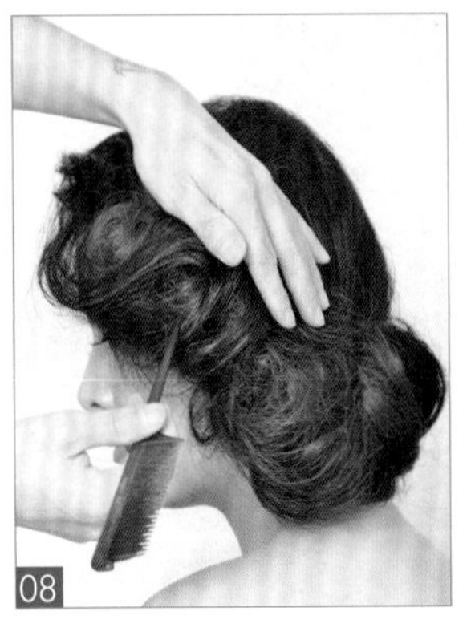
08

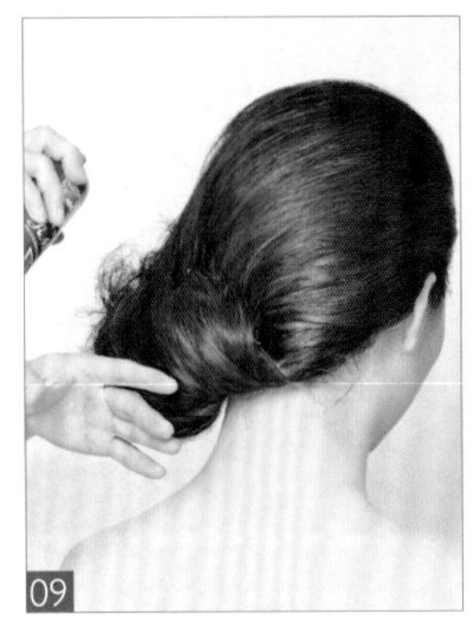
09

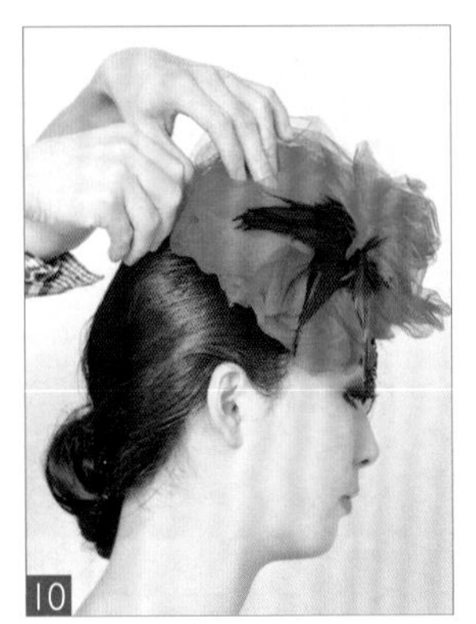
10

此款造型运用烫卷、打毛、拧绳手法操作完成。重点需掌握烫发的走向及打毛的技巧，使发丝具有线条感的同时有透气性。偏侧外翻的盘发造型搭配上红色纱帽的点缀，整体造型烘托出了模特时尚大气的明星气质。

01 取一中号电卷棒将所有头发进行烫卷。
02 取一尖尾梳将所有头发进行打毛，使其蓬松饱满。
03 用包发梳将打毛头发的表面梳理干净，由右至左梳理。
04 在右侧后发区处开始下横卡固定头发，至后发区中部位置。
05 将左侧头发进行打毛处理，使其蓬松饱满。
06 将左侧头发由外向内做外翻拧包固定。
07 将剩余发尾向上提拉，做卷筒收起固定。
08 用尖尾梳的尖端调整左侧头发的轮廓及发丝纹理。
09 喷发胶定型，将边缘碎发处理干净。
10 佩戴大红色纱帽头饰进行点缀。

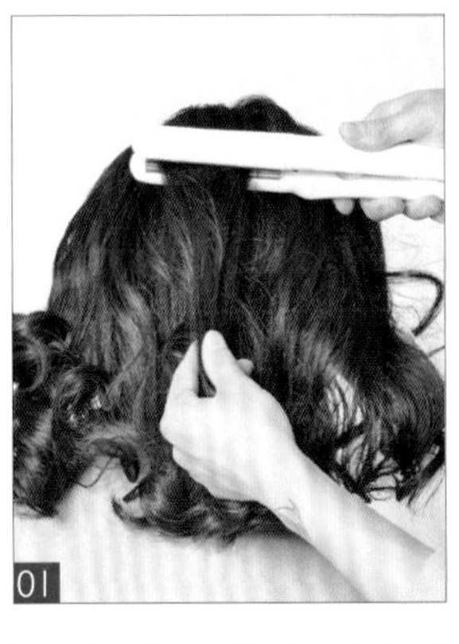
01

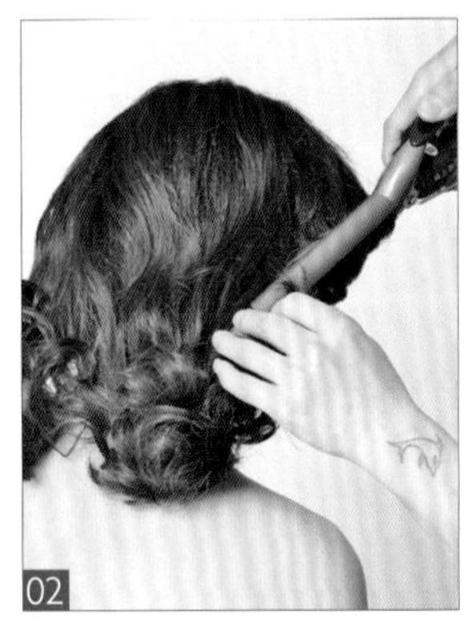
02

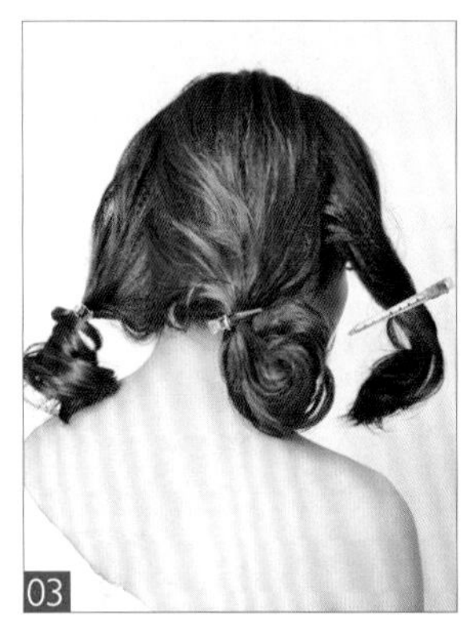
03

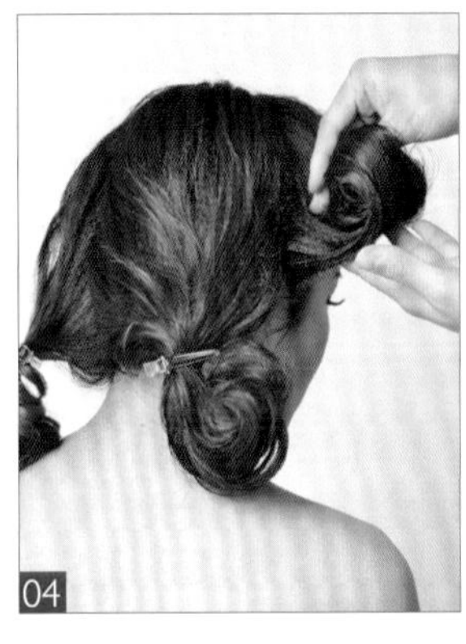
04

05

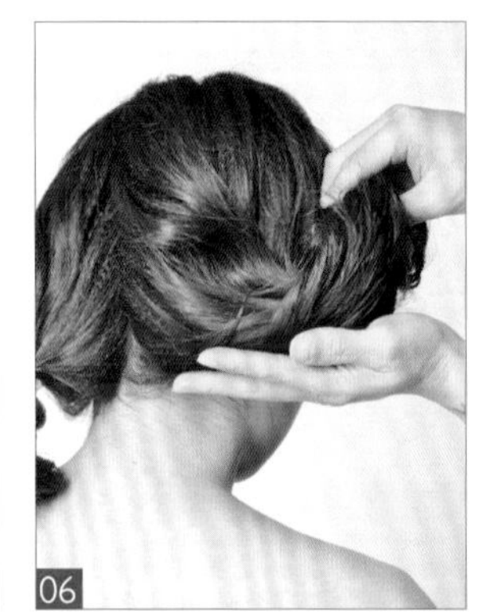
06

07

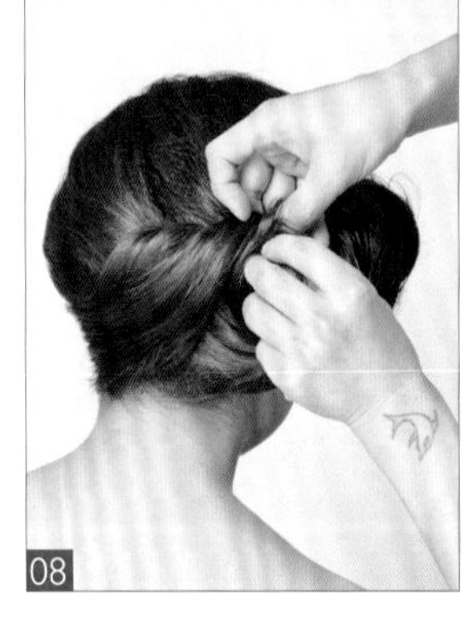
08

09

此发型利用烫发、玉米烫、拧包、手打卷手法操作完成。打造此造型时需掌握手打卷摆放的高度及发卷的大小。发卷过小会使发型整体轮廓显得不饱满，过大则会使造型显得邋遢不精致。外翻的偏侧发型尽显模特时尚个性、优雅柔美的气质。

01 用玉米夹将头发根部进行卷曲。
02 用中号电卷棒将头发进行外翻烫卷。
03 将所有头发分为左右侧发区及后发区。
04 将右侧发区头发梳理干净后，向上做手打卷收起。
05 下暗卡固定发卷。
06 将后发区头发梳理干净，顺着发卷纹理向上提拉。
07 下暗卡将其与第一个手打卷衔接固定。
08 将左侧发区头发梳理干净后，由左至右提拉拧转，发尾做手打卷收起，与第二个发卷衔接固定。
09 喷发胶定型，将边缘碎发处理干净。

此发型以简单的烫发、打毛、玉米烫、拧包手法操作而成。重点需掌握发包与发包之间的无缝衔接，以及发尾卷发的纹理与层次感。偏侧式的拧包造型极富小女人的柔美妩媚，同时通过白色珍珠发卡的点缀，整体造型将模特婉约优雅的气质体现得淋漓尽致。

01 用中号电卷棒将所有头发以外翻内扣手法进行交错烫卷。
02 取玉米夹将头发根部进行卷曲。
03 将所有头发分为四个均等发片。
04 将右侧第一个发片进行拧包处理。
05 下暗卡将其固定在耳上方。
06 将右侧第二个发片由后向前进行拧包，覆盖在第一个发片之上并固定。
07 将后发区的发片由后向前提拉做拧绳处理，覆盖固定在第二个发片之上。
08 将剩余头发以同样的手法进行操作。
09 将发尾头发用尖尾梳进行打毛，整理出发丝纹理。
10 喷发胶定型。
11 在右侧发髻之上佩戴精美的珍珠发卡进行点缀。

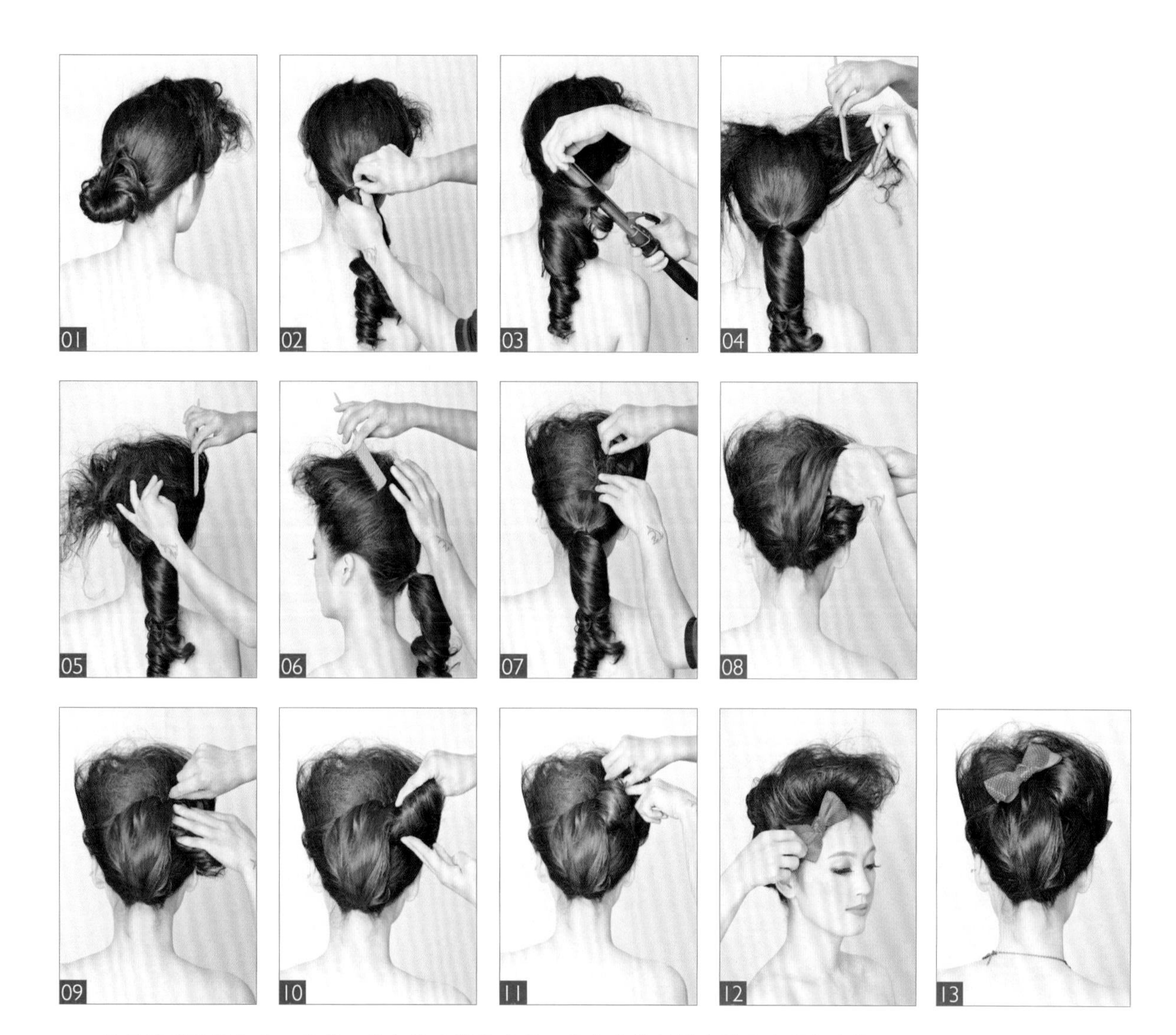

此款造型运用打毛、烫发、拧包手法操作完成。重点需掌握刘海区头发的打毛技巧，头发要打到根部，使发根站立，同时打毛的方向至关重要。高耸饱满的包发搭配上精致的红色蝴蝶结饰品，整体造型在时尚简约的同时又不缺乏俏丽甜美的气息。

01 将头发分为刘海区、后发区。
02 将后发区头发束马尾扎起。
03 取中号电卷棒将马尾头发进行烫卷。
04 取尖尾梳将刘海区头发进行打毛，使其蓬松饱满。
05 将打毛的右侧发区头发向左侧梳理。
06 将左侧打毛的头发向右侧梳理。
07 将左右两侧的头发衔接固定。
08 将后发区发尾的头发顺着发卷的纹理梳理干净，向上提拉拧转。
09 下暗卡将其固定。
10 发尾头发做卷筒收起。
11 下暗卡进行固定。
12 在右侧前额处佩戴红色蝴蝶结饰品进行点缀。
13 后发区完成图。

01

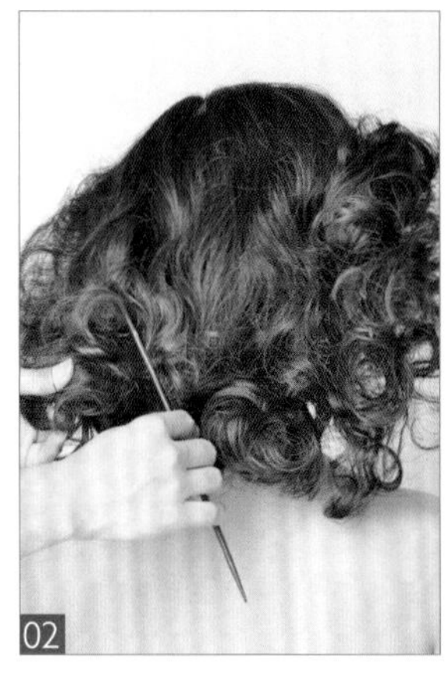
02

03

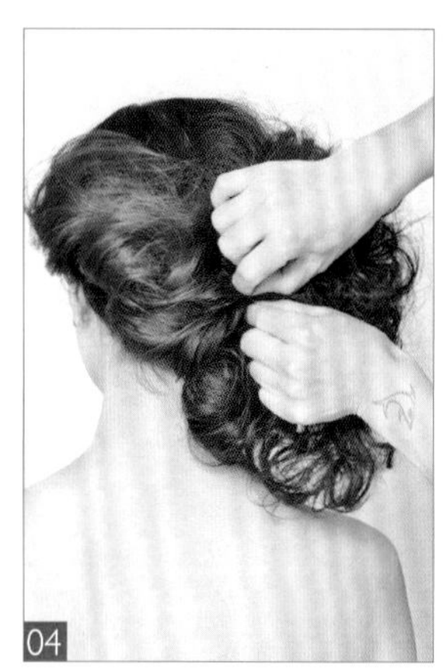
04

05

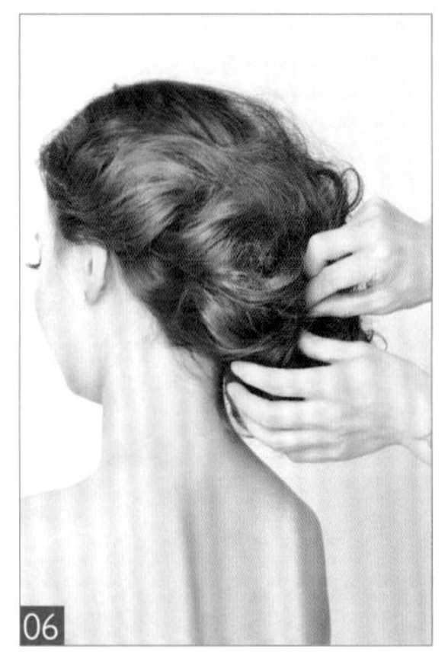
06

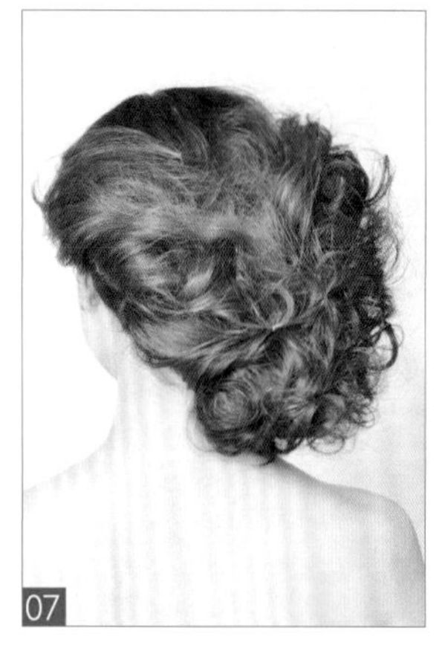
07

08

此款造型运用烫发、打毛、拧转手法操作完成。纹理清晰、层次鲜明的卷发造型在烫发时，要准确地拿捏发片提拉的角度及发卷的走向。时尚蓬松的卷发搭配上靓丽的丝巾点缀，整体造型将模特时尚优雅、妩媚风情的气质体现得淋漓尽致。

01 取一电卷棒将头发全部烫卷。
02 取一尖尾梳将头发进行打毛。
03 将刘海及右侧发区的头发进行外翻处理，下卡子衔接固定。
04 再将左侧发区的头发向后进行外翻拧转，下暗卡固定。
05 收起剩余头发，固定在后发区。
06 调整后发区发包的轮廓及弧度。
07 后发区完成图。
08 取一黄色丝巾折叠，佩戴在左侧前额上方点缀造型。

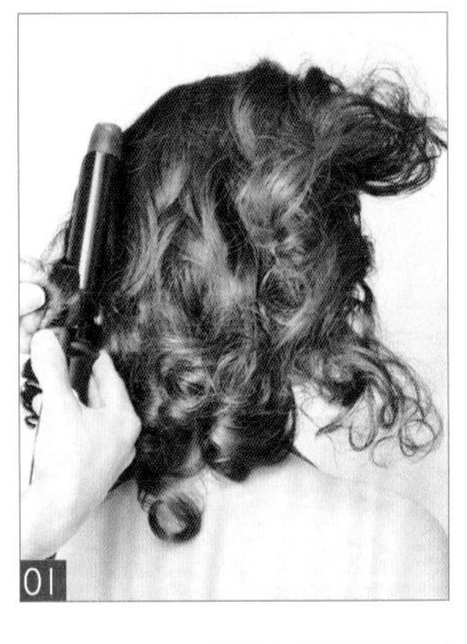

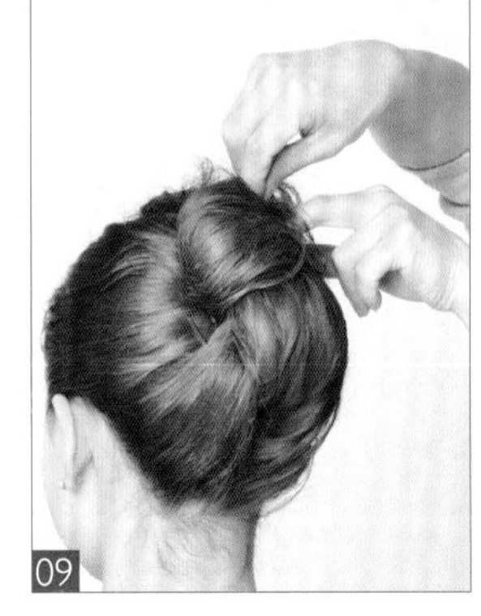

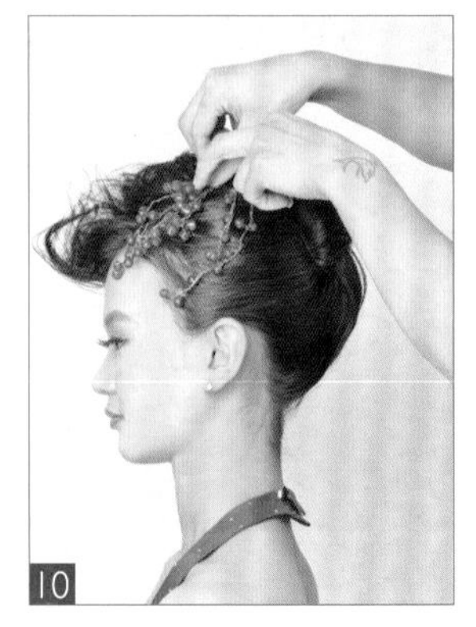

此款造型运用烫发、打毛、拧包手法操作完成。重点需掌握高耸蓬松的刘海的打造技巧，要求发丝清晰、层次鲜明，要做到乱中有序。高耸饱满的刘海结合简洁清爽的拧包盘发，整体造型极好地烘托出了模特个性时尚、狂野妩媚的气质。

01 用中号电卷棒将头发全部烫卷。

02 取尖尾梳将刘海区头发进行打毛。

03 调整出发丝的纹理与层次。

04 将发尾收起固定在顶发区。

05 将左右两侧头发做拧包，衔接固定在后发区中间位置。

06 继续以同样的手法处理剩余发片。

07 将剩余后发区头发向上提拉并拧转固定。

08 将发尾头发梳理干净，做拧包收起。

09 下暗卡固定。

10 佩戴红色珠花点缀造型。

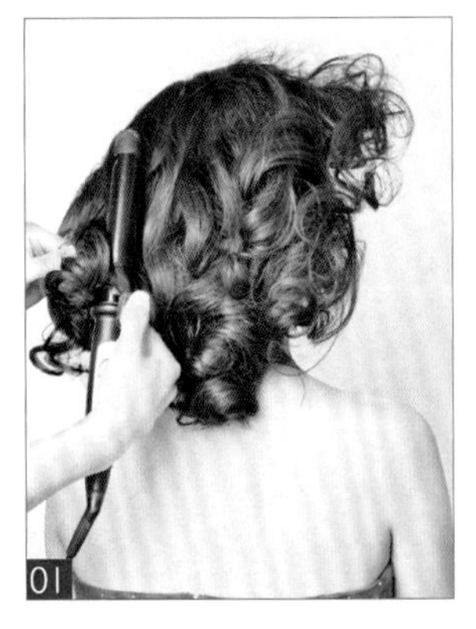

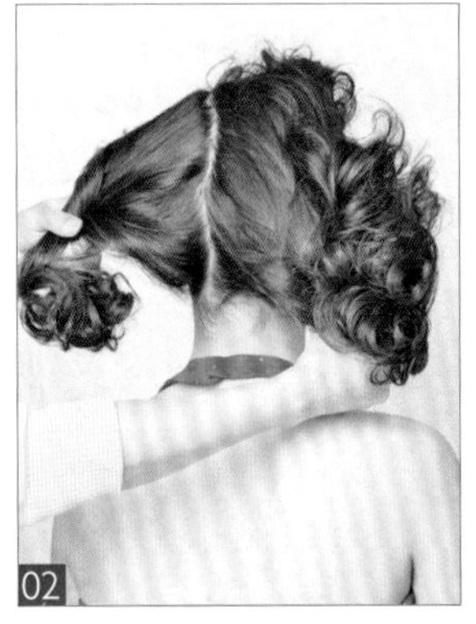

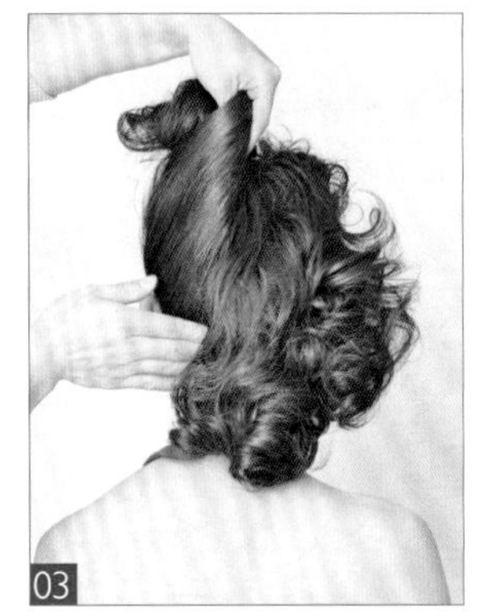

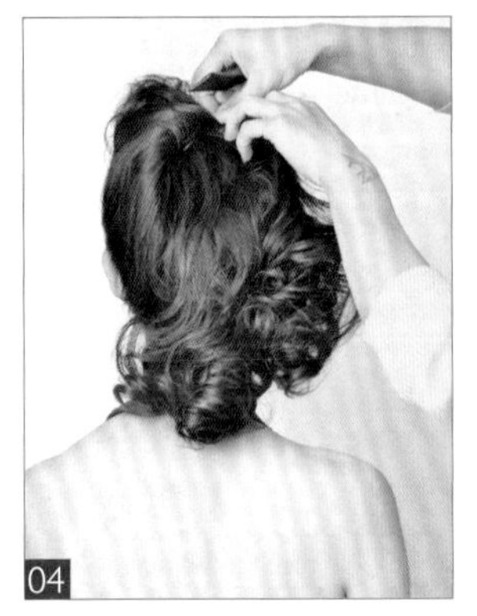

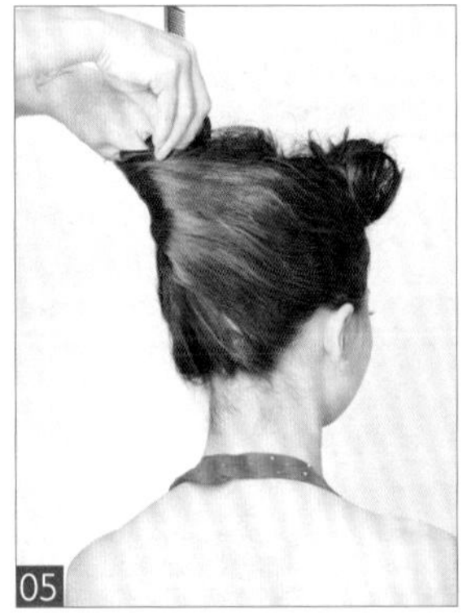

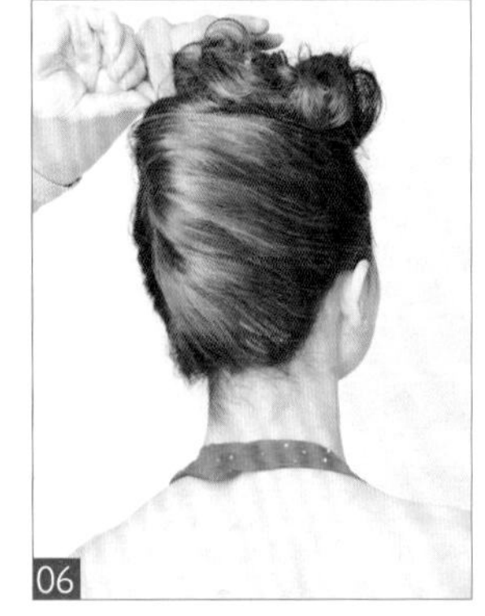

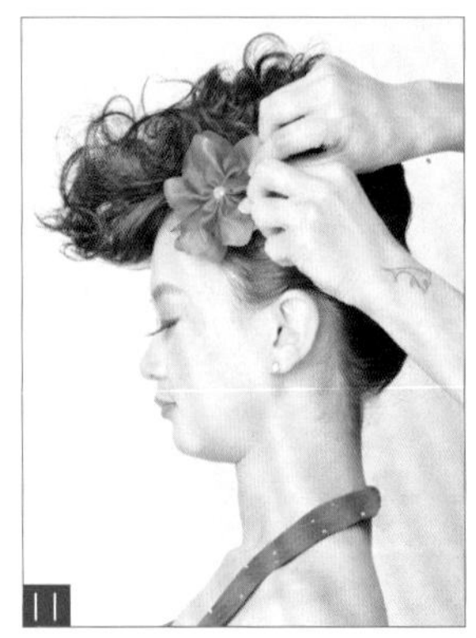

此款造型通过烫发、打毛、交叉包发手法操作完成。重点需掌握后发区交叉包发的手法，在包发时，发片要向上提拉紧致，角度控制在90°角以上最为适宜，否则包发会显的不饱满且邋遢无形。传统的盘发结合高耸饱满的刘海，搭配上别致的绢花点缀，整体造型突显出了模特时尚精致、典雅大气的风格。

01 取一电卷棒将头发全部烫卷。
02 将后发区头发分为左右两个发区。
03 将左侧头发向上梳理干净，做拧包收起。
04 下暗卡将其固定在顶发区。
05 将右侧头发以尖尾梳的尖端做轴心，进行拧包处理。
06 下暗卡固定头发。
07 将刘海区头发做打毛处理。
08 用尖尾梳的尖端调整出发丝的纹理及层次。
09 将左右两侧发丝向中间提拉，下暗卡衔接固定。
10 喷发胶定型。
11 佩戴精美别致的绢花饰品点缀造型。

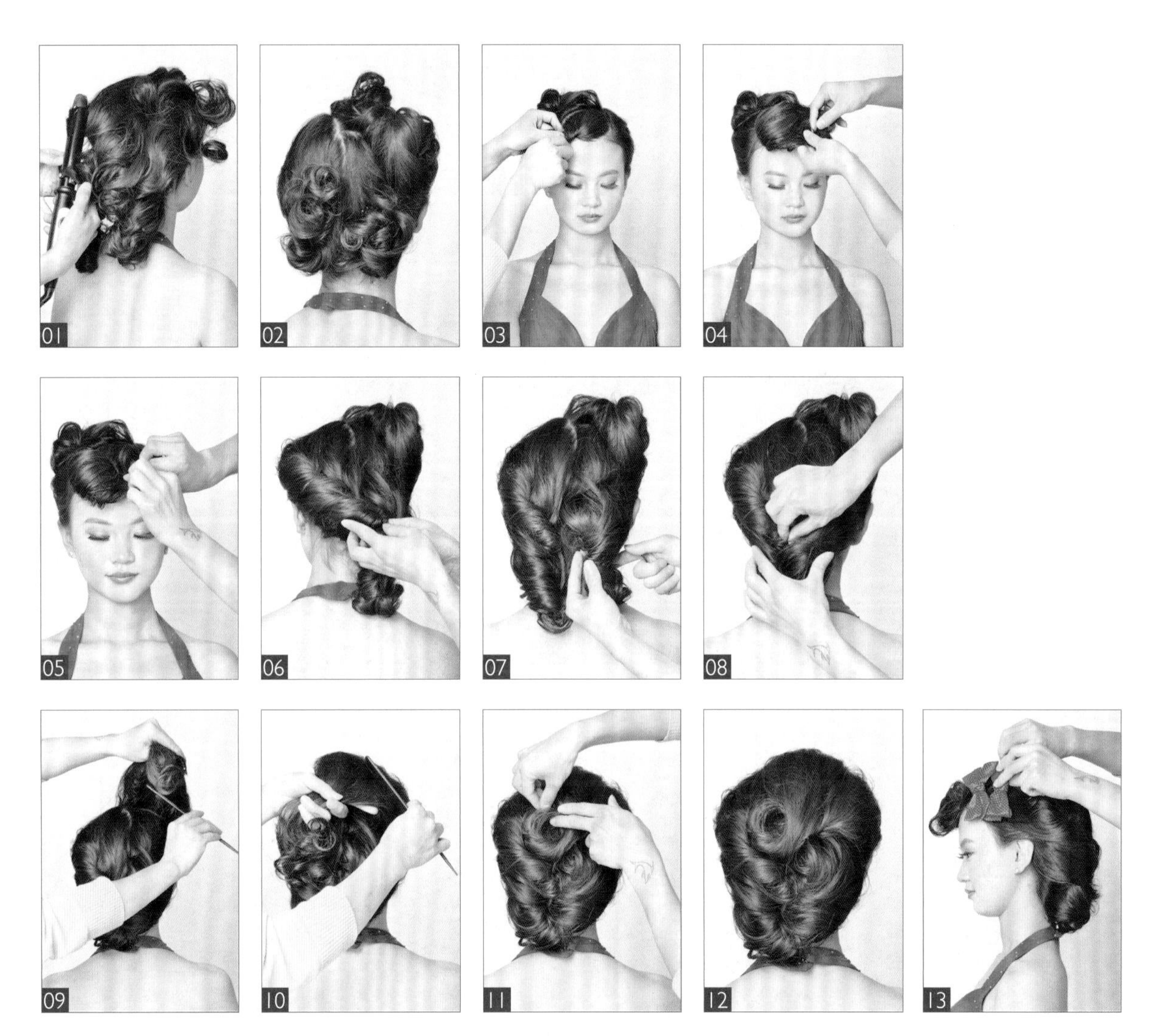

此款造型运用烫发、打毛、拧包、手打卷手发操作完成。打造此造型时，需重点掌握后发区发包的轮廓弧度，光洁饱满的包发能极好地突显出模特典雅精致、甜美娴静的气质。

01 取一中号电卷棒将头发全部烫卷。
02 将头发分为刘海区、右侧发区及左右后发区。
03 将刘海区头发做拧绳处理后，下暗卡固定。
04 将剩余的发尾做打毛处理后，由右至左翻转。
05 收起发尾头发，下暗卡固定。
06 将后发区左侧头发做外翻拧包，收起至后发区左下方。
07 将右侧头发以同样的手法操作。
08 将左右两侧的发包衔接固定，合二为一。
09 将刘海区头发向后进行打毛处理。
10 将打毛的头发表面向后梳理干净。
11 发尾做发卷收起，固定在后发区。
12 后发区完成图。
13 佩戴蝴蝶结饰品点缀造型。

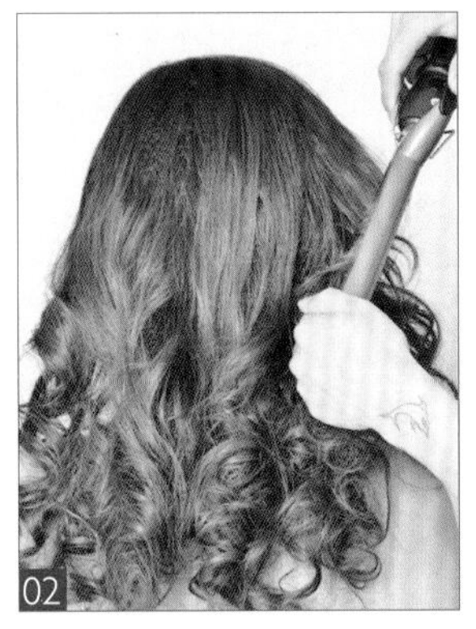

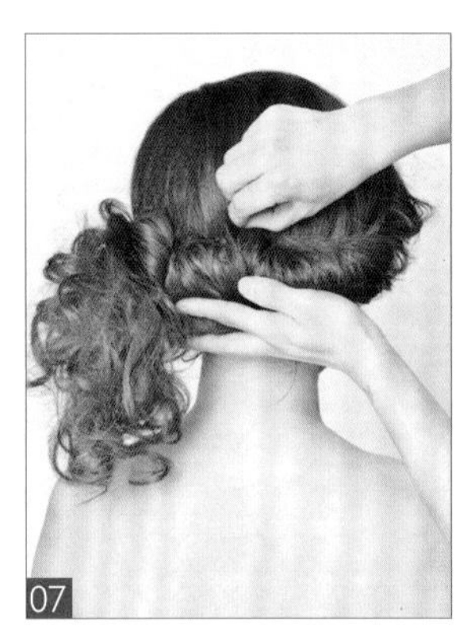

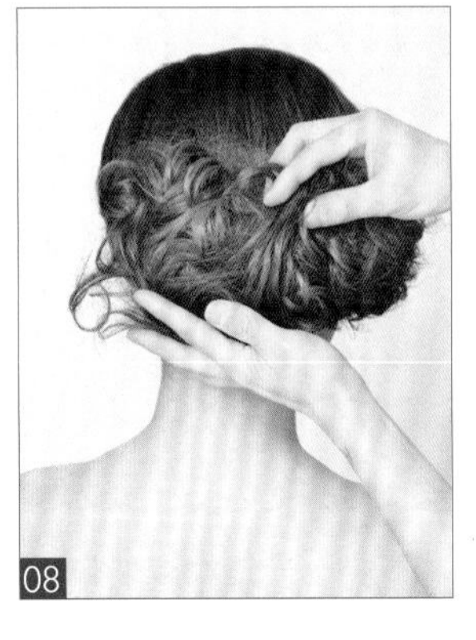

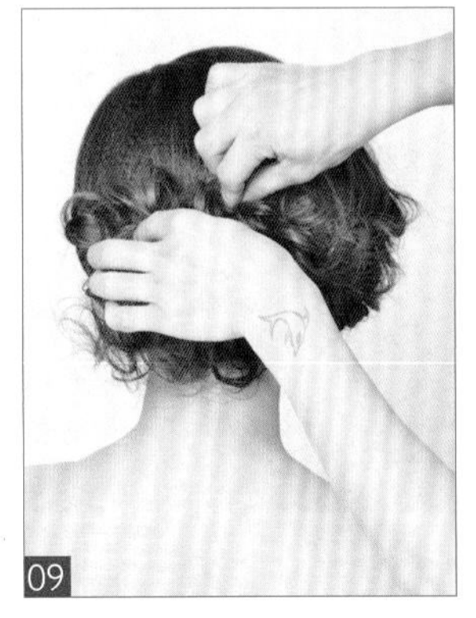

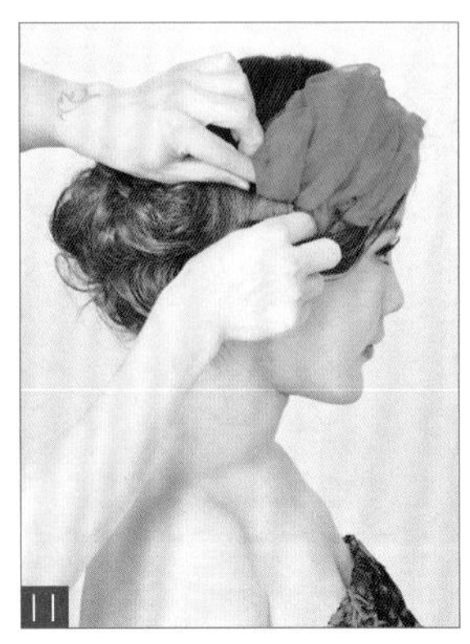

此款造型运用烫发、拧包手法操作完成。简洁大方的拧包盘发操作手法极为简单，只要掌握好发型整体的轮廓即可。时尚外翻的发髻搭配同色系的紫纱点缀，整体造型完美地烘托出了模特妩媚、典雅的气质。

01 用玉米夹将头发根部进行卷曲，使其蓬松饱满，增加发量。
02 用中号电卷棒将头发进行烫卷。
03 将头发在后发区处分为左右两侧发区。
04 将左侧头发进行拧包处理。
05 下暗卡将其固定在后发区左侧。
06 将右侧头发进行外翻拧包处理。
07 沿着发卷的纹理向上提拉，将其固定在后发区中部。
08 将左侧剩余发尾向右侧提拉。
09 将发尾覆盖在后发区的发髻处，下暗卡进行固定。
10 喷发胶定型，并将边缘碎发处理干净。
11 佩戴饰品进行点缀。

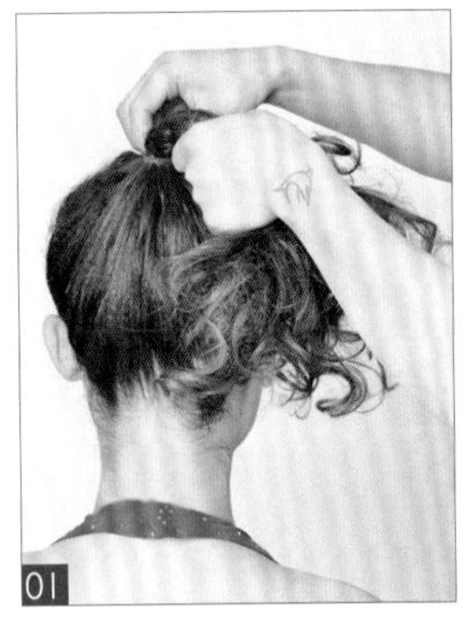

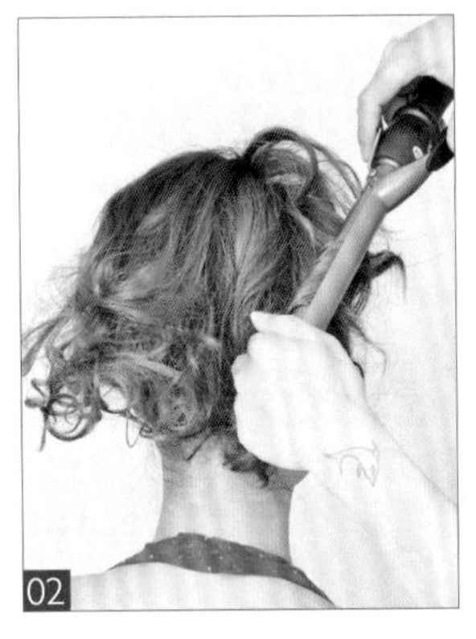

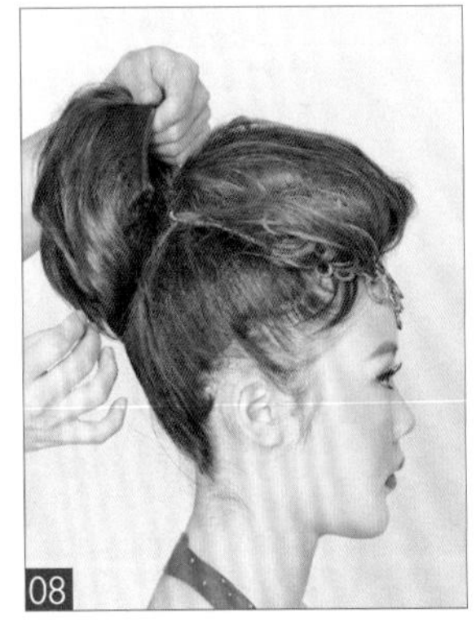

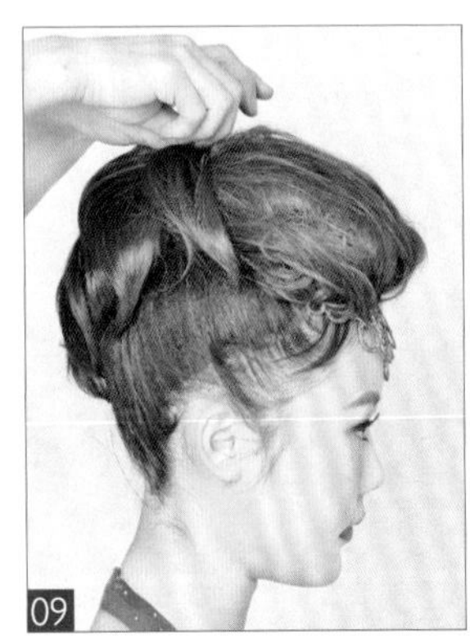

此款造型运用束马尾、烫发、打毛、真假发结合手法操作完成。打造此发型的重点在于束马尾的高度，马尾束得过低便无法塑造高耸发髻的效果。同时要掌握真假发的结合，在选择假发时，应尽量选择同色系的假发片，使真假头发能够完美地融合在一起。高耸的发髻搭配上复古的项链饰品，整体造型极好地突显出了模特时尚个性、气场十足的女王范儿。

01 将头发在头顶束马尾扎起。

02 取中号电卷棒将马尾头发进行烫卷。

03 取一尖尾梳将马尾头发往前额方向提拉并进行打毛。

04 将打毛的头发表面向前梳理干净。

05 将发尾向内拧包收起。

06 下暗卡固定发包。

07 在前额处佩戴头饰进行点缀。

08 取一同色系假发片。

09 将其衔接固定在马尾的发髻处。

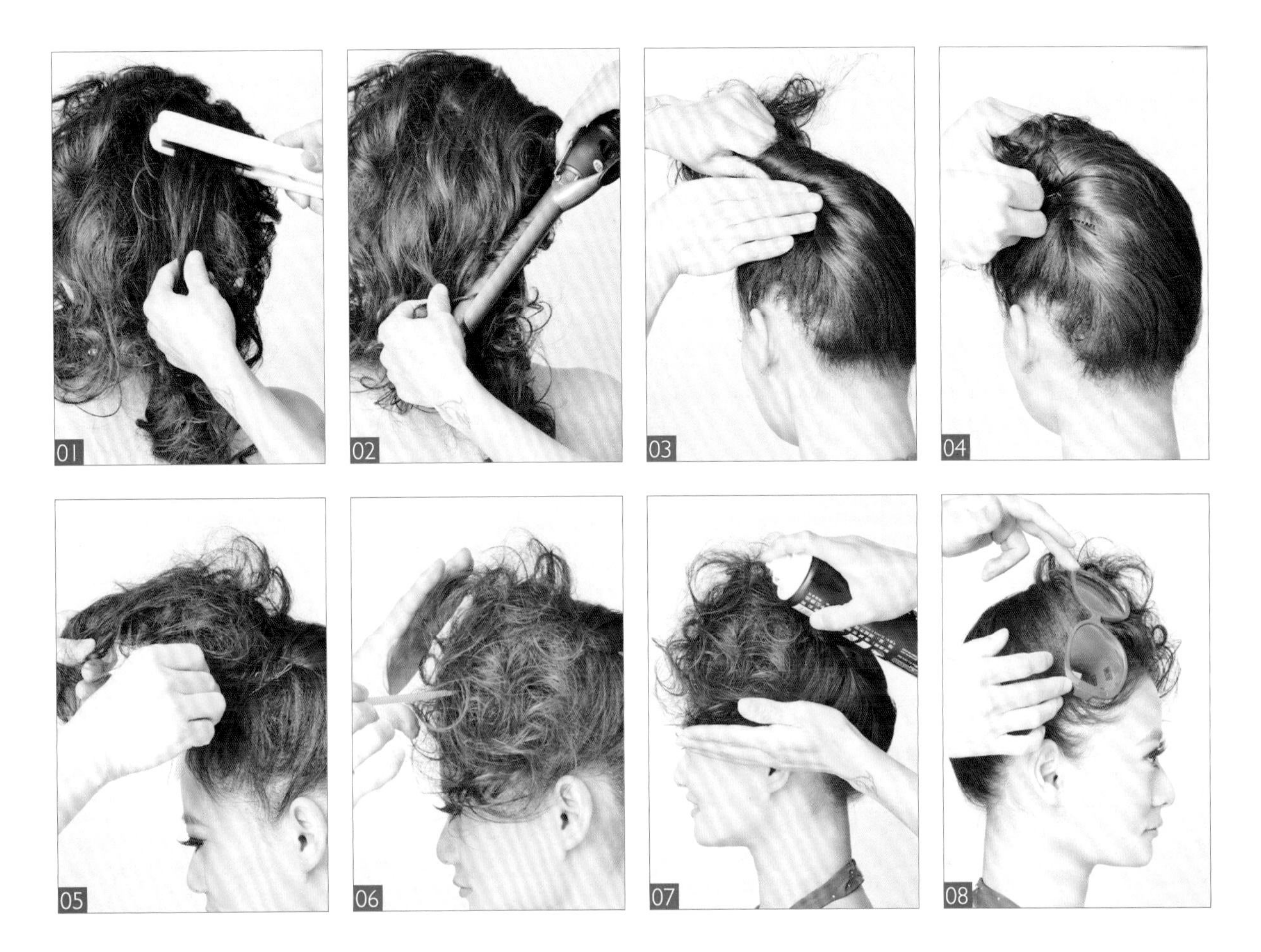

此款造型运用拧包、打毛手法操作完成。重点需掌握拧包提拉的松紧度及发型边缘的光洁感。简洁的拧包结合偏侧蓬松的卷发，搭配上个性的红框墨镜，整体造型突显出了模特时尚张扬、活力四射的气息。

01 取玉米夹将头发根部进行卷曲，使其蓬松饱满，增加发量。
02 再取一中号电卷棒将头发进行烫卷。
03 将所有头发向上收起，做拧包处理。
04 下暗卡将其固定在顶发区左侧。
05 用尖尾梳将发尾头发进行打毛。
06 用尖尾梳的尖端调整出头发的发丝纹理与线条，使其具有透气性。
07 喷发胶定型，同时将边缘碎发处理干净。
08 在右侧前额上方佩戴饰品点缀造型。

旗袍发型

代表着东方女性优雅气质的旗袍，最能衬托中国女性的身材和韵味，在中式婚礼上广为运用。旗袍所搭配的发型也尤为关键，中式古典盘发、浪漫的卷发，以及标志性的复古手推波纹都能极好地将旗袍造型体现得淋漓尽致。发饰的颜色应与旗袍的颜色和谐或呼应，使新娘整体看起来具有统一感。

共 15 款

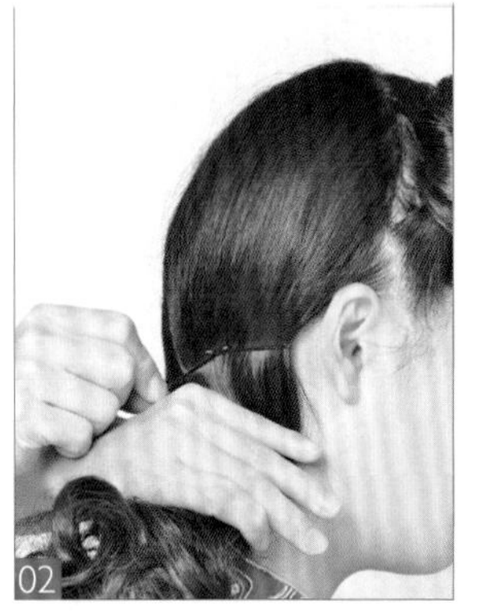

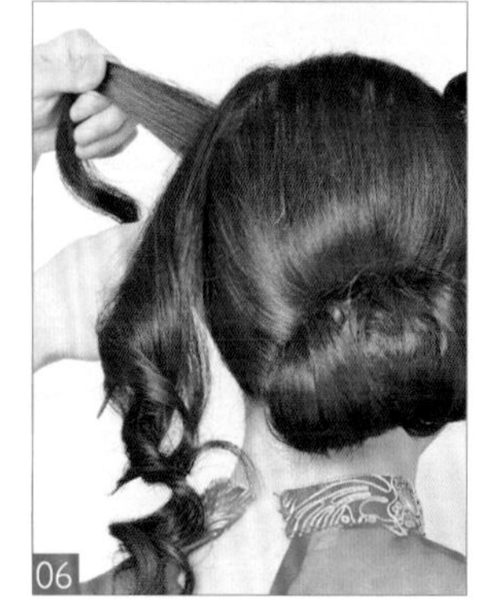

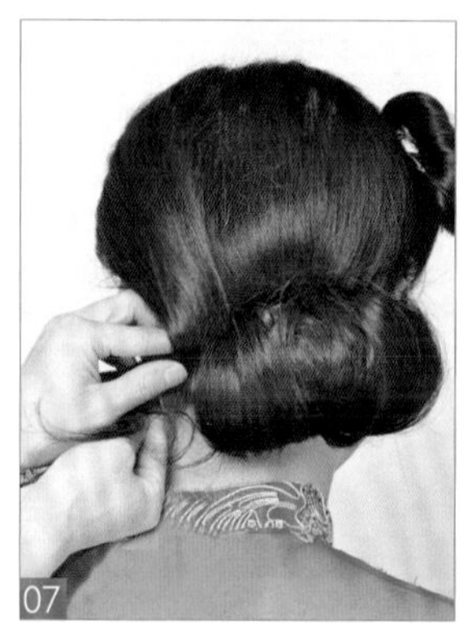

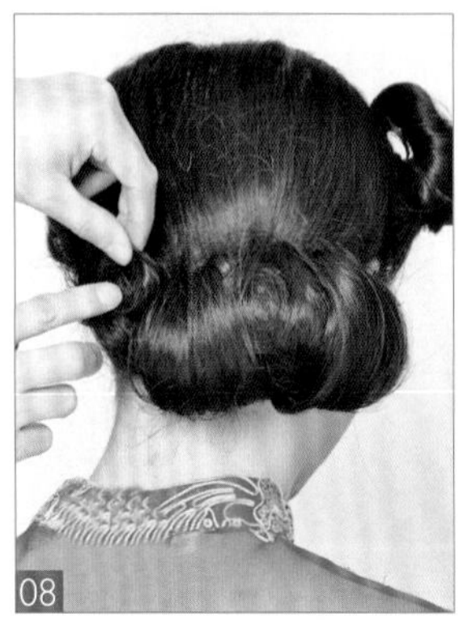

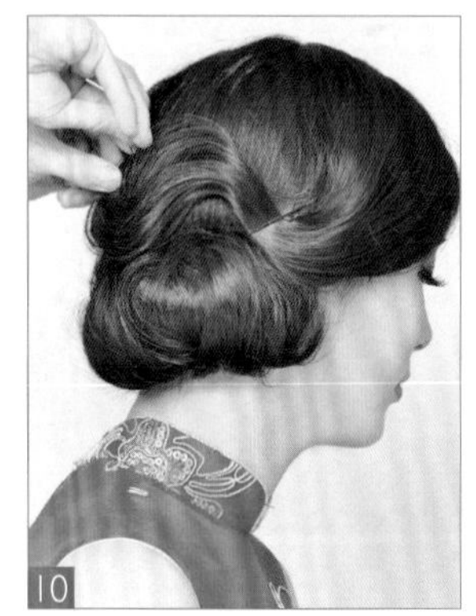

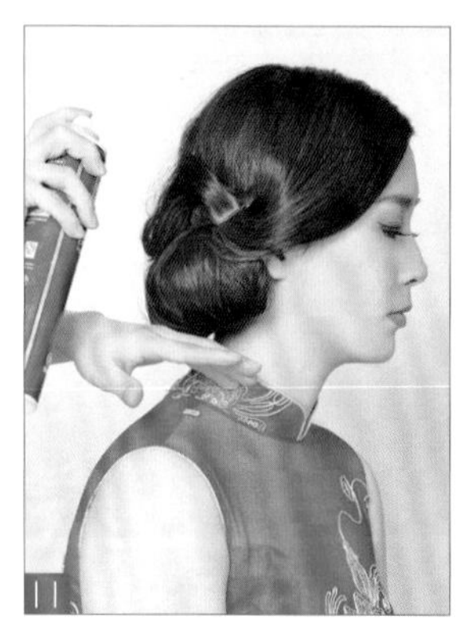

此款造型运用打毛、手打卷、手摆波纹手法操作完成。重点要掌握后发区卷筒的形状与走向，同时把握好刘海手推波纹的摆放手法。复古精致的盘发简约而不简单，搭配上喜庆的红色旗袍，整体造型烘托出了模特端庄、贤淑、雅致的古典韵味。

01 将头发分为刘海区、左侧发区及后发区。
02 将后发区头发以耳中为基准线下横卡固定。
03 将后发区发尾向右侧提拉并进行打毛。
04 将打毛后的头发向上做卷筒收起固定。
05 取少量发蜡，将卷筒表面头发处理干净。
06 放下左侧发区头发，将其根部进行打毛，使其蓬松饱满。
07 将左侧发区头发由前向后提拉，固定在后发区的发髻边缘。
08 剩余发尾做手打卷收起，下暗卡固定。
09 将剩余发尾摆放出手推波纹的弧度。
10 将手推波纹固定在后发区。
11 喷上发胶进行定型。

整体造型通过烫卷、三股编辫、手推波纹手法操作完成。重点需掌握刘海手推波纹的纹理及轮廓。在烫发时，要烫到头发的根部，同时用内扣手法进行烫卷。精致的波纹刘海搭配上偏侧式的发髻，整体造型烘托出了模特端庄、典雅、成熟的韵味。

01 取一中号电卷棒将头发全部烫卷。
02 将头发分为刘海区及后发区。
03 将后发区分成均匀的三等份发片，进行三股编辫。
04 将头发向右侧提拉，进行三股编辫至发尾。
05 将发辫进行对折并固定在耳后方。
06 发辫粗细要一致，边缘要干净。
07 将刘海区头发向右侧梳理干净。
08 将刘海区头发用手推波纹的手法摆放出第一个纹理，用鸭嘴夹固定。
09 将发尾顺着发卷的纹理继续摆放出纹理，将其固定在后发区的发髻之上，发尾做手打卷收起固定。
10 在刘海区喷发胶定型。
11 待发胶干后，取出鸭嘴夹即可。
12 在波纹的弯曲处佩戴白色珍珠发卡，点缀造型的层次感。

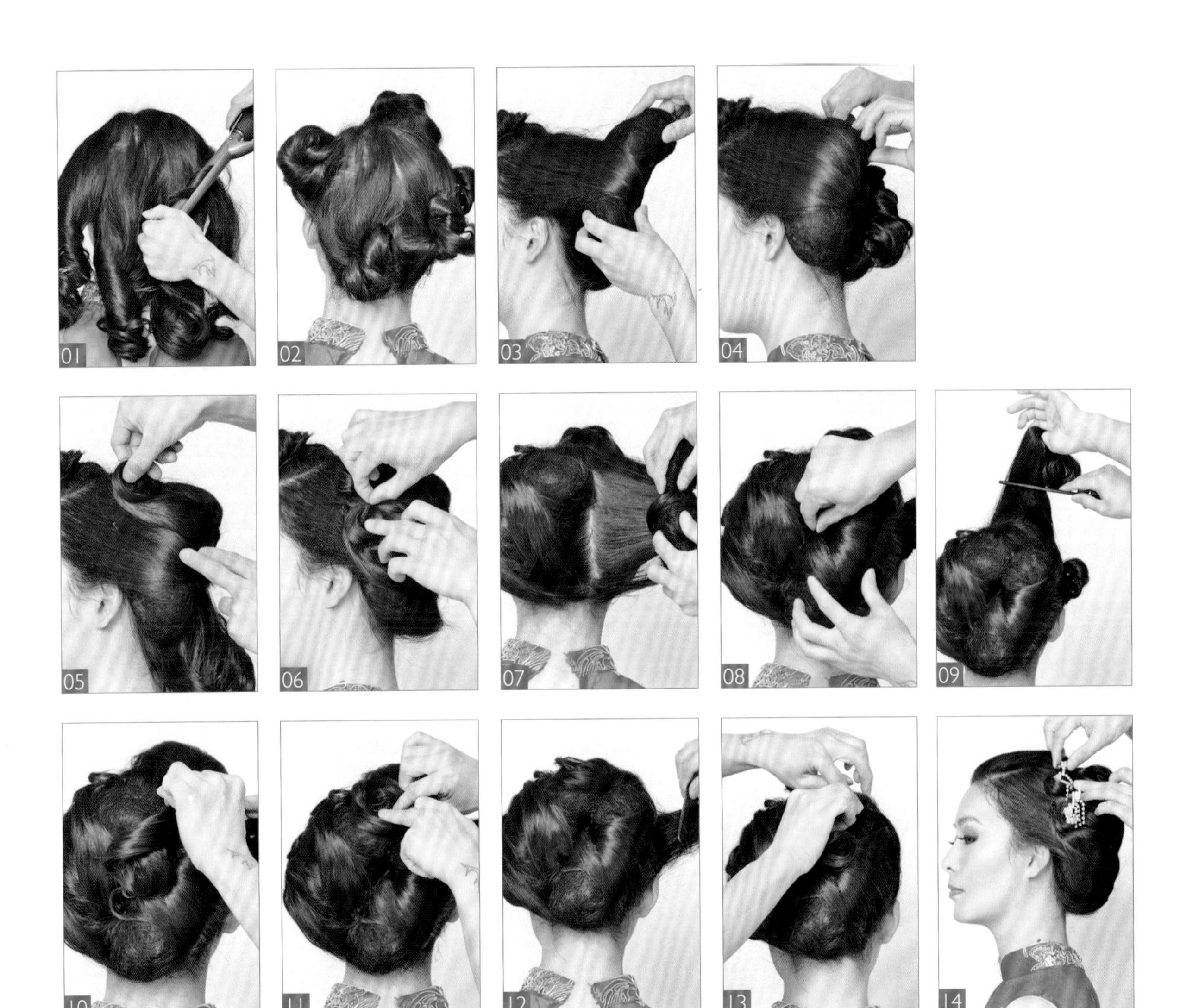

此款造型运用真假发结合、手打卷手法操作完成。发型重点需掌握真假发的完美结合。传统的包发搭配精致的手打卷，整体造型将模特雅致怡静、贤淑端庄的气质体现得淋漓尽致。

01 取一中号电卷棒将头发全部烫卷。
02 将头发分为刘海区、左右侧发区及左右后发区。
03 取一假发包，用左侧发区的头发包裹假发包，向内卷曲收起。
04 将其固定在后发区。
05 放下后发区左侧头发，将其分为数个发片，向上提拉做手打卷，覆盖在左侧发髻之上。
06 继续以同样的手法处理剩余发片。
07 将后发区右侧头发用假发包向内包裹收起。
08 将左右假发包衔接固定。
09 将刘海区头发进行打毛处理，使其蓬松饱满。
10 将刘海区头发做拧包收起固定。
11 发尾做手打卷收起固定。
12 将右侧发区头发放下，将根部头发进行打毛处理，使其蓬松饱满。
13 将右侧发区头发向上提拉收起，固定在真假发交界处。
14 在左侧发区佩戴华丽的饰品进行点缀。

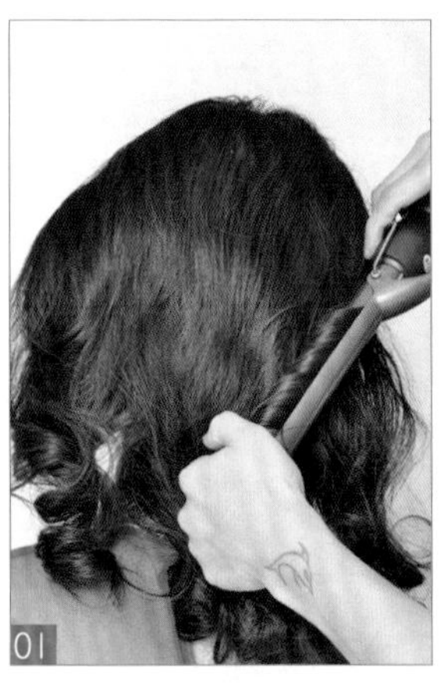
01

02

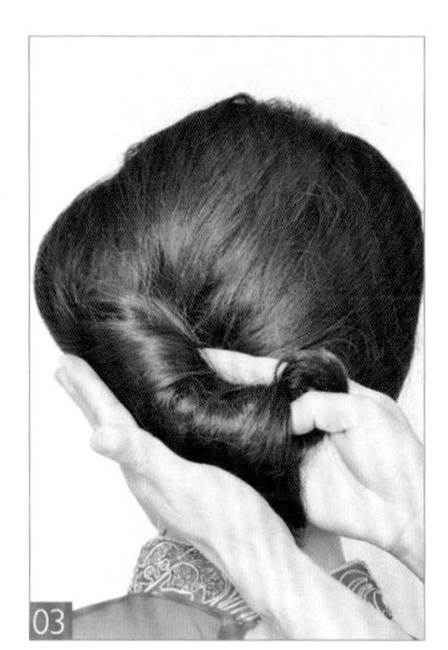
03

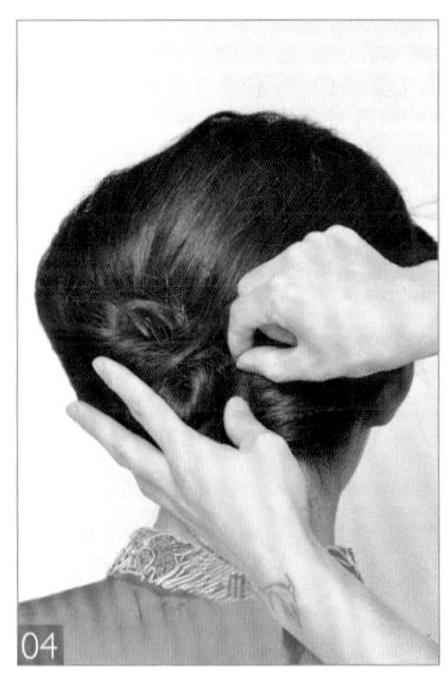
04

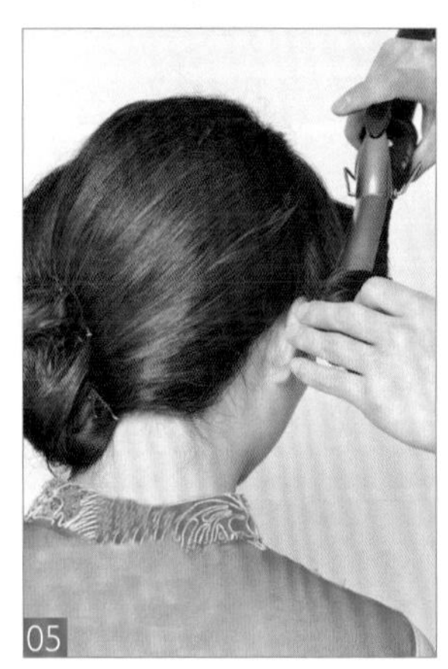
05

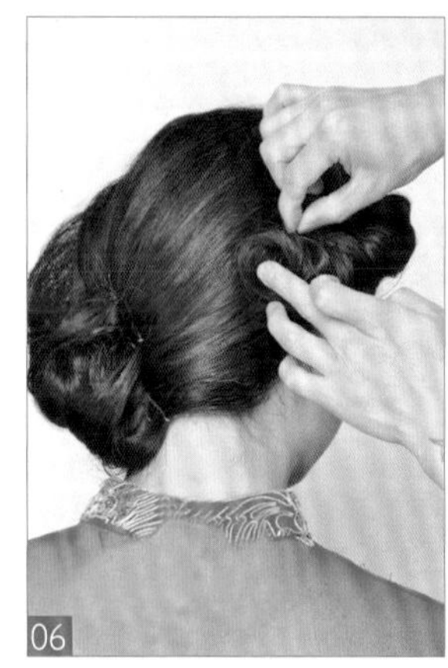
06

07

此款造型运用了烫发、外翻手法操作完成。重点需掌握烫发的技巧，外翻发卷的纹理应跟着烫发的走向而改变。外翻的刘海造型时尚而动感，整体造型使模特在端庄雅致的同时又不缺乏时尚气息。

01 取一中号电卷棒将头发全部烫卷。
02 将后发区所有头发向左侧梳理，下横卡将其固定在耳后方位置。
03 用手将发尾头发由外向内做外翻卷筒收起。
04 下暗卡固定发尾头发。
05 取电卷棒将刘海区头发进行外翻烫卷。
06 将刘海区头发顺着发卷的纹理做外翻，将刘海向后提拉并固定在耳后方位置。
07 在左侧外翻的发片上点缀精致的蝴蝶发卡。

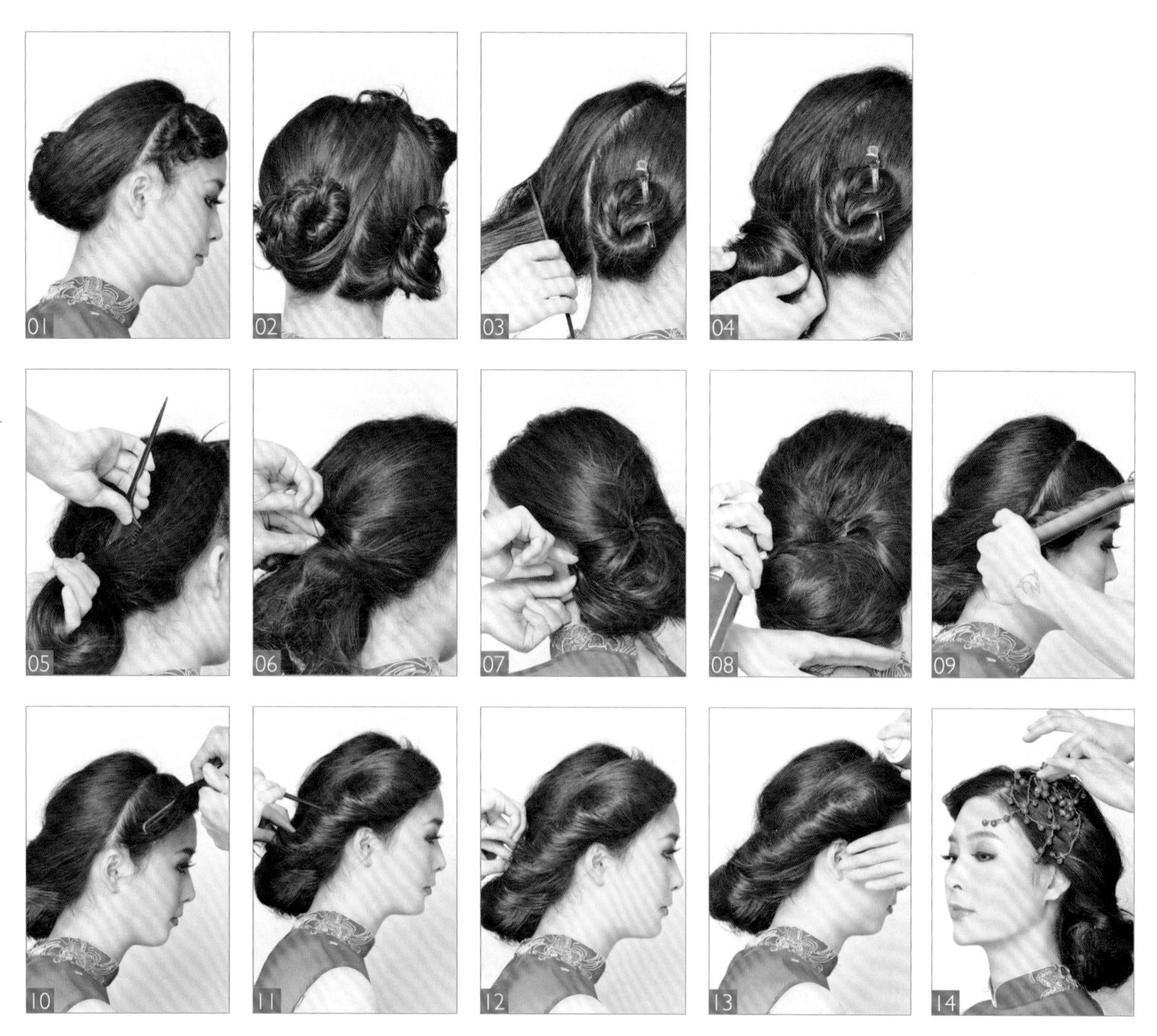

整体造型运用打毛、拧包、外翻烫发手法操作完成。重点需掌握烫发的技巧，还需要注意发包整体的饱满度及轮廓。大气的包发搭配上外翻的刘海，整体造型烘托出了模特妩媚动人、时尚复古的气质。

01 将头发分为刘海区及后发区。
02 将后发区分为左右两个发区。
03 取尖尾梳将后发区左侧头发进行打毛处理，使其蓬松饱满，易于塑型。
04 将头发由外向内拧转收起固定。
05 将后发区右侧头发进行打毛处理，使其蓬松饱满。
06 将头发由右至左拧转，固定在左侧发髻之上。
07 将发尾头发梳理干净，由右至左提拉，固定在左侧发区的内侧。
08 喷发胶将后发区头发定型。
09 用中号电卷棒将刘海区头发进行外翻卷曲。
10 将刘海区头发向内进行打毛。
11 将刘海区头发由外向内做外翻收起，向后提拉。
12 将其固定在后发区的发髻之上。
13 用尖尾梳将刘海区头发整理出纹理，喷发胶定型。
14 在左侧前额上方佩戴精美喜庆的红色珠花进行点缀。

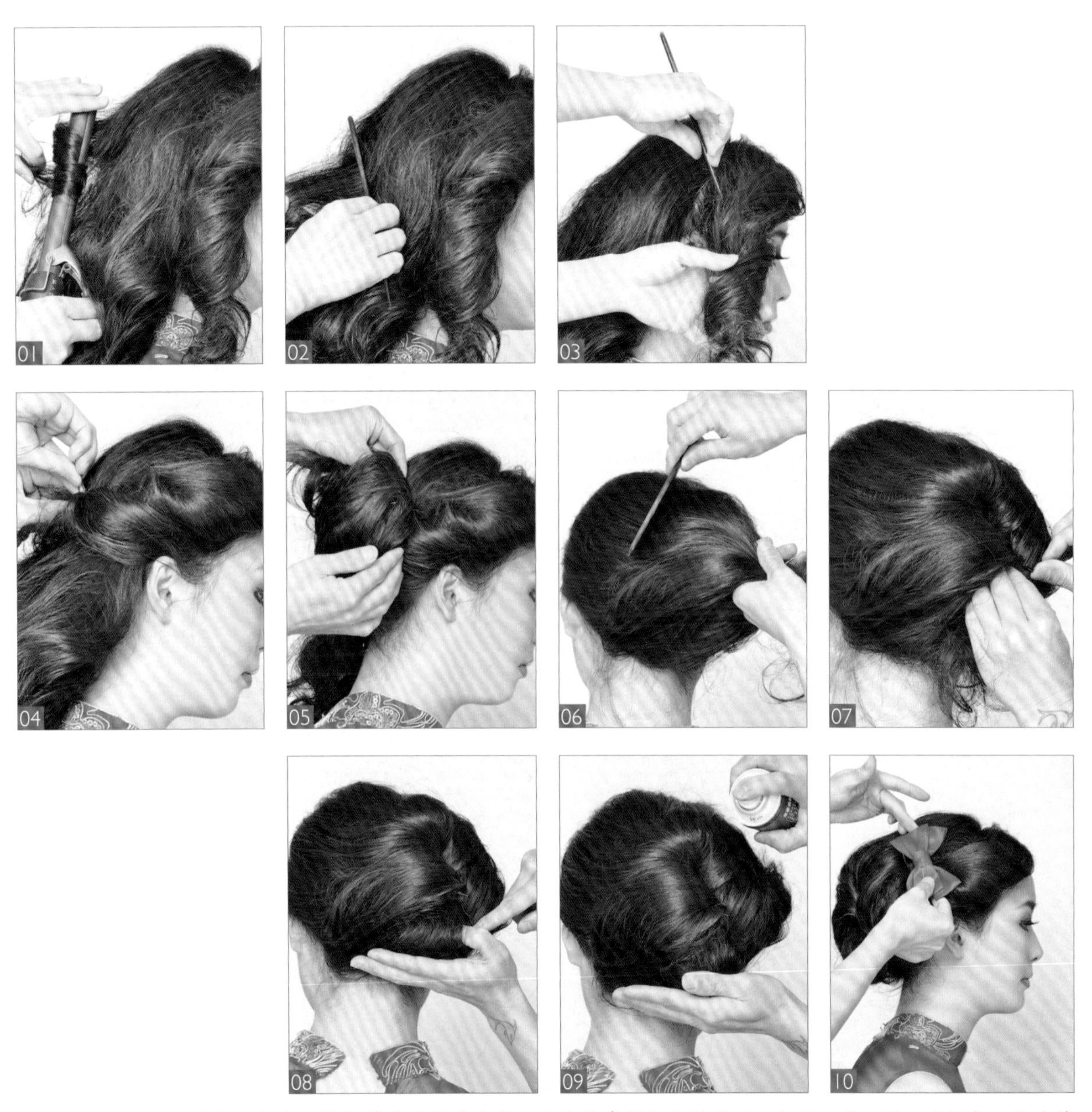

此款造型运用烫发、打毛、拧包等手法操作完成。重点需掌握打毛的技巧，打毛时要贴近头发根部，使其蓬松饱满，易于塑型。偏侧的盘发端庄雅致，搭配上俏丽的蝴蝶结饰品，整体造型突显出了模特高贵古典的气质，同时又不缺乏俏丽甜美的气息。

01 取一中号电卷棒将头发全部烫卷。
02 用尖尾梳将后发区头发进行打毛处理，使其蓬松饱满。
03 以耳尖为基准线分出刘海区头发。
04 将刘海区头发根部进行打毛，由外向内做拧包，将其固定在后发区。
05 将后发区头发分为左右两个发片，再将右侧头发向上做拧包，固定在耳尖斜上方。
06 将左侧头发表面梳理干净，向右侧提拉。
07 将头发做拧包，衔接固定在右侧发区。
08 将剩余发尾头发做卷筒收起，固定在后发区下侧。
09 喷发胶定型。
10 在刘海区与后发区衔接处佩戴红色蝴蝶结饰品进行点缀。

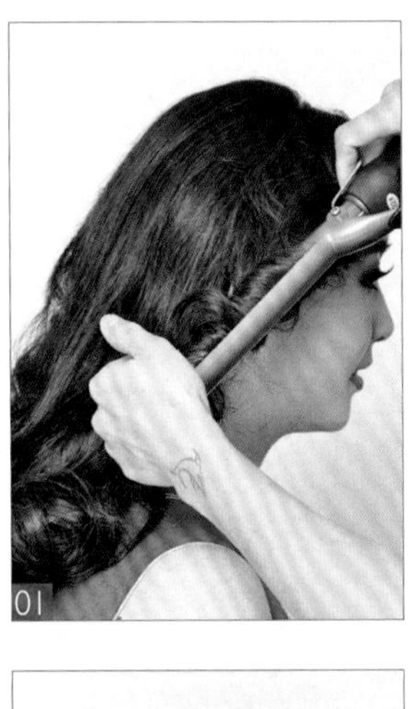
01

02

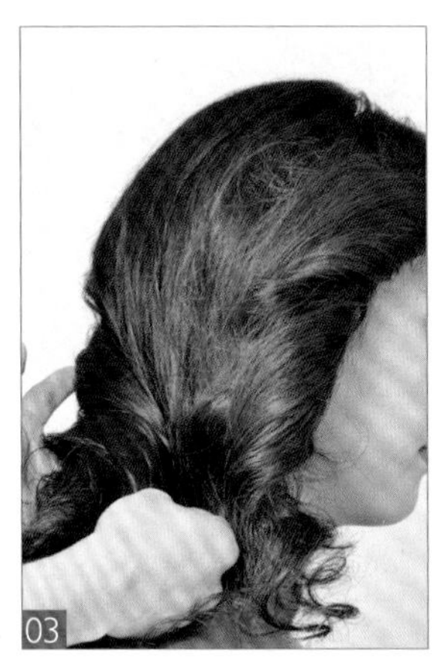
03

04

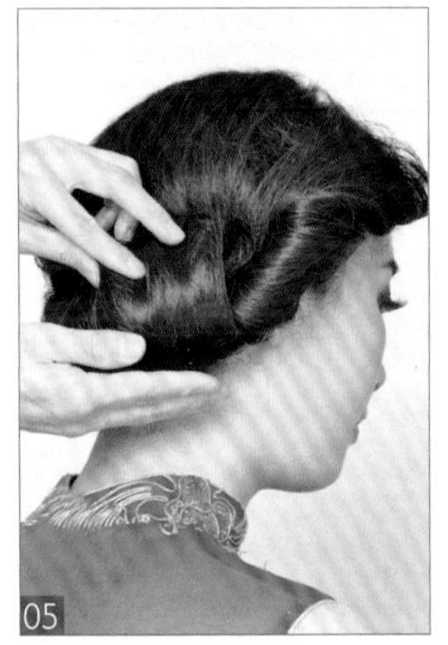
05

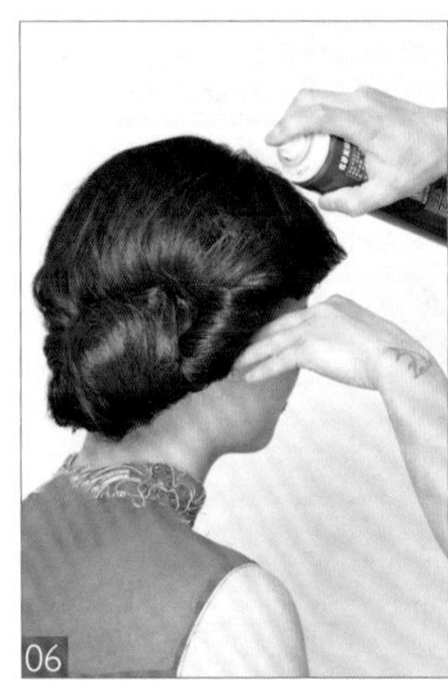
06

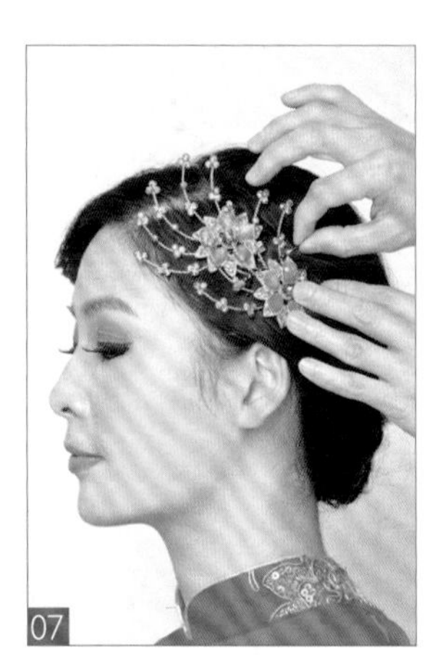
07

此款造型运用外翻烫发、拧绳等手法操作完成。重点需要掌握烫发的技巧，发卷要卷曲有序。外翻偏侧的造型时尚动感，再搭配上别致的饰品，整体造型将模特华美古典、时尚优雅的气质体现得淋漓尽致。

01 取一中号电卷棒将头发以外翻手法全部烫卷。
02 用包发梳顺着发卷的纹理将其梳开。
03 将后发区头发顺着发卷的纹理由左向右进行拧转固定。
04 将右侧发区头发由右至左进行拧转固定。
05 将剩余发尾梳理干净后，由下向上做外翻卷筒收起，固定在左右两侧发髻的中间。
06 喷发胶定型，在将边缘碎发处理干净的同时，修饰整理发型的整体轮廓。
07 在左侧前额上方佩戴精美的饰品进行点缀。

01

02

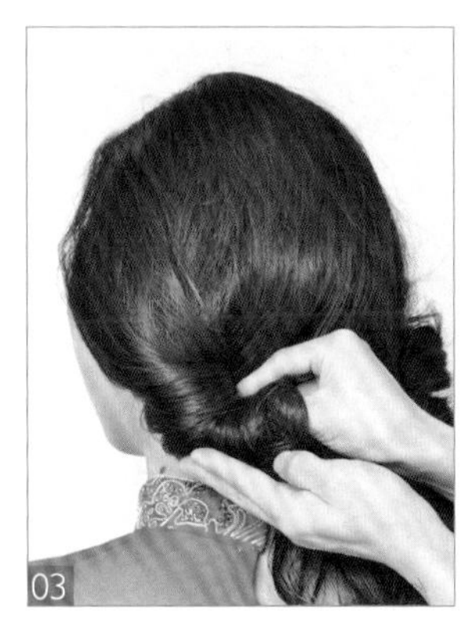
03

04

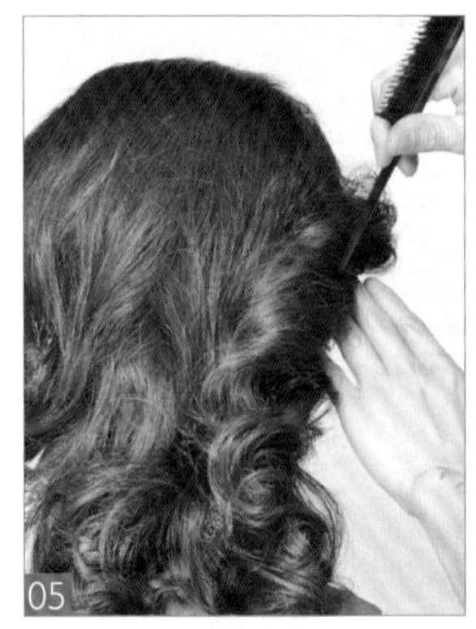
05

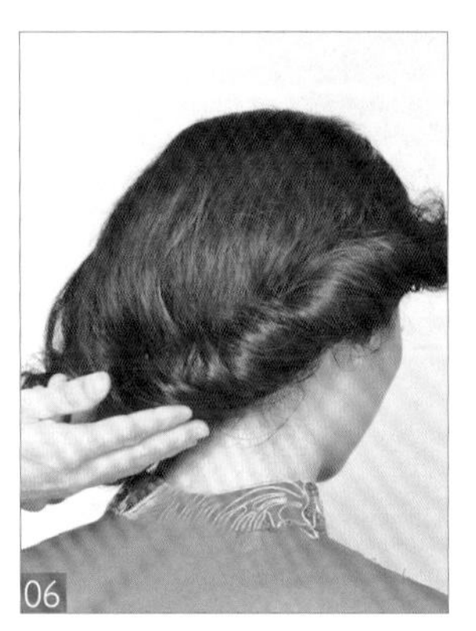
06

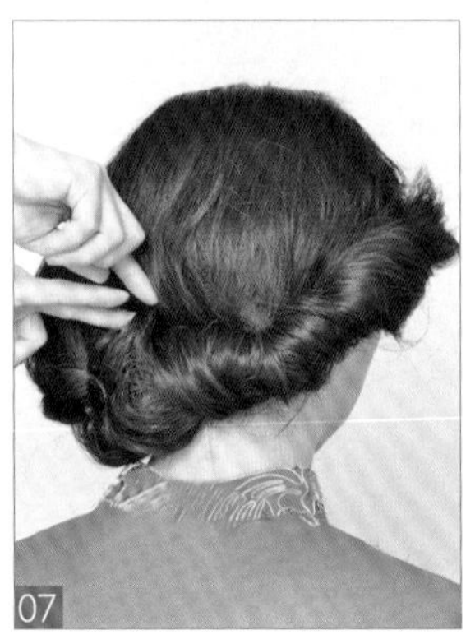
07

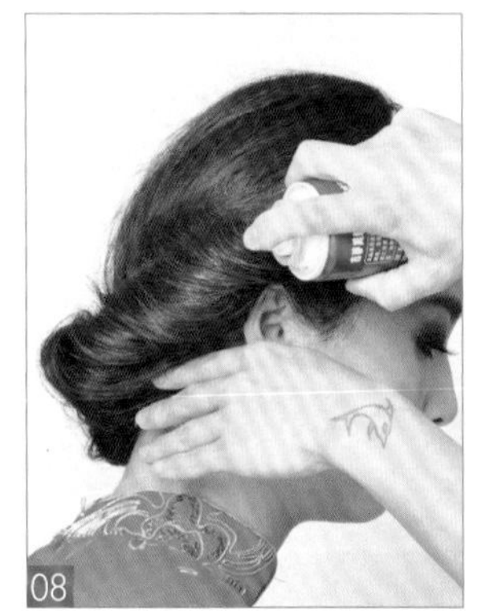
08

09

此款造型运用烫卷、拧绳、打毛手法操作完成。重点需要掌握烫发时，发片提拉的角度及走向。时尚典雅的外翻盘发通过精致的饰品点缀，整体造型烘托出了模特端庄雅致、时尚个性的气质。

01　取一中号电卷棒将头发全部烫卷。
02　取左侧一缕头发，顺着发卷的纹理向后做拧绳处理。
03　将拧绳向上提拉，固定在后发区左侧。
04　将右侧头发进行外翻打毛。
05　将打毛的头发用尖尾梳向后调整出发丝纹理。
06　将右侧头发由右至左做外翻卷筒至发尾。
07　将其固定在左侧发髻交界处。
08　喷发胶将边缘碎发处理干净。
09　在左侧前额上方佩戴饰品进行点缀。

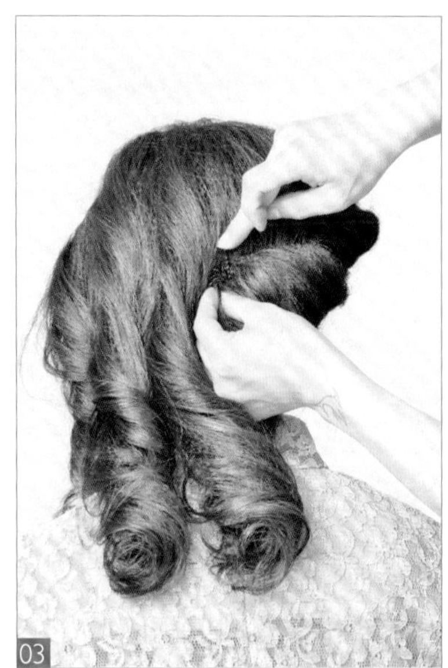

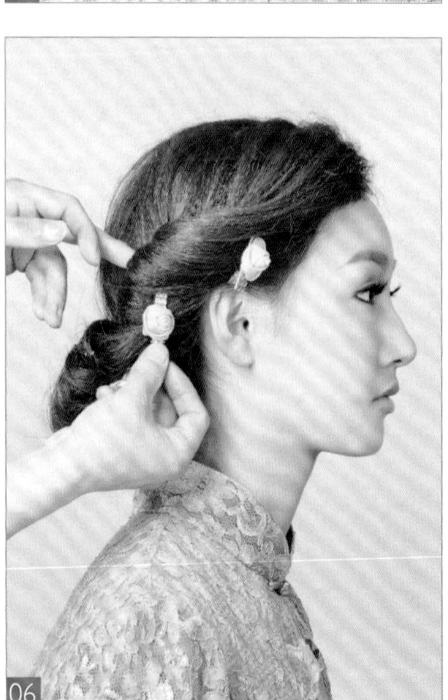

此款造型运用外翻烫发、打毛手法操作完成。打造此发型时需掌握外翻烫发的技巧及对整体发型轮廓的把握。外翻的刘海结合蓬松饱满的包发，整体造型突显出了模特古典华美的气质。

01 取一电卷棒将所有头发进行外翻烫卷。

02 将顶发区头发根部进行打毛处理后，将打毛的头发表面梳理干净。

03 取右侧头发顺着发卷纹理进行外翻拧转固定，以同样的手法将后发区右侧头发进行外翻拧转固定。

04 另一侧头发同样沿着发卷的纹理进行外翻拧转固定。

05 将后发区剩余头发向上翻转，做卷筒收起固定。

06 在右侧的发包边缘点缀上别致的玫瑰发卡，烘托发型的层次感。

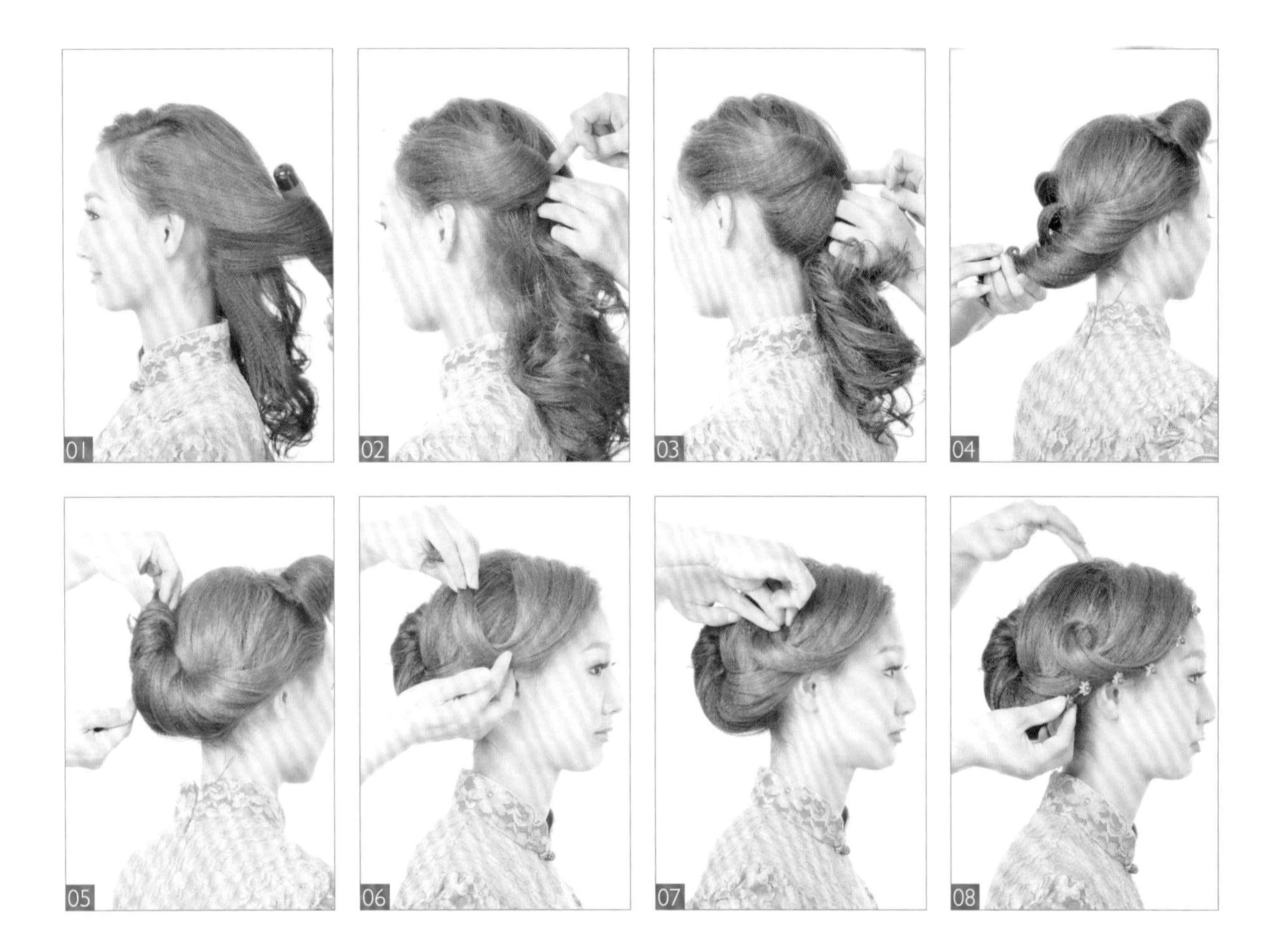

此款造型运用烫卷、打毛、拧包手法操作完成。打造此造型需掌握发包与发包之间的衔接，同时要掌握好右侧发包的轮廓，要做到圆润饱满。时尚的拧包盘发搭配上别致的发卡，整体造型完美地突显出了模特复古雅致、端庄娴静的气质。

01 取中号电卷棒将头发以外翻手法烫卷。
02 将左侧耳上方的头发向内拧包并收起固定。
03 继续以同样的手法处理耳后头发。
04 将右侧头发沿着发卷纹理进行外翻拧包，做卷筒状。
05 将其向上提拉，固定在后发区左侧上方。
06 将刘海区头发根部进行打毛处理后，将表面头发梳理干净，在前额处摆放出半圆形弧度。
07 发尾做手打卷收起，下暗卡固定。
08 选择与服装颜色一致的珍珠发卡进行点缀。

此款造型运用真假发结合、手打卷手法操作完成。发型重点需掌握真假发的完美结合。传统的包发造型搭配精致的手打卷，整体造型将模特雅致怡静、贤淑端庄的气质体现得淋漓尽致。

01 取一中号电卷棒将头发全部烫卷。
02 将头发分为刘海区及后发区。
03 将后发区头发一分为二。
04 取后发区右侧头发进行拧包处理，下暗卡将其固定在耳后方。
05 再取后发区左侧头发向右下侧进行拧包，下暗卡固定。
06 将后发区发尾头发做手打卷收起固定。
07 剩余发尾头发以同样的手法操作，做成偏侧式发髻。
08 将刘海区头发分为均匀三等份。
09 取刘海区一缕头发摆放在右侧发区，衔接固定。
10 发片摆放出手推波纹的纹理，将发尾向上提拉固定。
11 以同样的手法处理第二束发片。
12 将剩余发片在前额处做手打卷收起固定。
13 佩戴别致的珍珠发卡进行点缀。

此款造型运用烫发、打毛、手打卷手法操作完成。重点需掌握发包与发包之间的无缝衔接，同时要掌握发片提拉的角度。层次鲜明的手打卷盘发搭配上别致的珍珠发卡，整体造型完美地突显出了模特复古、优雅的气质。

01 取一电卷棒将头发全部烫卷。
02 将头发分为刘海区、左右侧发区及左右后发区。
03 将刘海区头发向内进行拧包收起。
04 发尾做手打卷收起，固定在耳前方。
05 取右侧头发向前提拉拧转。
06 下暗卡将其叠加固定在刘海发包之上。
07 发尾做手打卷收起，叠加固定在刘海发包之上。
08 将后发区右侧头发根部进行打毛处理后，梳理干净表面头发，由后向前提拉，发尾做手打卷收起，衔接固定刘海发包之上。
09 后发区左侧头发以同样的手法操作完成。
10 将左侧头发根部进行打毛，将打毛的头发表面梳理干净，由左至右向上提拉。
11 发尾做手打卷收起，衔接固定在刘海上方。
12 佩戴别致的珍珠发卡点缀造型。

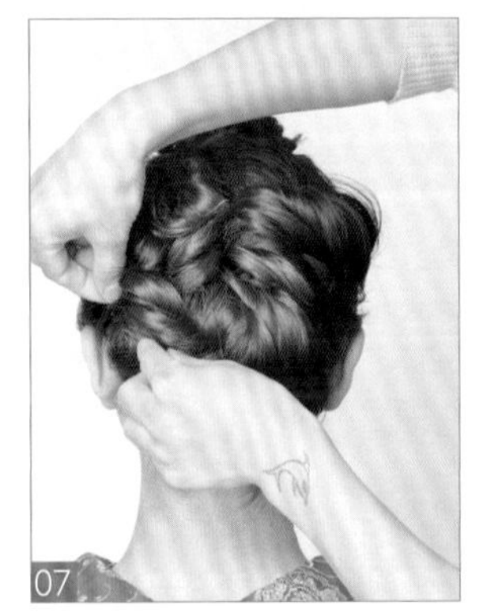

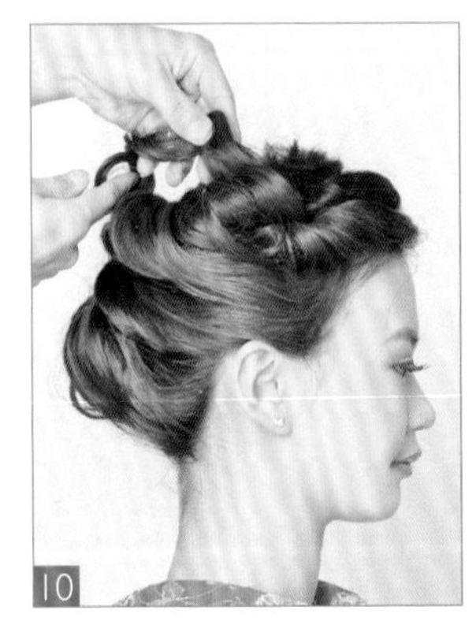

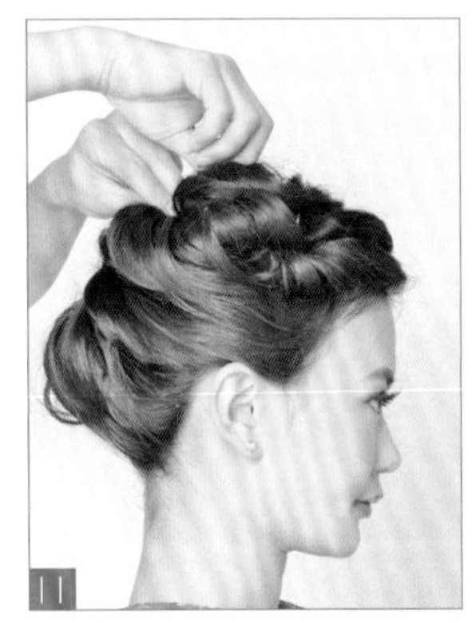

此造型利用烫发、拧包、手打卷手法操作而成。重点需掌握刘海发卷的位置及层次。传统的拧包盘发结合层次鲜明的发卷刘海，搭配上羽毛饰品的点缀，整体造型突显出了模特妩媚风情、个性复古的气质。

01 取一电卷棒将头发全部烫卷。
02 将头发分为刘海区及后发区。
03 在左侧耳后方取一束发片，向后做拧包收起，下暗卡固定。
04 取后发区左侧头发向上拧包固定。
05 将右侧头发分出数个发片。
06 向上做拧包固定。
07 发尾头发做手打卷收起，下暗卡固定。
08 将刘海区头发分出三个均等发片。
09 将刘海右侧的第一个发片沿着发卷的纹理向上拧转固定。
10 以同样的手法将剩余发片进行拧转固定。
11 发卷要并列叠加摆放，下暗卡固定。
12 佩戴羽毛饰品点缀造型。

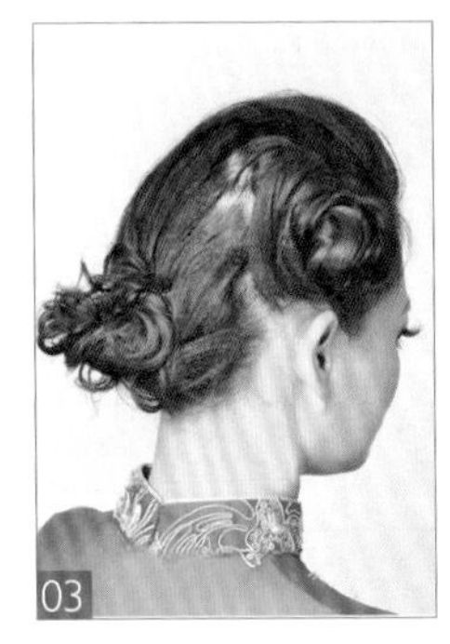

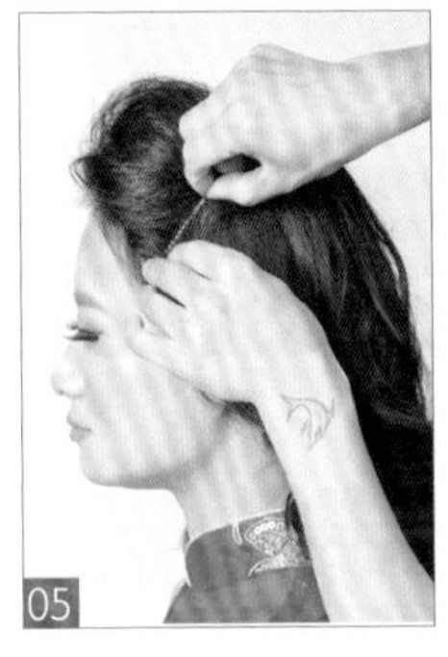

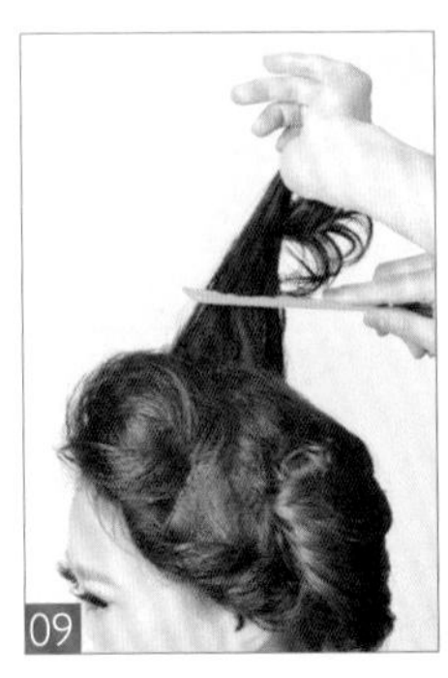

此款造型运用烫卷、打毛、手打卷、拧包手法操作完成。重点需掌握左侧及刘海区头发的轮廓，以及发区与发区之间的无缝衔接。简洁的拧包盘发搭配上别致的珠花饰品的点缀，整体造型极好地烘托出了模特优雅知性、贤淑雅致的气质。

01 取玉米夹将头发根部进行卷曲。
02 再取一中号电卷棒将头发进行烫卷。
03 将头发在右侧以耳后方为基准线分出右侧发区，剩余头发作为一个发区。
04 将刘海区头发根部进行打毛处理，使其蓬松饱满。
05 将打毛的头发表面梳理干净，向后做拧包收起，下暗卡固定。
06 在左侧脸颊上方做外翻拧包收起，下暗卡固定。
07 将后发区剩余头发由右至左做手打卷收起。
08 调整好发包的轮廓及弧度后，下暗卡固定。
09 将右侧发区头发进行打毛处理。
10 将打毛的头发表面梳理干净后，由右至左、由下向上提拉。
11 发尾做手打卷收起固定。
12 喷发胶定型。
13 在右侧佩戴喜庆的珠花点缀造型。

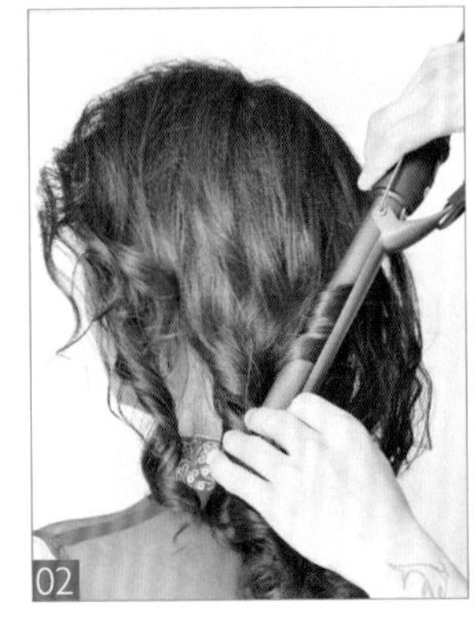

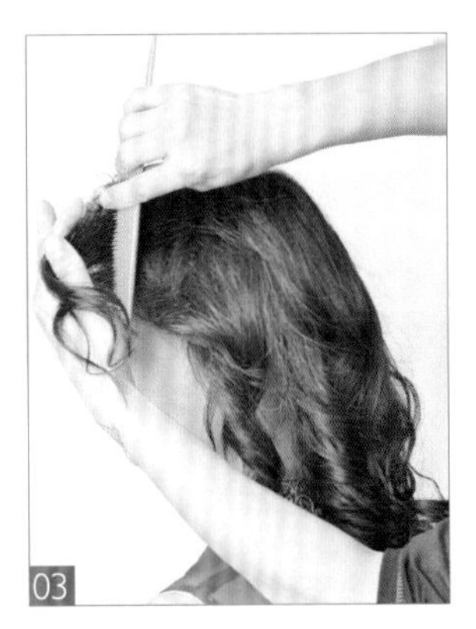

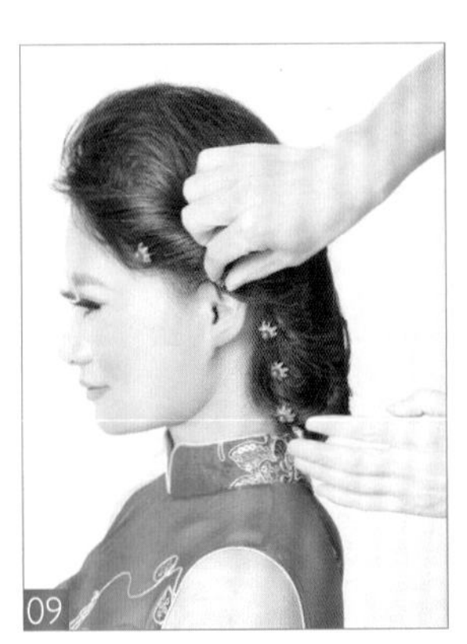

此款造型运用烫卷、打毛、拧绳续发手法操作完成。重点需在左侧拧绳续发时，掌握发片提拉的松紧及高度，发片提拉得过紧，左侧发包的轮廓则不明显。简单的单边拧绳续发搭配上珍珠发卡的点缀，整体造型烘托出了模特优雅娴静、端庄大方的气质。

01 用玉米夹将头发根部进行卷曲，使其蓬松饱满。
02 用中号电卷棒将所有头发进行烫卷。
03 将刘海左侧头发进行打毛。
04 将打毛的头发表面向后梳理干净。
05 由前额处向后做拧绳续发处理。
06 将所有头发进行拧绳续发至后发区。
07 将发尾向上提拉。
08 下暗卡固定发尾。
09 在左侧拧绳发包处点缀上珍珠发卡，来烘托整体造型的层次感。

古风发型

不论是古装发型还是古装服饰都有着我们民族特有的一种古典美。如今许多新娘更是喜欢古装造型的摄影。拍摄时，新娘换上古代的服装，通过复古的妆面和造型，利用角度、光线、表情、服装、化妆、背景等因素，重现古代场景。古装发型变化主要由梳、绾、鬟、结、盘、叠、鬓等变化而成，再饰以各种簪、钗、步摇、珠花等首饰，从而烘托整体造型的年代感，打造出具有古典气质和韵味的古装发型。

共9款

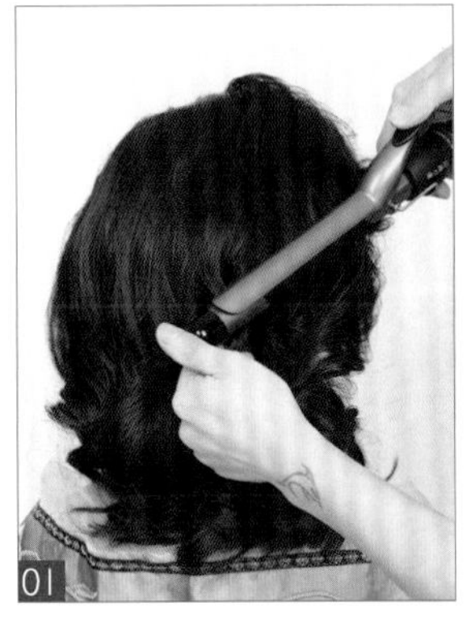

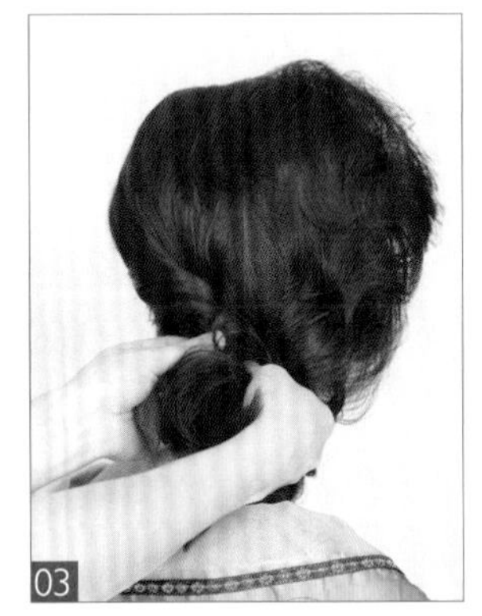

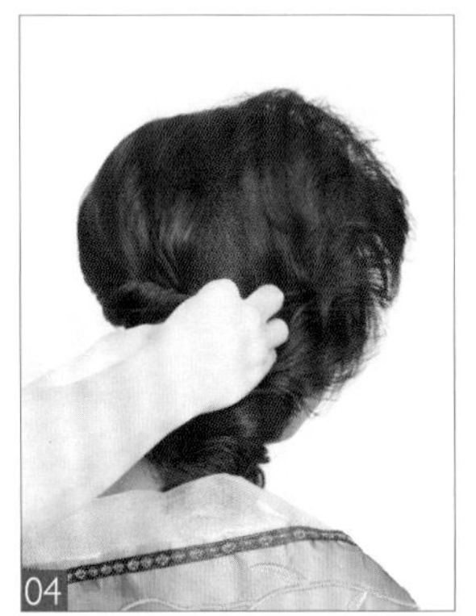

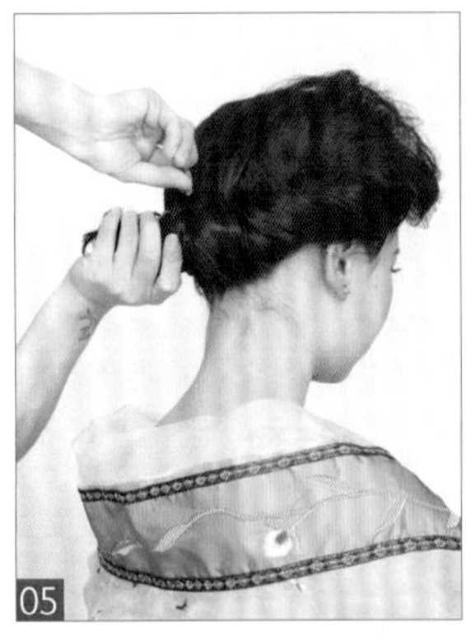

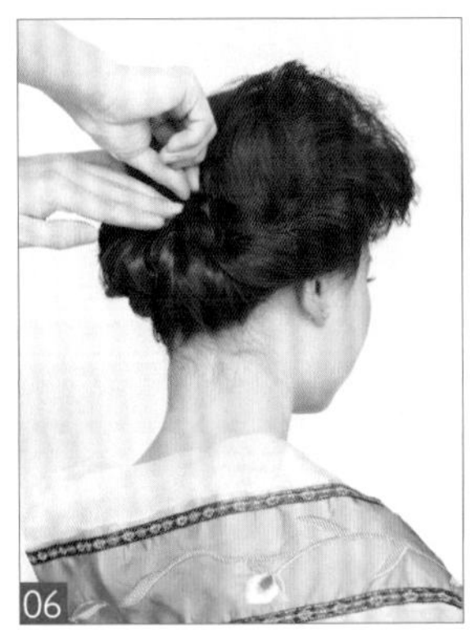

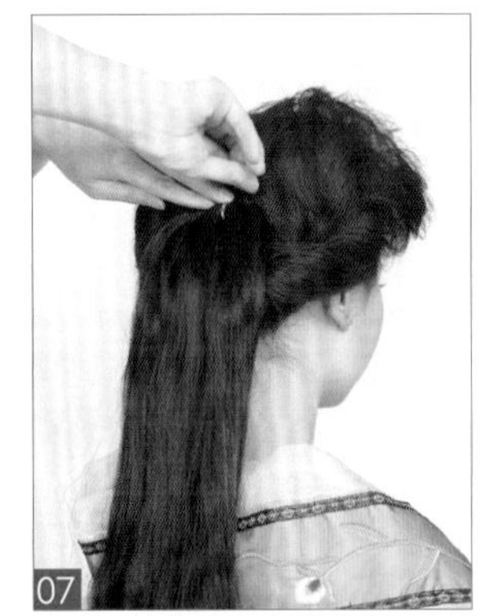

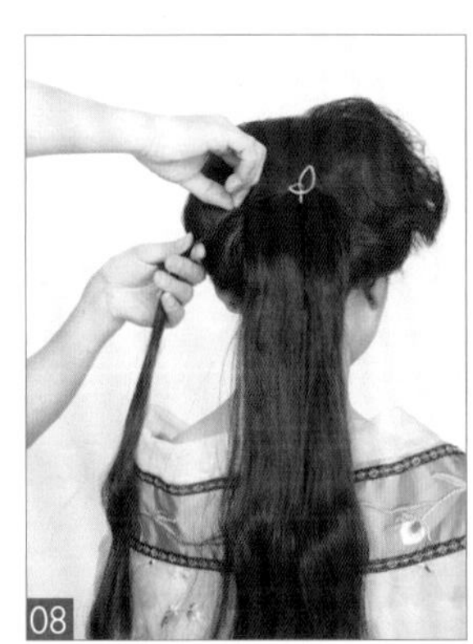

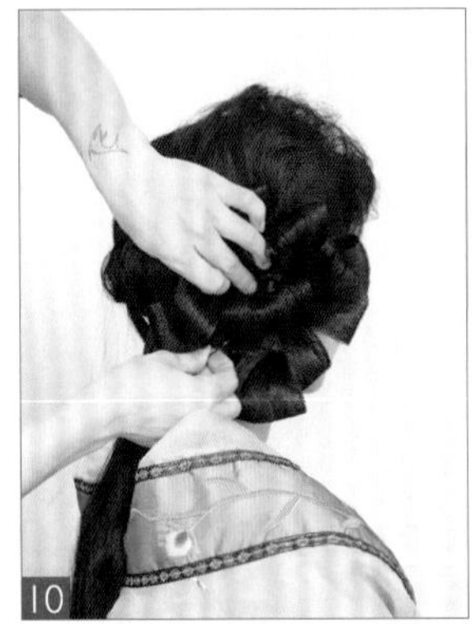

此发型通过烫发、拧包及真假发结合手法操作而成。重点需做好发型的底座，在底座牢固、轮廓圆润饱满的前提下，假发包才能牢固地固定在真发之上。偏侧的发髻搭配上自然垂下的发丝，整体造型极好地突显出了模特柔美婉丽、千娇百媚的古典气质。

01 将所有头发用中号电卷棒进行烫卷。
02 将顶发区及刘海区头发根部进行打毛，使其蓬松饱满。
03 将打毛的头发表面向后梳理干净，将左侧头发向右侧进行拧包处理。
04 下暗卡进行固定。
05 将右侧头发向左侧进行拧包处理，下暗卡进行固定。
06 将左右两侧的拧包发尾衔接固定在后发区中部。
07 取一长发片，固定在后发区的发髻处。
08 取假发片中一缕发片，向一侧提拉固定。
09 将假发片沿着后发区发髻的轮廓下横卡进行固定，使真假发衔接得更加自然贴合。
10 在右侧耳后方佩戴一个假发花，填充整体造型的饱满度。
11 在后发区的上方佩戴一个长形假发包。
12 在发包与发包的空隙处佩戴绢花饰品进行点缀。

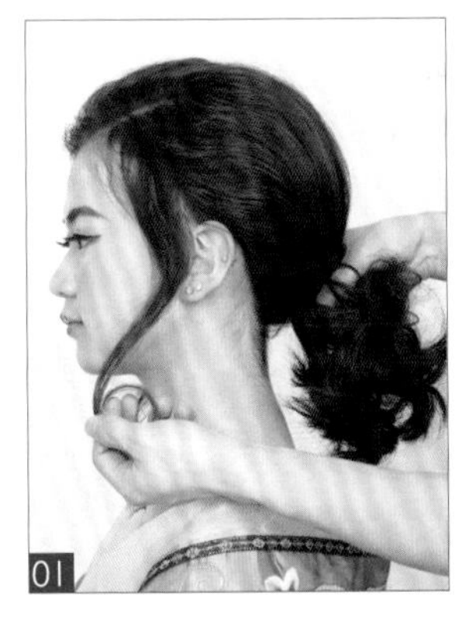
01

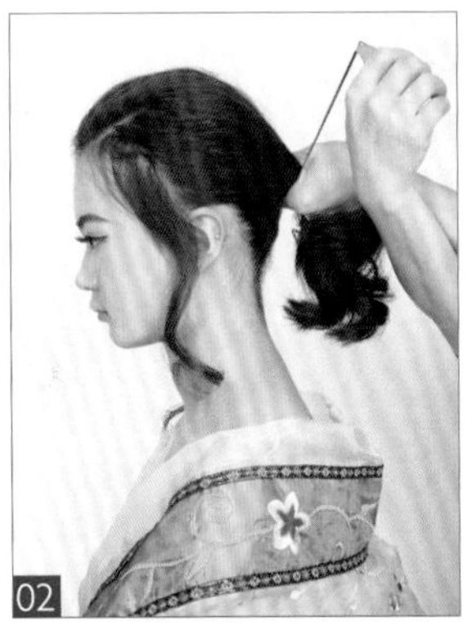
02

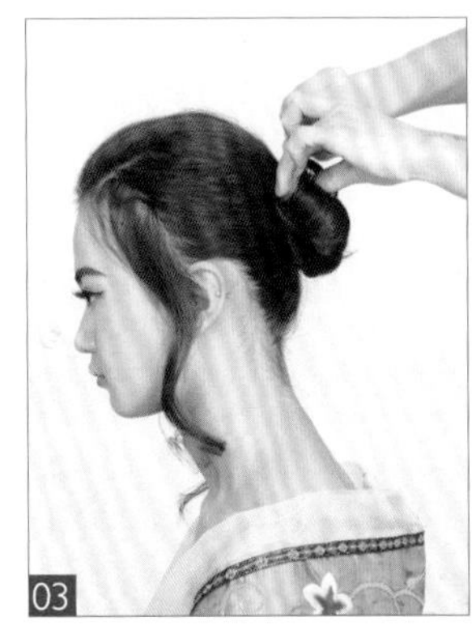
03

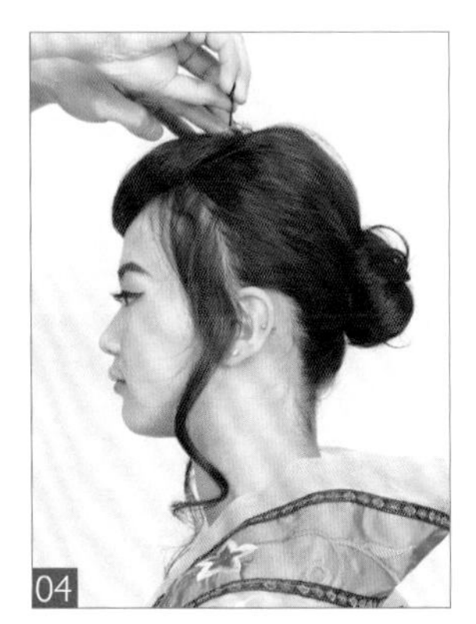
04

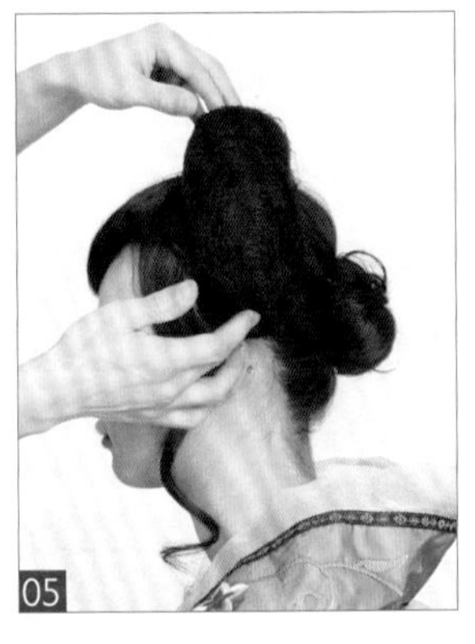
05

06

07

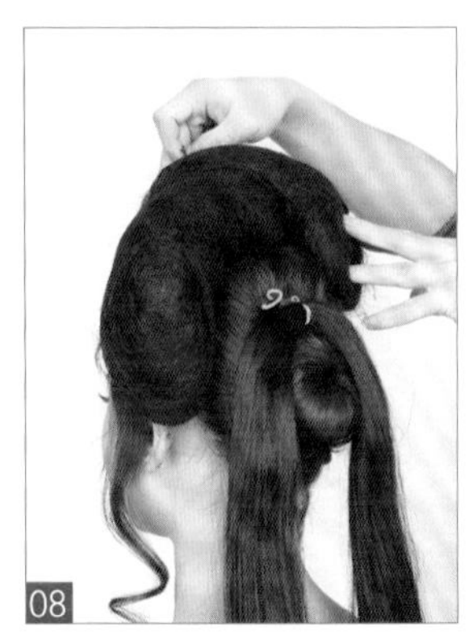
08

09

10

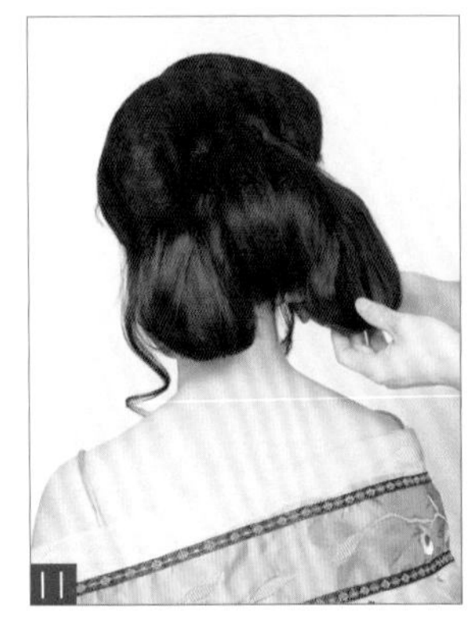
11

12

此发型通过烫发、束马尾、拧包及真假发结合手法操作完成。高耸饱满的包发通过温婉浪漫的发丝修饰，整体造型完美地突显出了模特娇羞可爱、小家碧玉的古风韵味。

01 将头发用电卷棒烫卷后，在前额两侧留出两缕发丝。
02 将剩余头发束马尾扎起。
03 将发尾进行缠绕做成发髻，下卡子固定。
04 取一假刘海，固定在前额处。
05 取一长形假发包。
06 将其固定在顶发区左侧。
07 在后发区的发髻处固定一个曲曲发。
08 在顶发区右侧固定一个长形假发包。
09 将左侧的曲曲发向上拧转并进行固定。
10 右侧以同样的手法进行操作。
11 两侧剩余发尾在后发区中间向内拧转，下暗卡进行固定。
12 佩戴小碎花进行点缀。

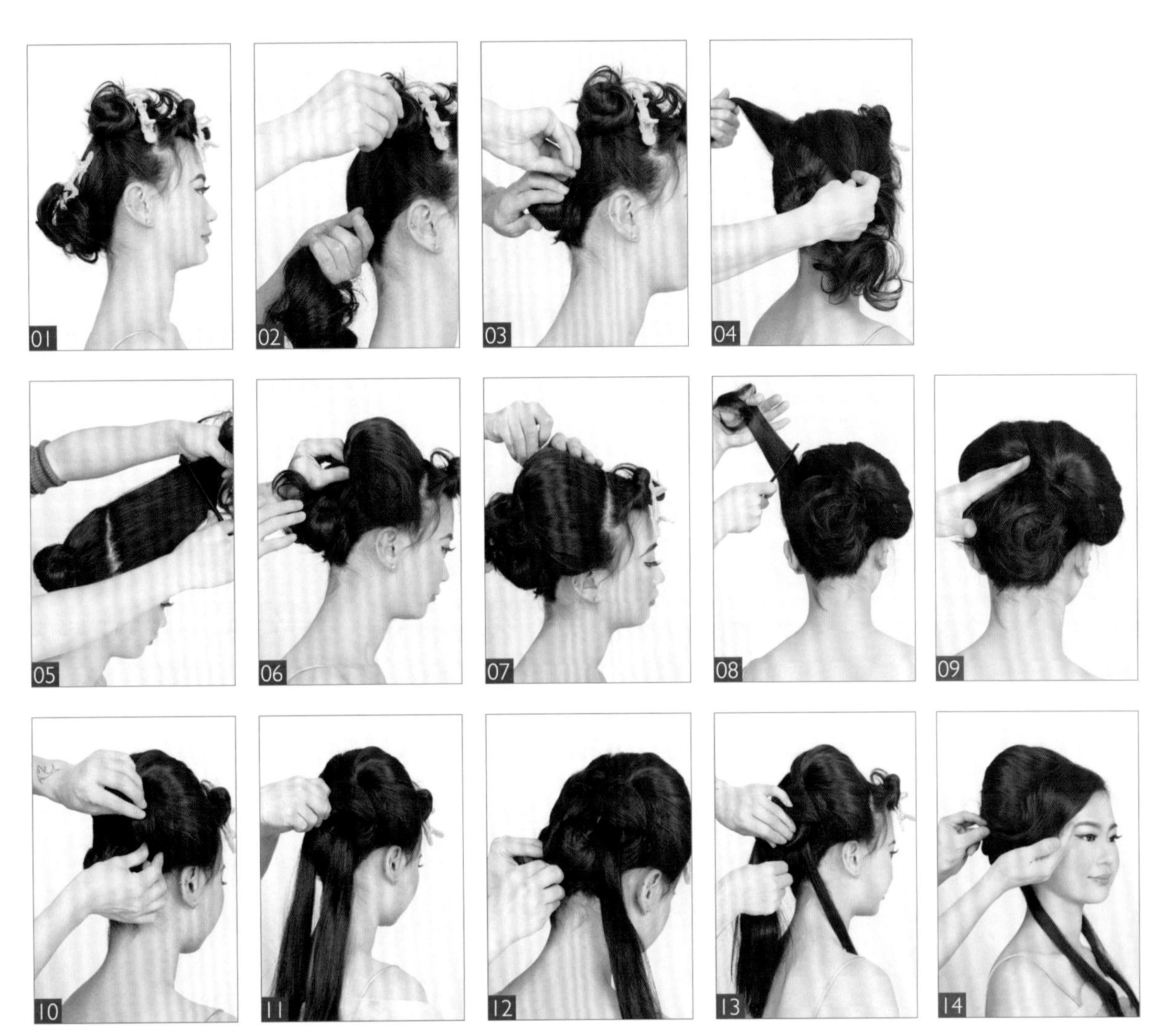

此发型通过束马尾、拧包及真假发结合手法操作完成。高耸饱满的发包盘发通过珠钗饰品的点缀，整体造型极好地突显出了模特粉妆玉琢的古典风韵。

01 将头发分为刘海区、顶发区及后发区。
02 将后发区头发束侧马尾扎起。
03 将发尾进行缠绕，做成发髻。
04 将顶发区分为左右两个等份。
05 将右侧发片向前梳理干净。
06 取一假发包填充在顶发区处，再用发片覆盖包裹假发包，下暗卡进行固定。
07 修饰发包边缘，做到真假发无缝衔接。
08 将左侧发片进行打毛。
09 向右侧提拉，覆盖假发包，进行拧包固定。
10 发尾做手打卷收起，下暗卡固定。
11 取一曲曲发，将其固定在后发区的发髻处。
12 将曲曲发分出数个发片，进行手打卷处理，并填充后发区轮廓。
13 继续以同样的手法处理剩余发片，并在左右两侧留出两缕发片。
14 将刘海区头发向右侧梳理干净，调整出轮廓与弧度，下暗卡将其固定在耳后方。

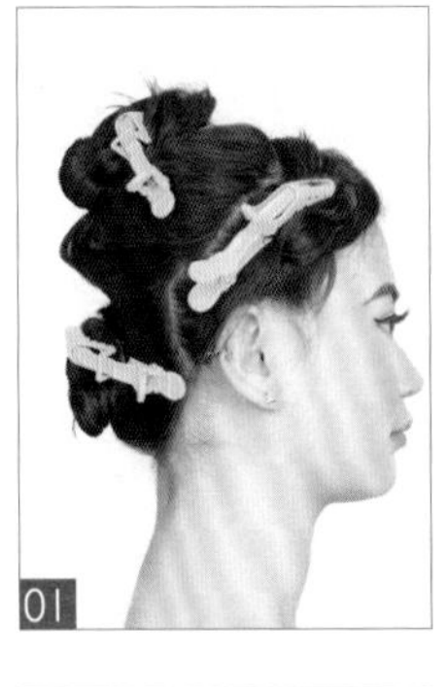

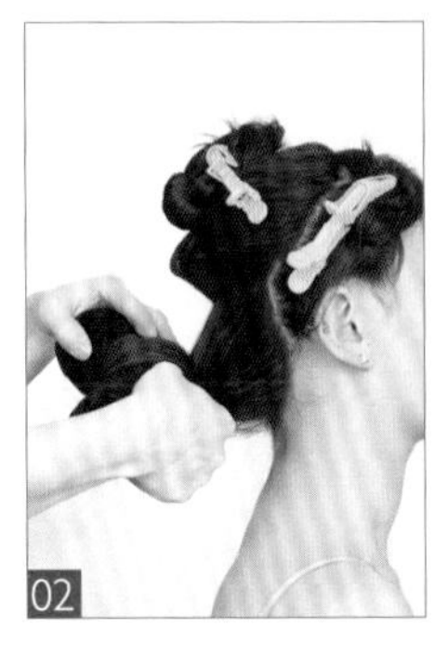

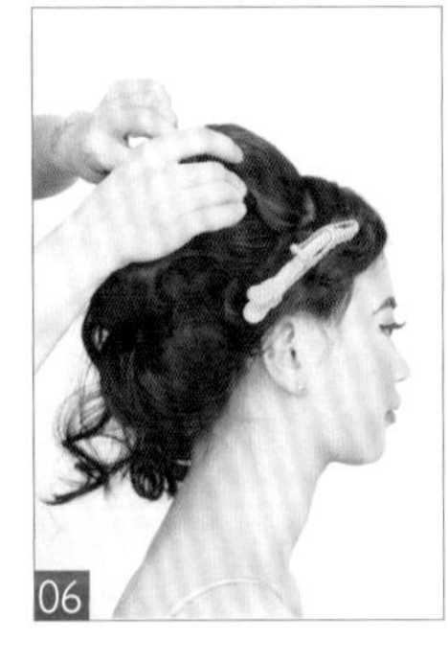

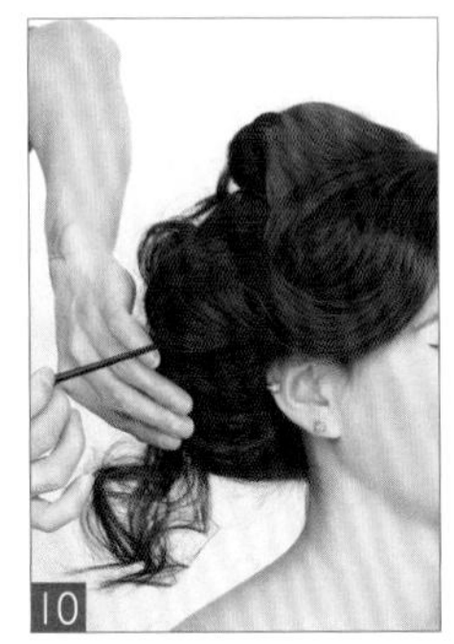

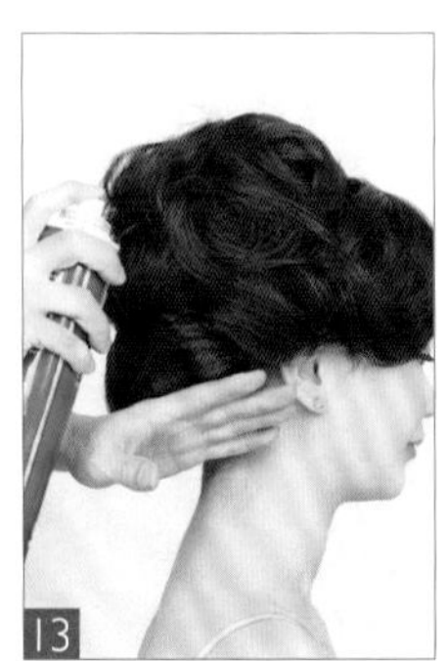

此发型利用打毛、真假发结合手法操作而成。重点需掌握头发的准确分区，发包与发包之间要做到无缝衔接，并利用真发将假发包完全覆盖。饱满圆润的包发层次鲜明、轮廓清晰，通过古色古香的饰品进行点缀，整体造型极好地烘托出了模特小家碧玉的古典韵味。

01 将头发分为刘海区、顶发区、左侧发区及后发区。
02 取一假发包，用后发区头发进行包裹翻转覆盖。
03 在后发区做成饱满发髻，下暗卡进行固定。
04 将顶发区头发进行打毛，使其蓬松饱满，并将顶发区头发分为两束均等发片。
05 取一假发包，用第一束发片包裹覆盖假发包，并下暗卡将其衔接固定在后发区发包之上。
06 用顶发区另一束发片包裹第二个假发包。
07 取一假发包，用左侧头发进行包裹覆盖。
08 由左向右提拉，下暗卡固定在顶发区处。
09 将刘海区头发进行打毛。
10 调整出刘海的轮廓及弧度。
11 发尾做手打卷收起，下暗卡固定。
12 将顶发区剩余发尾进行打毛，修饰发丝的纹理与轮廓。
13 喷发胶定型，并将边缘碎发处理干净。

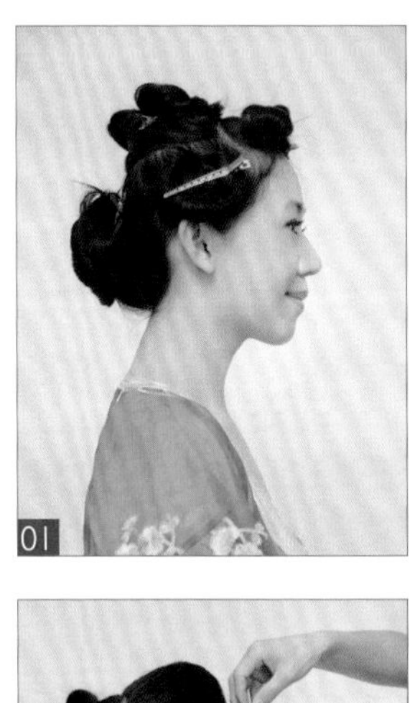
01

02

03

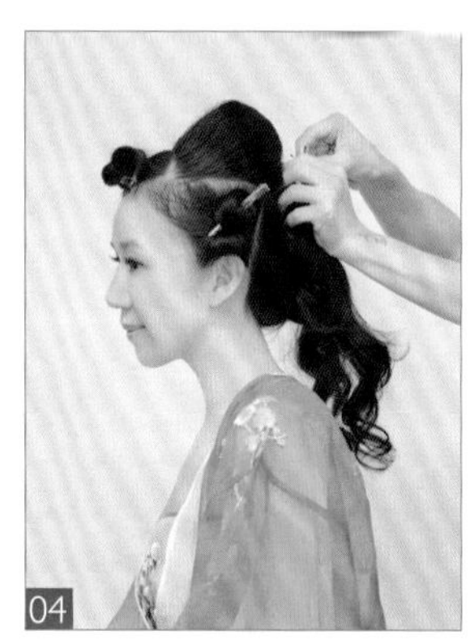
04

05

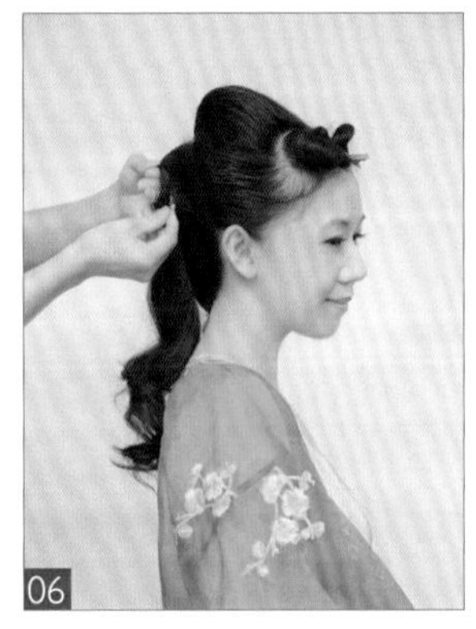
06

07

08

09

10

11

12

简约的发包与飘逸的直发相结合，再搭配上素雅简洁的饰品作为点缀，整体造型将汉朝的古典美女韵味体现得淋漓尽致。

01 将头发分为五个发区：刘海区、顶发区、左侧发区、右侧发区及后发区。
02 分区正面效果。
03 将顶发区头发进行打毛处理，使其蓬松饱满。
04 将表面头发梳理光滑，做拧包收起。
05 左侧发区做手打卷，将其固定在顶发区交界线处。
06 另一侧手法同上。
07 将顶发区剩余发尾进行三股编辫。
08 将发辫在顶发区做发包固定。
09 将后发区头发放下，用夹板将其夹直。
10 将刘海区头发向一侧梳理，整理刘海弧度，将其固定。
11 取一假发辫，将其固定在顶发区。
12 将假发辫沿着顶发包右侧缠绕固定，整理出轮廓。

此款造型为全真发古装造型，简单的发型轮廓搭配上华丽的牡丹，突显出了古代大家闺秀的气质。

01 将头发分为三个发区：左侧发区、右侧发区、后发区。
02 将后发区头发根部进行打毛处理，使其蓬松饱满。
03 将头发表面梳理干净，留出少许头发，向后做发包收起。
04 将右侧发区头发梳理光滑，向后提拉，与后发区发包衔接固定。
05 另一侧手法同上。
06 将两侧剩余的发尾做手打卷并固定。

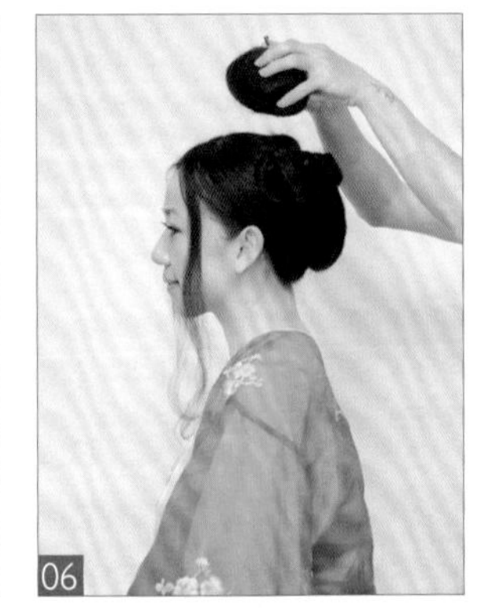

高耸的发包与步遥相呼应。在沉闷的黑发之间以粉紫色的绢花作为点缀，让整体造型突显得楚楚动人，云想衣裳花想容，春风拂槛露华浓。

01 用尖尾梳以两眉之间为轴分出分区线。
02 留出均等的两缕发丝。
03 将剩余头发束马尾收起。
04 在马尾处，取一束发片做 8 字结，向上提拉固定。
05 剩余发尾以同样的手法进行操作。
06 取一假发包，将其固定在顶发区。
07 再取一假发包，叠加在第一个发包之上。
08 取一曲曲发，将其固定在假发包与真发交界处。
09 取少许发片，向上做手打卷并固定在真假发交界处。
10 将曲曲发下横卡固定在一侧留用。
11 将额头处留出的两缕发丝向后提拉固定，整理出线条弧度。再搭配上精美的绢花饰品作为点缀。

此款造型运用烫发、手摆波纹、手打卷、真假发结合手法操作完成。重点需掌握刘海手摆波纹的打造技巧，发片层次要鲜明、弧度要圆润。饱满的发包结合别致婉约的刘海，通过华丽的饰品点缀，整体造型烘托出了模特高贵奢华、雍容大方的古典气质。

01 取一中号电卷棒将头发全部烫卷。
02 将头发分为刘海区、左侧发区及后发区。
03 将刘海区分为均匀的三等份。
04 取刘海区一缕头发进行拧包固定。
05 再取第二缕头发进行手摆波纹处理，摆放出弧度。
06 发尾做手打卷收起，下暗卡固定。
07 再取第三缕头发进行手摆波纹处理，摆放出弧度。
08 发尾做手打卷收，起下暗卡固定。
09 取一假发包摆放到顶发区左侧，下暗卡固定。
10 将左侧发片向后提拉，覆盖假发包并进行拧包。
11 下暗卡固定。
12 再取一长形发包，摆放到后发区的发片之上。
13 将后发区所有头发包裹覆盖假发包，下暗卡固定。
14 再取一假发包摆放到顶发区。
15 下暗卡固定假发包。
16 取精美别致的华丽饰品点缀造型。

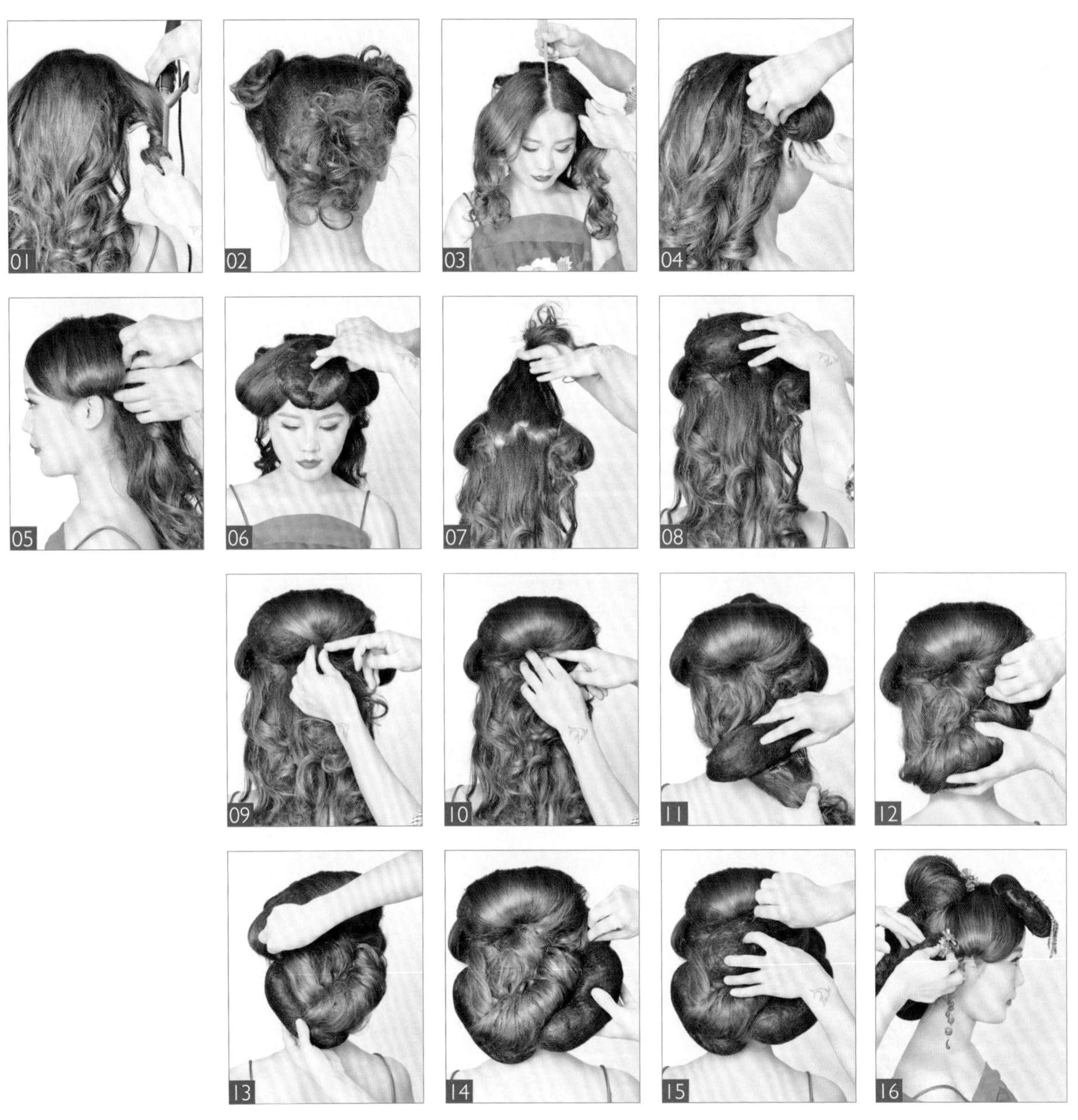

此款造型运用烫发、打毛、拧包、真假发结合手法操作完成。重点需掌握左右两侧发包的对称度及真假发的完美衔接。华丽饱满的真假发盘发通过古色古香的珠钗饰品的点缀，整体造型极好地突显出了模特妩媚、古典、华贵的唐风特点。

01 取一中号电卷棒将头发全部烫卷。
02 将头发分为左右侧发区及后发区。
03 取一尖尾梳将左右分区线划直。
04 将右侧发区头发打毛，做内扣手打卷收起并固定在耳上方。
05 再将左侧头发以同样的手法操作。
06 取一圆形发盘，固定在中间分区线处。
07 在顶发区横向固定一束发片，摆放在前额处。
08 取一长形假发包，摆放固定在顶发区。
09 将之前留在前额的发片向后提拉，覆盖在假发包上并拧包。
10 下暗卡进行固定。
11 取一长形假发包，摆放在后发区的发片之上。
12 将头发由外向内翻转包裹假发包，并固定在后发区。
13 再取一长形假发包，竖向地贴近左侧发际线边缘，下暗卡进行固定。
14 将长形假发包衔接固定在右侧发包处。
15 在后发区空缺处填充固定一圆形假发包。
16 佩戴精美饰品点缀造型。